无障碍环境和服务体系科技创新研究

贾巍杨　曲翠萃　张小翀　著

中国建筑工业出版社

图书在版编目（CIP）数据

无障碍环境和服务体系科技创新研究 / 贾巍杨，曲翠萃，张小翀著 . —北京：中国建筑工业出版社，2023.9

ISBN 978-7-112-28876-2

Ⅰ . ①无… Ⅱ . ①贾… ②曲… ③张… Ⅲ . ①残疾人—服务设施—研究 Ⅳ . ① TU242

中国国家版本馆 CIP 数据核字（2023）第 118155 号

责任编辑：张鹏伟　柏铭泽
责任校对：党　蕾
校对整理：赵　菲

无障碍环境和服务体系科技创新研究
贾巍杨　曲翠萃　张小翀　著
*
中国建筑工业出版社出版、发行（北京海淀三里河路9号）
各地新华书店、建筑书店经销
北京点击世代文化传媒有限公司制版
建工社（河北）印刷有限公司印刷
*
开本：787毫米×1092毫米　1/16　印张：14¾　字数：303千字
2023年6月第一版　2023年6月第一次印刷
定价：**56.00** 元

ISBN 978-7-112-28876-2
（41229）

如有内容及印装质量问题，请联系本社读者服务中心退换
电话：（010）58337283　QQ：2885381756
（地址：北京海淀三里河路 9 号中国建筑工业出版社 604 室　邮政编码：100037）

前言

PREFACE

2015 年，国际奥委会经过投票确定北京成为 2022 年冬奥会和冬残奥会的举办城市，北京成为世界上第一个“双奥”城市。根据 2019 年国务院新闻办公室发表的《平等、参与、共享：新中国残疾人权益保障 70 年》白皮书，中国是世界上残疾人口总数最多的国家，残疾人口约占全国人口总数的 6.3%。为了迎接 2022 年北京冬残奥会的举办，比赛承办城市乃至整个国家都在为提升无障碍环境建设和服务水平而努力。

为了贯彻国际残奥委会既关注残奥设施建设，同时又确保主办城市服务实现无障碍的要求，以及北京冬奥组委“以运动员为中心、可持续发展、节俭办赛”的理念，在 2022 年北京冬残奥会筹办过程中，国家科技部门组织开展了针对此次盛会有无障碍需求人士的生活服务方面的研究，对于保障高质量、高效率地实现申奥承诺非常重要。有无障碍需求的人士不仅包括残疾运动员，同时也涵盖了残疾技术官员和观众、老年人、病弱、孕妇、幼儿等。

本书成果来自国家重点研发计划“科技冬奥”专项《无障碍、便捷智慧生活服务体系构建技术与示范》（项目编号：2019YFF0303300）下设课题一《无障碍、便捷智慧生活服务体系及智能化无障碍居住环境研究与示范》（课题编号：2019YFF0303301）的研究及深化。该课题在充分的资料收集整理和文献综述基础上，通过对冬奥城市残疾人“智慧无障碍生活服务体系”需求开展多维度调研，综合我国在智慧城市和无障碍环境建设领域的实际发展情况，构建“冬残奥会无障碍、便捷智慧生活服务体系”框架，并适度展望技术发展，提出面向无障碍需求的便捷智慧生活服务体系的研发技术路线。

本书是在课题一《无障碍、便捷智慧生活服务体系及智能化无障碍居住环境研究与示范》的子课题《面向冬残奥会无障碍需求的便捷智慧生活服务体系及技术路线》（子课题编号：2019YFF0303301-2）基础上取得的后续深化研究成果。该成果对我国无障碍环境和服务领域科技创新的形势进行综合分析，归纳出本领域的科技创新需求和面临的机遇挑战。通过对建筑环境、无障碍服务体系和城市规划、交通出行、无障碍部品和服装以及信息无障碍等分领域国内外科技发展状况对比分析，梳理我国在分领域的重大研究成果，得出我国与世界先进水平的差距，预测并提出了每个领域的科技创新发展方向，为相关科研人员和组织机构提供研究方向和技术路线的策略建议，为国家主管部门提供本领域的科技创新政策咨询建议。

本书研究与撰写团队为“天津大学无障碍通用设计研究中心”。中心的无障碍设计科研与教育工作始于2005年，2013年天津大学建筑学院成立了无障碍设计研究所，主要研究方向为无障碍设计与适老性规划设计。2019年，在中国残联和天津大学的大力推动下，天津大学建筑学院无障碍设计研究所与天津大学城市规划研究院联合成立校级科研机构——“天津大学无障碍通用设计研究中心”。中心团队主持了无障碍与适老领域的多项国家级和省部级科研项目，担任多项国家重大工程无障碍规划设计咨询专家，主编、参编多项无障碍和适老技术标准，主编《建筑设计资料集》第三版“无障碍设计”专题，成果入选2020年全国首次无障碍设施设计十大精品案例、2021年无障碍环境建设优秀典型案例，在无障碍研究领域享有丰富的科研积淀和较高的学术声誉。团队在无障碍人才培养方面亦是成绩卓著，主编了国内第一部高校无障碍设计教材、住建部规划教材《无障碍设计》，开设并主讲了国内第一个系统性的高校无障碍设计本科专业课、研究生专业课和高校通识课，获批教育部首批国家一流课程。

本书是在《无障碍、便捷智慧生活服务体系构建技术与示范》项目负责人、北京市建筑设计研究院无障碍通用设计中心焦舰主任，以及天津大学无障碍通用设计研究中心主任王小荣教授两位无障碍领域资深专家的指导下完成的，主要作者是贾巍杨、曲翠萃、张小弸三位老师，此外，赵伟、王晶两位老师也参与了本课题研究工作，研究生颜海玉、王天骄、冯天仪、孙[illegible]、孙莹、张晓娴参与了部分文献的整理分析工作，研究生徐培涛、冯天仪参与了部分插图绘制工作。整体内容由贾巍杨老师负责组稿并完成大部分章节，曲翠萃老师负责完成第6章的部分内容，张小弸老师负责完成第2章的部分内容。

本成果及其研究课题的完成离不开中国残疾人联合会的直接指导和鼎力支持，也集中体现了天津大学无障碍通用设计研究中心近年来对无障碍领域的研究认识和科研趋势分析。由于学科背景和学识所限，不足之处在所难免，希望各位专家、同仁多提宝贵意见。

国家重点研发计划资助项目：无障碍、便捷智慧生活服务体系构建技术与示范（项目编号：2019YFF0303300）

国家自然科学基金面上项目：基于无障碍理念的建筑地面通行安全性能关键指标研究（项目批准号：52078323）

2021年3月

目录

CONTENTS

第1章

无障碍环境和服务领域科技创新的宏观形势

1.1 我国无障碍环境和服务体系总体形势

1.1.1 老年和残疾人口数量大、快速增长，无障碍环境与服务面临严峻挑战

根据中国残联官方公布的数据显示，我国残疾人口总数从 1987 年的 5164 万增长到 2010 年已达 8502 万[1]，如图 1-1。我国残疾人口总数约占全国总人口的 6.3%，全世界残疾人口的 8.5%。[2] 根据中国残疾人事业统计年鉴的数据，我国持有残疾人证的残疾人到 2020 年达到了 3780.7 万人[3]，如图 1-2 所示，其中 60 岁以上老年人达 1677.2 万人[4]，占持证残疾人口的 44.366%。

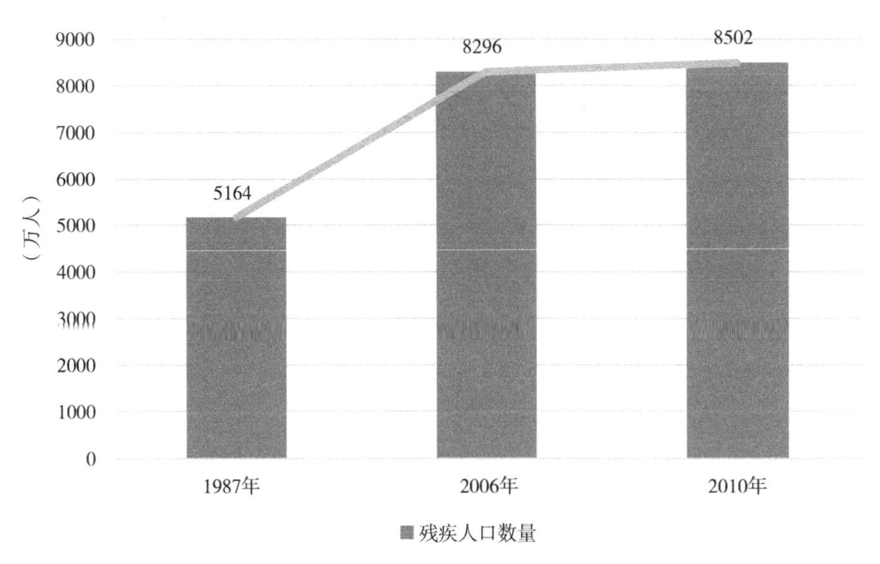

图 1-1　中国残疾人口数量（制图：冯天仪）

根据国家统计局官方公布的数据，我国老年人口的规模在进一步扩大。根据全国第七次人口普查数据，到 2020 年我国 60 岁及以上人口为 2.64 亿，占总人口比例的 18.70%（其中，65 岁及以上人口为 1.91 亿人，占 13.50%）。[5]2021 年末，我国 60 岁及以上老年人口已达 2.67 亿，如图 1-2 所示，占全国总人口的 18.93%，其中，65 周岁及以上老年人口为 2.01 亿。[6]

从最近几年的人口增长率计算数据看，全国持证残疾人口和 60 岁以上老年人口的增幅均大大超出全国人口总数的增幅，如图 1-3 所示。

综上所述，老年人口和残疾人口均呈现出数量大、增长快的特征。未富先老、快速老龄化和超大规模老年人口特征已成为现阶段的重要国情，这给我国无障碍环境与服务体系的建设带来了前所未有的挑战。

图 1-2　老年人、持证残疾人和全国人口数量（制图：冯天仪）

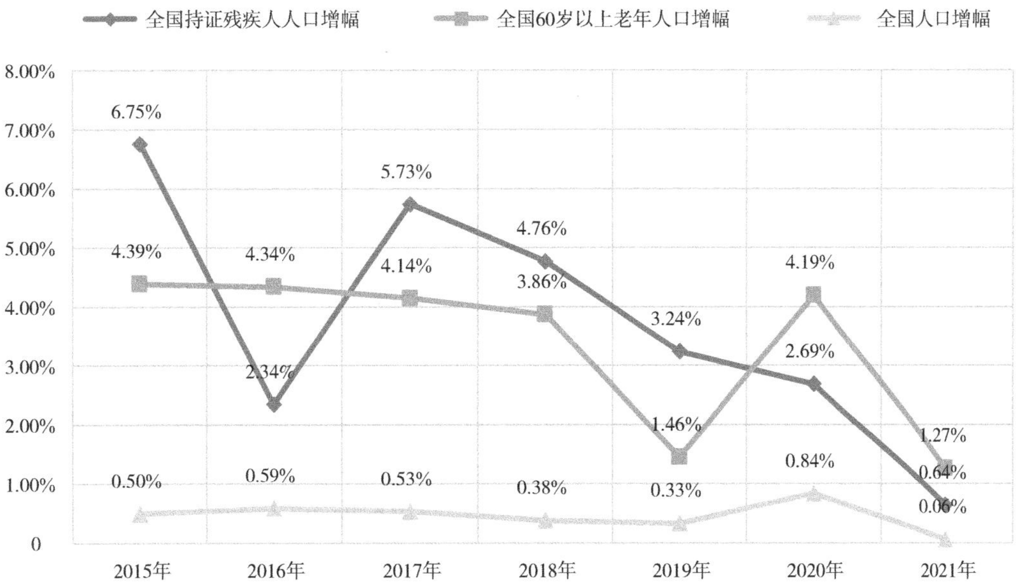

全国持证残疾人人口增幅
全国60岁以上老年人口增幅
全国人口增幅
8.00%
7.00%
6.00%
5.00%
4.00%
3.00%
2.00%
1.00%
0
6.75%
5.73%
4.76%
4.39%
4.34%
4.14%
3.86%
4.19%
3.24%
2.34%
2.69%
1.46%
1.27%
0.64%
0.50%
0.59%
0.53%
0.38%
0.33%
0.84%
0.06%
2015年
2016年
2017年
2018年
2019年
2020年
2021年

图 1-3　老年人、持证残疾人和全国人口增幅（制图：冯天仪）

1.1.2　无障碍环境和服务取得巨大进步，但距离残疾人总体需求仍有较大差距

根据中残联残疾人事业统计年鉴，我国在 2014 年至 2019 年间稳步推进无障碍环境和服务建设，推动残疾人康复、教育、扶贫开发、宣传文化、社会保障和服务设施建设等多项工作实现了新的发展。但是，对照我国庞大的残疾人口总数来看，当前无障碍环境和服务事业的成就距离全国整体需求仍有较大差距。

1.1.2.1 无障碍环境建设

我国无障碍环境建设初步形成法规标准体系。1988 年中国第一部无障碍设计法规《方便残疾人使用的城市道路和建筑物设计规范》JGJ 50—1988 发布，之后 2001 年《城市道路和建筑物无障碍设计规范》JGJ 50—2001、2011 年《无障碍设施施工验收及维护规范》GB 50642—2011、2012 年《无障碍设计规范》GB 50763—2012、2021 年《建筑与市政工程无障碍通用规范》GB 55019—2021 等国家和行业标准相继颁布实施；交通行业 2017 年制定了国家标准《城市公共交通设施无障碍设计指南》GB/T 33660—2017；标识领域先后制定 2008 年《标志用公共信息图形符号 第 9 部分：无障碍设施符号》GB/T 10001.9—2008、2021 年《公共信息图形符号 第 9 部分：无障碍设施符号》GB/T 10001.9—2001 两版国家标准。国家民航、铁路、工业和信息化、教育、银行等主管部门分别制定实施了民用机场旅客航站区、铁路旅客车站、网站及通信终端设备、特殊教育学校、银行等行业无障碍建设标准规范。2012 年，国务院颁布《无障碍环境建设条例》，自此之后，各地无障碍法律法规和政策出台明显增长。截至 2018 年，全国省、地（市）、县共制定无障碍环境与管理的法规、规章等规范性文件 475 部。[7]

城乡无障碍环境建设由点到面有序推进。国家"十五"规划期间，在 12 个城市开展了创建全国无障碍设施建设示范城市活动；"十一五"规划期间，创建活动扩展到 100 个城市；"十二五"规划期间，50 个市县获选全国无障碍建设示范市县，143 个市县获选全国无障碍建设创建市县。截至 2018 年，全国所有直辖市、计划单列市、省会城市都开展了创建全国无障碍建设城市的工作，开展无障碍建设的市、县达到 1702 个；全国村（社区）综合服务设施中已有 75% 的出入口、40% 的服务柜台、30% 的厕所进行了无障碍建设和改造。政府加快了残疾人家庭无障碍改造进度，2016 年至 2018 年共有 298.6 万户残疾人家庭得到无障碍改造。[8]2021 年，无障碍环境认证工作开始正式推进，将在城市道路、公共交通、公共服务设施等领域推行无障碍设计、设施及服务等无障碍环境认证，提升无障碍环境建设质量和社会服务效能。[9]

信息无障碍建设步伐加快。初步形成信息无障碍标准体系，制定、发布多个国家及行业标准，推动政府和公共服务网站的信息无障碍建设。截至 2018 年，500 多家政府单位完成了信息无障碍公共服务平台建设，3 万多个政务和公共服务网站实现了无障碍服务。知名互联网企业在网站、应用软件、智能设备等信息无障碍技术领域不断改善服务。截至 2020 年底，全国 31 个省级、256 个地级、760 个县级残联开通网站，全国残疾人人口基础数据库入库持证残疾人 3780.7 万人。[8] 与公安部、民政部、教育部、人力资源和社会保障部等部门建立共享机制，并向 31 个省、地级残联提供残疾人数据接口和数据推送服务。[8]

重点领域无障碍环境和服务建设积极推进。交通运输部、中国民用航空局、国家铁路局启动无障碍交通出行体系建设，针对城市公用交通设施、汽车客运站、高速公路及沿线设施、海港码头、民用机场、铁路旅客车站、地铁等制定了无障碍设计标准或在相关标准增加了无障碍设计条文。银行金融机构完善了无障碍环境，改造无障碍入口、坡道和盲道，配置低位服务窗口、低位自动存取款机、语音和可视叫号设备，增设无障碍卫生间和轮椅停车位。邮政部门为失能残障人士提供上门服务，快递行业为聋人客户提供短信服务，盲人读物免费寄送。政法部门进行诉讼环境及服务改造提升，逐步改善法院接待处和审判厅的无障碍设施，积极提升信息无障碍环境，允许特定案件残疾人的陪护人员陪同出庭，方便残疾人法律诉求。

近年来，全国残疾人服务设施建设得到全面发展，面向残疾人的康复设施、托养设施、综合服务设施建设规模持续扩大。截至 2021 年底，我国已竣工的各级残疾人综合服务设施总建设规模为 612.9 万 m^2；已竣工各级残疾人康复设施总建设规模 550.6 万 m^2；已竣工的各级残疾人托养服务设施总建设规模 303.8 万 m^2[10]，如图 1-4 所示。

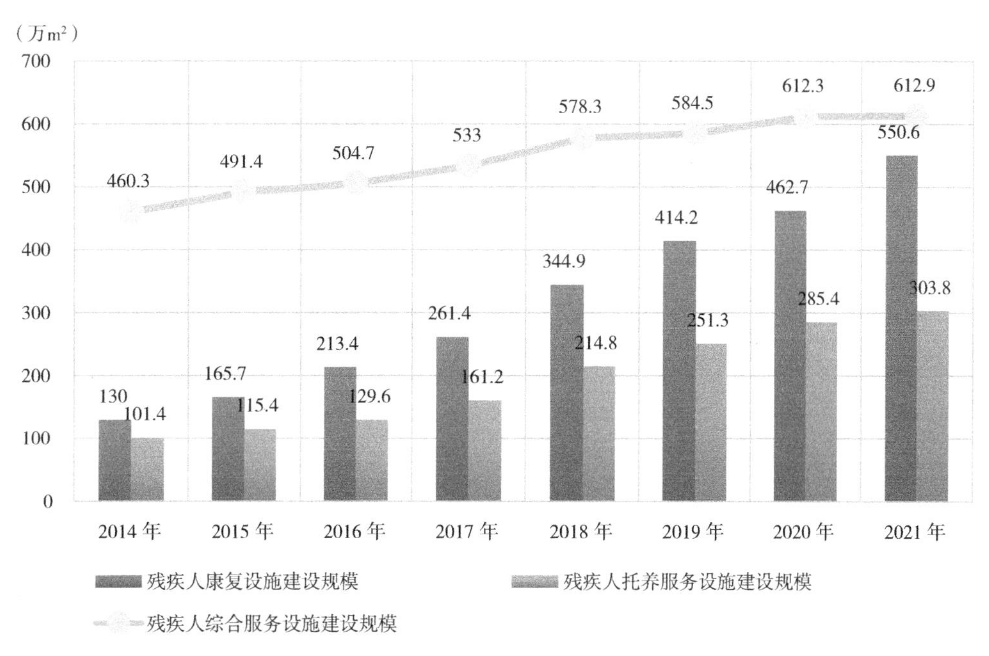

图 1-4　残疾人服务设施建设情况（制图：贾巍杨）

1.1.2.2　无障碍服务体系

1. 康复

2014 年后，我国残疾人康复机构建设数量持续增长。2021 年底，全国已有残疾人康复机构 11260 个，机构在岗人员 31.8 万人[10]，可分别为视力、听力言语、肢体、智力、精神残疾和孤独症儿童提供康复服务，如图 1-5 所示。2020 年 1077.7 万持证残疾人及残疾儿童得到基本康复服务[8]，但是按照残疾人口 8502 万的总数计算，我国目前康复机构的服务覆盖率仅为 12.68%。

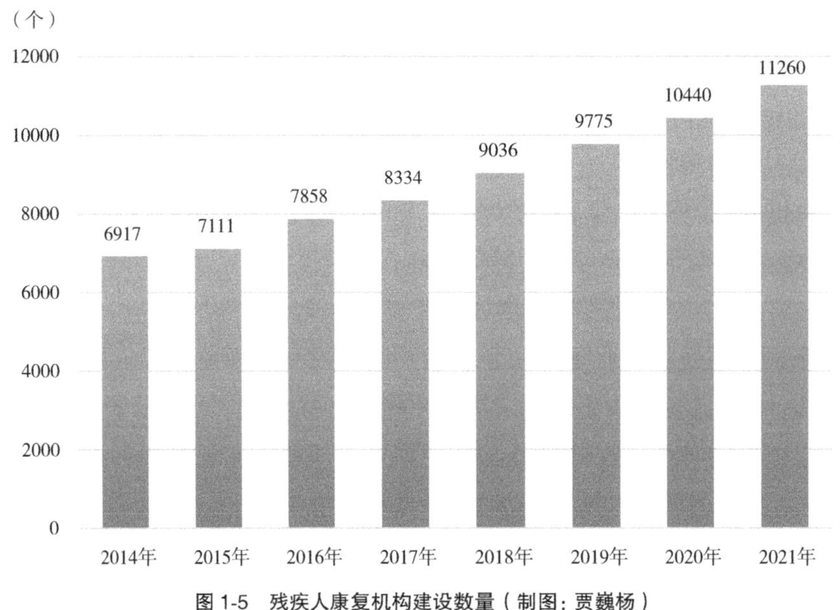

图 1-5　残疾人康复机构建设数量（制图：贾巍杨）

2. 教育

全国残疾考生的毕业去向以普通高等院校为主，被高等特殊教育院校录取的残疾考生近年占比均不到 18%。近年来，高等特殊教育院校和普通高等院校录取的残疾考生数量均出现了明显的增幅。2021 年，全国共有 14559 名残疾考生进入普通高等院校学习，2302 人考入高等特殊教育院校 [10]，如图 1-6 所示。但是截至 2021 年底，持证残疾人口中，大专及以上学历占比仅为 1.95%，远低于全国第七次人口普查总人口 15.47% 的比例。

图 1-6　残疾人被高校录取情况（制图：贾巍杨）

3. 扶贫开发

“十三五”期间，我国对残疾人的扶持力度加大。2018 年，农村贫困危房的改造规模到达峰值，改造户数首次突破 10 万，累计受益残疾人 13 万，如图 1-7 所示。2021 年，我国脱贫攻坚战取得了全面胜利，完成了消除绝对贫困的艰巨任务。

图 1-7　农村贫困危房改造情况（制图：冯天仪）

4. 宣传文化

2014 年至 2021 年，全国省、市级广播电台残疾人专题节目数量呈轻微波动，总体趋势平稳；省、市级电视手语栏目数量到 2019 年一直保持增长趋势，从 2020 年开始轻微减少。全国省、市、县三级公共图书馆设立盲文及盲文有声读物阅览室的数量虽然在 2015 年和 2016 年下跌，但此后一直保持增长态势，如图 1-8 所示。

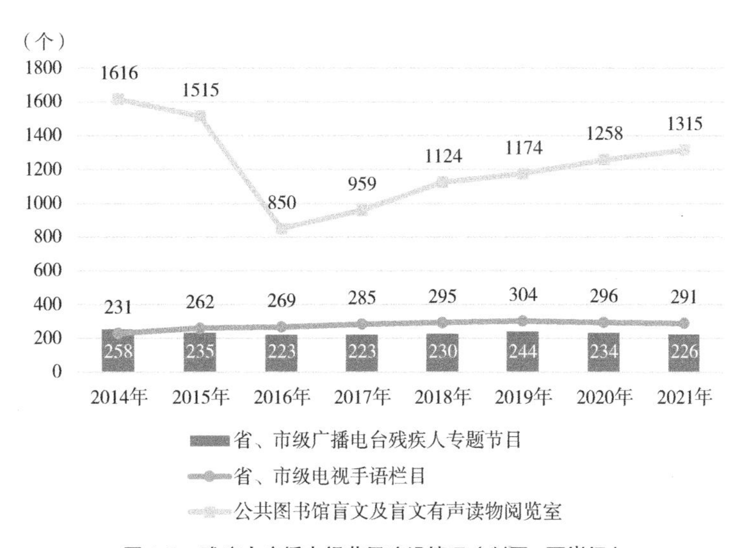

图 1-8　残疾人广播电视节目建设情况（制图：贾巍杨）

5. 社会保障

近年来我国残疾人参加城乡社会养老保险获得个人缴费资助的数量呈现增长趋势（图 1-9），重度残疾人获资助的比例超过 90%。领取养老金的残疾人数量也呈增长态势，2021 年人数达到 1176.8 万人。

全国残疾人托养和居家服务工作持续推进。其中，享受机构托养服务的残疾人数量在 2017 年到达顶峰，为 23.1 万人；享受居家服务的残疾人数量在 2019 年达到顶峰，为 93.9 万人；2020 年和 2021 年受疫情影响，享受这两项服务的残疾人数较之前有所减少（图 1-10）。

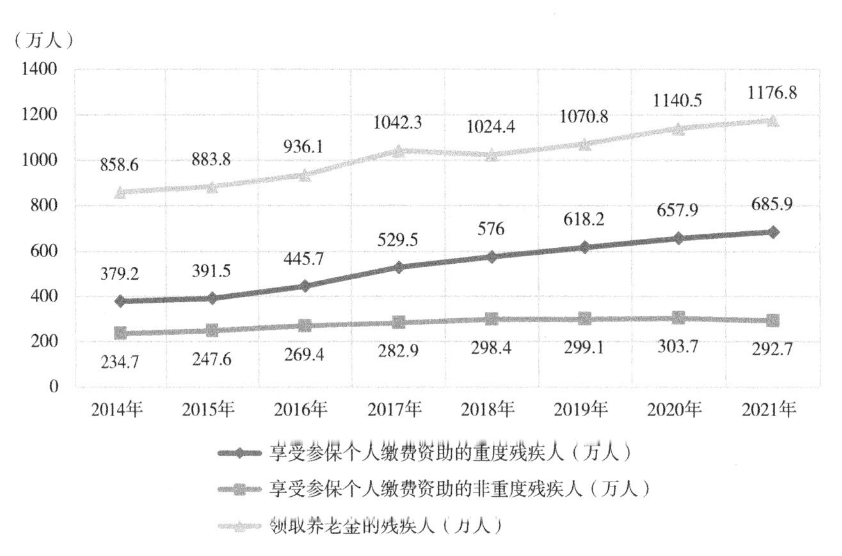

图 1-9　残疾人享受参保缴费资助和领取养老金的情况（制图：贾巍杨）

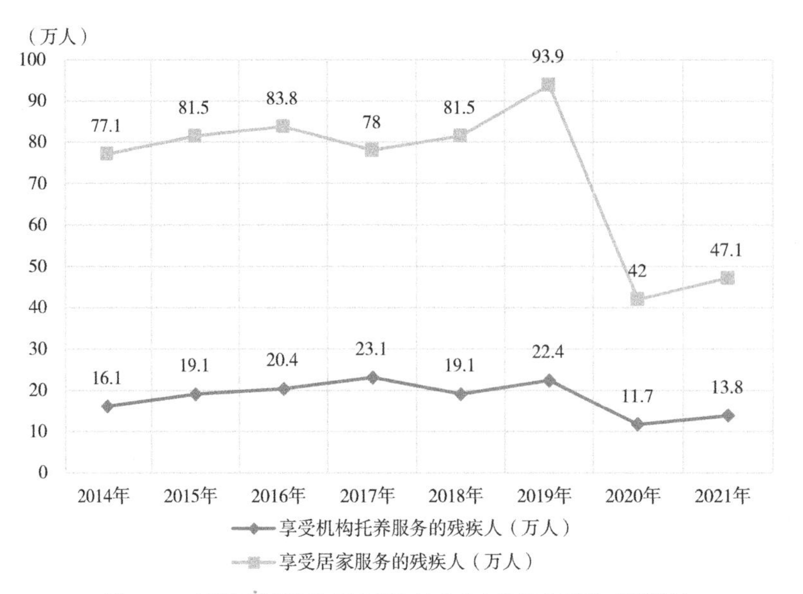

图 1-10　享受托养服务和居家服务的残疾人数量（制图：贾巍杨）

1.1.3　残疾人的发展是社会可持续发展和全面建成中国特色社会主义的重要条件

联合国的 17 个“可持续发展目标”（图 1-11）中有多个与残疾人事业密切相关，包括：目标 4 优质教育、目标 8 体面工作和经济增长、目标 10 减少不平等、目标 11 可持续城市和社区、目标 17 促进目标实现的伙伴关系。

目标 4：包容和公平的优质教育，促进提供包括残疾人在内的所有人的终身学习机会。此外，该提案呼吁建设和升级教育设施，并提供安全、非暴力、包容和有效的学习环境。

目标 8：促进持续、包容和可持续的经济增长、充分的生产性就业和所有人的体面工作，包括残疾人，以及同工同酬。

目标 10：该目标通过赋权和促进包括残疾人在内的所有人的社会、经济和政治包容，努力减少国家内部和国家之间的不平等。

目标 11：致力于使城市和住区具有包容性、安全性和可持续性，呼吁会员国为所有人提供安全、负担得起、无障碍和可持续的交通系统。此外，该提案呼吁为所有人提供安全、包容和无障碍的绿色公共空间，特别是为残疾人提供。

目标 17：强调为了增强实施手段并重振可持续发展全球伙伴关系，可持续发展目标的数据收集、监测和责任至关重要。

图 1-11　联合国“可持续发展目标”（来源：联合国官方网站）

在我国残疾人是一支不可忽视的建设力量。新中国成立以来，党和政府在国际上积极推动残疾人权利事业发展，在国内坚持以人民为中心，制定相关法律法规，积极落实国际残疾人权利条约，维护残疾人各项权益，促进残疾人成为经济社会发展的参与者、贡献者和享有者。

1.2 我国无障碍环境和服务体系科技创新需求

我国社会主要矛盾已经转化为人民日益增长的美好生活需要和不平衡不充分的发展之间的矛盾，而现有社会环境却远远不能满足残疾人和老年人等有困难、有需要的群众对美好生活的追求。习近平总书记指出："无障碍设施建设问题是一个国家和社会文明的标志，我们要高度重视"[11]，他还指出"全面建成小康社会，残疾人一个也不能少"。[12]

《中华人民共和国国民经济和社会发展第十四个五年规划和2035年远景目标纲要》《"十四五"残疾人保障和发展规划》《无障碍环境建设"十四五"实施方案》《健康中国行动（2019—2030年）》《交通强国建设纲要》等国家、行业层面战略规划，均对无障碍环境和服务领域在"十四五"及未来的科技创新发展方面提出了具体需求。

在无障碍设施领域，重点项目是道路交通设施、公共服务设施、社区和家庭以及无障碍公共厕所。在信息无障碍领域，重点项目是互联网网站和移动互联网应用程序、自助服务终端、食品药品说明以及应急服务信息。与残疾人事业相关的基础设施和信息化重点项目是残疾人服务设施兜底线工程项目、特殊教育学校提升项目、精神卫生福利设施建设项目、互联网康复项目、残疾人就业创业网络服务平台项目、残疾人服务大数据建设项目。[13]

科技创新重点项目将实施无障碍相关计划，开展智能助听、中高端假肢、儿童康复机器人、基于智慧城市的无障碍等技术研发，推动3D盲文绿色印刷、语音字幕实时转换、智能化轮椅、可穿戴外骨骼辅助机器人等技术和产品推广应用。其中多项重点如智能助听、基于智慧城市的无障碍技术、语音字幕实时转换，均与无障碍环境和服务体系直接相关。[13]

1.3 我国无障碍环境和服务体系科技创新面临的机遇与挑战

"十四五"规划时期，我国全面建成了小康社会，正在向着全面建成社会主义现代化强国的奋斗目标迈进[14]，残疾人和无障碍事业面临前所未有的历史机遇。

以智慧城市为代表的信息技术助推无障碍环境和服务体系高效化、智能化发展。当前我国无障碍环境和服务体系建设遇到的重大问题就是不能够形成闭环系统，智慧城市技术的出现，提供了一种智能集成化的解决方案的可能性，能够把无障碍环境和服务的各类要素有机连接在一起，共同发挥高效的作用。

大型国际体育赛事举办促进无障碍环境和服务体系建设专题研究。我国无障碍环境建设的进步，与大型国际体育赛事密不可分，1990 年亚运会、2008 年北京奥运会和 2010 广州亚运会的举办，大大促进了我国无障碍环境建设和服务的水平。

我国幅员辽阔，各地城市的发展水平还不平衡，城乡之间也有比较大的差距，因此将无障碍设施和服务建设成为高水平的体系，一定会面临各种难题。此外，我国虽然在城市基础设施和整体面貌方面已经取得了巨大成就，但是无障碍环境工作起步较晚，无障碍相关的科学研究工作则更是新兴事物，与世界先进水平仍然有较大差距，无障碍领域的科技创新工作面临巨大挑战。

从创新水平来看，我国无障碍环境和服务体系的系统化和科学化水平有待增强。我国的无障碍相关标准，一般将无障碍环境分为设施，信息无障碍和服务等几个部分。此外无障碍环境和服务涉及的管理部门非常多，包括住建，城市规划，自然资源，公安，消防，教育，卫生健康，商业金融，工业信息。在学科壁垒森严、管理部门条块切割的现实情况下，无障碍环境和服务体系建设的系统化会遇到很多挑战，进行得并不令人满意。

从创新效能来看，我国无障碍环境和服务体系建设尚未与新技术深度融合。从历史源头看，无障碍起源于建筑学和市政工程领域，发展到今天仍然以建筑学领域为主。与发达国家相比，我国的无障碍环境建设科学研究与信息技术的结合仍然相对薄弱，学科的交叉融合不够有效，未形成比较强大的创新动力。

从创新机制来看，我国无障碍环境和服务体系的跨学科、跨领域科技创新平台尚未形成，宏观的规划和监管政策、法规和标准有待健全。城市和建筑环境无障碍的学科研究与信息无障碍学科的研究之间存在比较大的鸿沟，难以形成有效的互动，仍然缺少理想的联合创新平台。无障碍环境和服务体系的管理归口于多个政府部门，国内多数城市缺少联席机制，不能形成有效的系统联动。此外，虽然我们建成了无障碍设计的标准体系，但是无障碍环境的验收、维护、监管相关法规政策尚不完善。

1.4　无障碍环境和服务体系科技创新的研究方法和技术路线

1.4.1　研究方法

1. 文献综述与计量分析

梳理国内外有关无障碍环境和服务的相关政策文件、科研项目、学术论文、技术标准、市场产品和研究案例，对研究数据进行定性和量化分析。采用多种文献计量工具进行研究数据可视化呈现，寻找无障碍领域相关研究热点方向和主题。

2. 对比、归纳和演绎

针对无障碍环境和服务的相关各学科既有科技成果，对比国际与国内的研究进展，梳理分析无障碍科技创新的实现路径，总结归纳国内相关领域的研究，推演预测未来无障碍环境和服务体系科技创新的研发技术路线和重点突破方向。

3. 学科交叉分析

无障碍环境和服务体系科学研究本身即涵盖了建筑学、风景园林、建筑物理、社会学、城乡规划、医学、工业设计、信息通信工程等多个学科领域，并且多学科的研究交织互动、不可分割，必须通过跨学科交叉分析各领域科技创新的优势和不足，找寻发展方向。

4. 学术交流

与无障碍环境和服务研究领域的专家、研究人员、从业者开展多种形式的交流，获取无障碍各领域最新科技发展信息，包括参加行业学术会议、召开学术研讨会、咨询权威专家、科技创新调研等。

1.4.2 技术路线

无障碍环境和服务体系科技创新研究的技术路线，如图 1-12 所示。

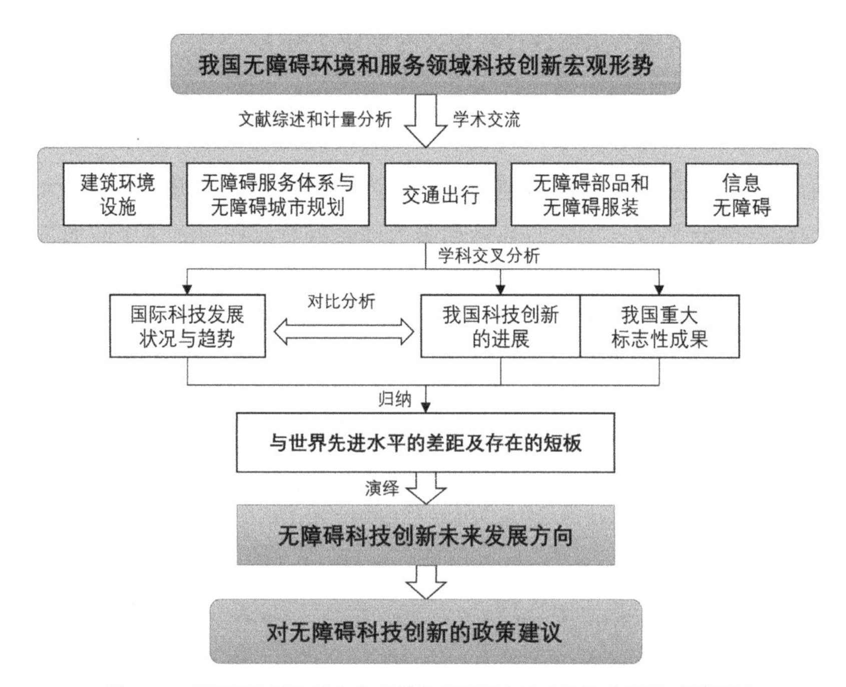

图 1-12　无障碍环境和服务体系科技创新研究技术路线（制图：贾巍杨）

1.5　无障碍环境和服务体系科技创新方向

1.5.1　基础性、系统性

无障碍环境和服务体系需要基础性的科学研究工作为支撑。要实现真正以人为本的人性化无障碍设计，必须满足大量质化或量化的性能要求，这些都有赖于基础性的理论和实践研究提供依据。

无障碍环境和服务体系是一个系统性的工作，其中的每个环节出现问题都会影响到整体物质和社会环境的便捷畅通，必须形成一个没有短板的链条和闭环系统；不仅局限在一个个建筑和环境节点的无障碍设计，而是应立足于整体的城市规划，从顶层规划落实无障碍环境和服务体系建设。

1.5.2　信息化、智能化

最新的信息科技为人们的生活提供了更多便利，其中也应包括残障人士。国外在信息无障碍领域不仅建立了完善的服务体系理论，也研发出了综合性的信息化服务平台技术。

残障人士的出行、视障人士获取行动信息、听障人士获取可视化信息，都离不开智慧信息技术的研究成果。我国在信息无障碍领域还应努力产出更多成果，建筑环境学科的无障碍研究也应引入智慧手段，创造更为便捷舒适的人性化环境。

1.5.3　精细化、实操性

无障碍环境建设是一项事无巨细的工作，国际上无障碍设计的研究趋势也在向精细化、性能化发展，国内已有成果在研究无障碍具体问题方面还有差距，我国也应将无障碍环境研究精耕细作、向更深层次性能指标推进。

无障碍服务除了顶层综合全面的规划也需要脚踏实地贯彻实施，细致解决残障人士需求的每一个问题，因此需要实实在在落地的示范性工程发挥实践引领作用。

参考文献

[1]　中国残疾人联合会 .2010 年末全国残疾人总数及各类、不同残疾等级人数 [EB/OL]. [2020-8-25]. 中国残联网站 .

[2]　世界卫生组织，世界银行 . 世界残疾报告 [M]. 马耳他：世界卫生组织，2011.

[3] 中国残疾人联合会 . 全国残疾人人口基础库主要数据 [EB/OL]. [2021-02-25]. 中国残联网站 .

[4] 中国残疾人联合会 . 中国残疾人事业主要业务进展情况 (2014—2018) .[EB/OL]. [2020-8-25]. 中国残联网站 .

[5] 国家统计局 . 第七次全国人口普查主要数据情况 [EB/OL].[2020-8-25]. 国家统计局网站 .

[6] 中华人民共和国中央人民政府 .2021 年度国家老龄事业发展公报 [EB/OL].[2023-3-20]. 中央政府网站 .

[7] 中华人民共和国国务院新闻办公室 . 平等、参与、共享：新中国残疾人权益保障 70 年 [EB/OL]. [2021-8-25]. 新华网 .

[8] 中国残疾人联合会 .2020 年残疾人事业发展统计公报 [EB/OL].[2021-8-25]. 中国残联网站 .

[9] 中国政府网 . 市场监管总局中国残联关于推进无障碍环境认证工作的指导意见 [EB/OL].[2022-3-4]. 中央政府网站 .

[10] 中国残疾人联合会 .2021 年残疾人事业发展统计公报 [EB/OL].[2023-3-20]. 中国残联网站 .

[11] 人民网 . 坚守人民情怀，走好新时代的长征路 [EB/OL]. [2021-09-25]. 人民网 .

[12] 中央政府门户网站 . 习近平：全面建成小康社会，残疾人一个也不能少 [EB/OL]. [2021-09-25]. 中央政府网站 .

[13] 中央政府门户网站 . 国务院 . 国务院关于印发“十四五”残疾人保障和发展规划的通知（国发〔2021〕10 号）[EB/OL]. [2021-09-25]. 中央政府网站 .

[14] 人民网 . 人民日报 . 在中华大地上全面建成了小康社会 [EB/OL]. [2021-09-25]. 人民网 .

第2章

建筑环境设施无障碍设计

2.1 国际科技发展状况与趋势

无障碍设计最早就是起源于建筑学和市政工程领域，在诞生不到一百年的历史中持续发展，近几十年来，在建筑、景观和标识等与建筑环境相关的领域获得长足进步，已经成为残障群体正常生活的基础性物质保障。

2.1.1 无障碍设计理论

1. 无障碍设计

无障碍设计的最初起源可回溯到 20 世纪 30 年代在北欧瑞典、丹麦等高福利国家兴建的残疾人住宅及福利设施。从 20 世纪 50 年代，北欧开启了一场“正常化”（Normalization）运动，残疾人强调“只以健康人为中心的社会并不是正常的社会”、残疾人应在社区中“正常化”生活的观念[1]，要求更完善的无障碍设施。1961 年美国颁布了世界上第一部无障碍设计标准，1968 年美国实施无障碍设计基本法《建筑障碍法》，从此“无障碍”（当时术语是 Barrier Free）的概念传播遍及美国主流社会，并很快得到全世界的认可。随着很多国家老龄化社会到来以及残疾人口数量种类持续增长，无障碍设计的保障对象从最初的肢体残疾逐步又纳入了感官、智力、精神残疾等各类残障人士和老年人。

英国人赛尔温·戈德史密斯（Selwyn Goldsmith，1932—2011，图 2-1）是一位乘轮椅的残疾人建筑师，他曾就读于剑桥大学，1956 年毕业于巴特莱特建筑学院，同年因脊髓灰质炎开始使用轮椅。[2] 他在 1963 年出版了开创性著作《为残疾人设计》，首次为乘轮椅者能够使用的建筑设计提出了系统化无障碍设计导则。1967 年，他在世界上首次提出了“缘石坡道”（dropped kerb）术语。[3]

2. 通用设计理论

20 世纪 80 年代末，美国北卡罗来纳州立大学的残疾人教育家和建筑师郎·麦斯（Ronald Lawrence Mace，1941—1998，图 2-2）提出了“通用设计”（Universal Design）理念，并将其表述为“尽可能最大程度地设计所有人可用的产品与环境，无需特别适应或专门设计”。[4] 麦斯还提出了通用设计的七项原则：平等性、灵活性、直觉性、信息易察性、容错性、舒适性、尺度与空间适应性。[5] 1990 年实施的《美国残疾人法案》使用的“无障碍设计”英文是“Accessible Design”。

2007 年，赛尔温·戈德史密斯出版了《通用设计》作为《为残疾人设计》的继承，这表明他接受了“通用设计”理念。该书为建筑师和学生提供清晰简洁的设计指南，涵盖公共建筑和私人住宅，包括信息丰富的人体测量数据，并说明了通用设计和“为残疾人设计”之间的差异，尤其是根据无障碍需求强度提出了 8 类人群分层的金字塔模型（图 2-3）。

图 2-1　赛尔温 · 戈德史密斯
（来源：architectsjournal 网站）

图 2-2　郎 · 麦斯
（来源：universaldesign 网站）

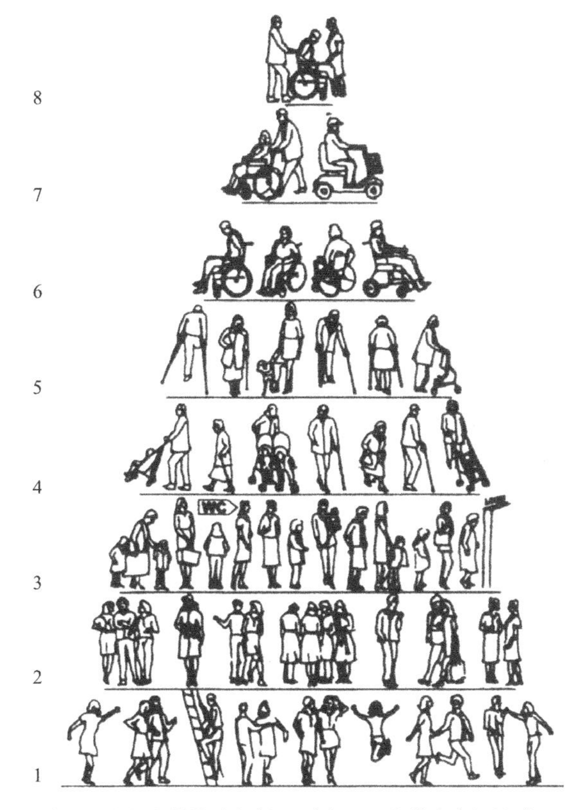

图 2-3　无障碍设计金字塔模型（来源：赛尔温 · 戈德史密斯的《通用设计》）

美国布法罗大学“包容性环境设计中心”（Center for Inclusive Design and Environmental Access）也是较早开展无障碍设计研究的机构，2012 年他们将通用设计的原则拓展为

8 项目标，增加了公众参与和社会福利等内涵，即：人体适应性、舒适性、易识别、易理解、健康福利、社会融合、个性化、文化适应性。[6] 前四项为人体能力，包括人体测量、生理机能、感知能力和认知能力，后三项为社会参与的益处，健康福利是人体能力与社会参与的桥梁。

日本田中直人《无障碍环境设计》一书根据作者在丹麦、瑞典等高福利国家考察研究的建筑设计案例，提出利用五感刺激的设计方法让残障人士享受到和健全人一样的生活环境，并提出这是通用设计未来的重要发展方向，还提出其他方向包括：相互沟通交流的设计，优先考虑艺术性，室内设计的艺术性，健康、材料和环保等。[7]

3. 全容设计与包容性设计理论

与通用设计相类似，20 世纪 90 年代，无障碍设计在欧洲演进为“全容设计”（design for all）与“包容性设计”（inclusive design）两种人性化设计思潮，其理念也都力图让无障碍环境造福所有人。1993 年，EIDD 网络组织（the European Institute for Design and Disability，欧洲无障碍设计研究组织）吸纳了 22 个欧洲国家参加 [8]，宣布其任务为“借助全容设计，提高生活质量”[9]，由此“全容设计”宣告诞生。1994 年加拿大多伦多召开的国际人类工效学会会议上英国学者罗杰·科尔曼（Roger Coleman）正式提出“包容性设计”（inclusive design）这一术语。

4. 环境心理学和环境行为学理论

环境心理学和环境行为学是开展残障人群研究的重要理论和方法。环境心理学已有 100 多年历史，将人的行为（包括经验、行动）与其相应的环境（包括物质、社会和文化）两者之间的相互关系与相互作用结合起来加以分析。环境行为学从 20 世纪 60 年代兴起，注重环境与人的外显行为之间的关系与相互作用，并反馈到城市规划与建筑设计中去，以改善人类生存的环境。[10]

5. 无障碍设计的研究学科发展趋势

通过 web science 的“无障碍设计”相关主题学术研究文献数量分析看（图 2-4），前三位主要集中在工程学、计算机科学以及教育科学当中，而建筑学学科的排名仅为第 9 位。由此可见，起源于建筑学领域的无障碍设计，如今其科学研究已经蔓延发展到整个工程科学以及计算机科学，这也反映了无障碍设计研究的跨学科以及信息化的发展方向。

2.1.2 无障碍设计标准

目前，世界上的主要发达国家、地区和一些国际组织均出台了无障碍设计法规和技术标准，见表 2-1。

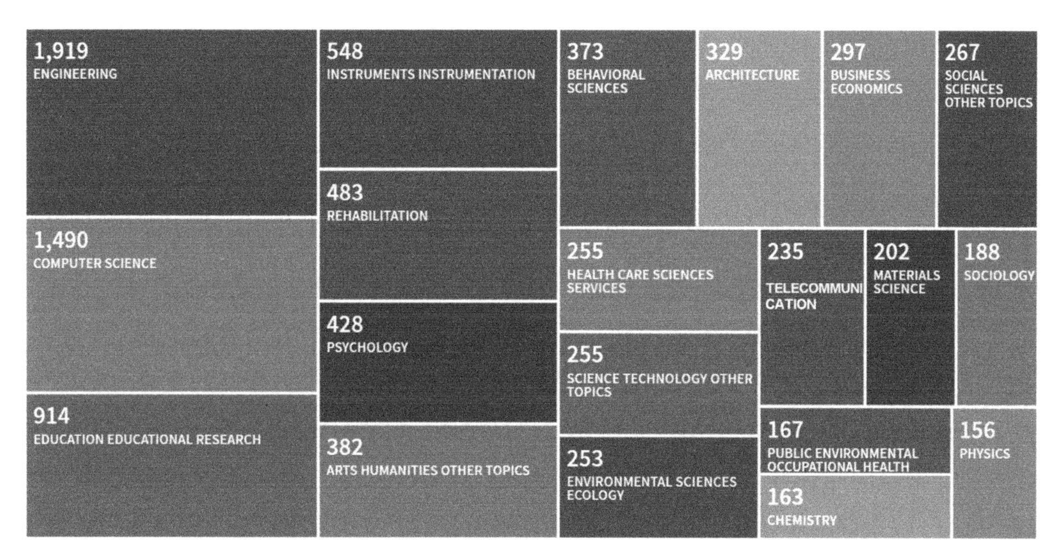

图 2-4　主题："Accessible design" 或 "Universal design" 或 "Inclusive design" 或 "Design for all" 或 "Barrier free design" 的研究领域分布

主要发达国家、地区和国际组织的重要无障碍设计标准　　表 2-1

国家、地区和国际组织	无障碍设计标准名称	发布年代
美国	ADA Standards for Accessible Design 美国残疾人法案无障碍设计标准	2010
英国	BS8300:2018 Design of an Accessible and Inclusive Built Environment 无障碍包容性建筑环境设计	2018
日本	无障碍新法（老年人、残疾人无障碍促进法）	2006 （2017 年修订）
德国	DIN 18040-2:2011-09 Construction of Accessible Buildings—Design Principles 无障碍建筑物的施工设计原则	2011
ISO	ISO 21542:2021 Building construction - Accessibility and Usability of the Built Environment 建筑施工——建筑环境的无障碍和易用性	2021
中国香港	设计手册：畅通无阻的通道 2008	2008

美国在 1961 年颁布了世界上第一部无障碍设计标准《肢体残疾人可达、可用的建筑设施标准》。现今美国国家层面的核心法规配套标准是 2010 年《美国残疾人法案无障碍设计标准》（ADA Standards for Accessible Design），前身为《美国残疾人法案无障碍纲要》（Americans with Disabilities Act Accessibility Guidelines for Buildings and Facilities，ADAAG）。《美国残疾人法案无障碍标准》内容极其翔实，包括目标、总则、术语、无障碍要素与空间、各类型建筑等内容。[11]

英国目前最重要的无障碍设计标准是 BS 8300-2：2018《无障碍包容性建筑环境设计》（Design of an Accessible and Inclusive Built Environment）。其前身为 BS 8300：2009《满足残疾人需求的建筑设计方法》（Design of Buildings and Their Approaches to Meet the Needs of Disabled People），从标准名称就能看出由“无障碍设计”到“包容性设计”的转向。该标准分为两部，BS 8300—1：2018 是室外环境部分，BS 8300—2：2018 是建筑设计部分，内容非常全面。前者主要包括包容性设计原则、场地设计和建筑布局、停车、到达目的地、建筑入口、水平流线、垂直流线、公共设施、采光照明等[12]；后者主要包括界面包容性设计原则、场地设计和建筑布局、到达目的地和停车、无障碍通道、水平流线、垂直流线、界面性能、标识、声学交流系统、采光照明、室内设施、柜台和接待处、观众设施、卫生设施、居住房间、各类建筑[13]等篇章。

国际标准化组织发布的 ISO 21542：2021《建筑施工——建筑环境的无障碍和可用性》（Building Construction—Accessibility and Usability of the Built Environment）也是一部内容非常全面的标准，体现了通用设计的理念。标准分为实施范围、参考文献、术语、总则、建筑室内外导向信息、抵达建筑环境的方式、建筑水平流线、建筑垂直流线、建筑部品与设备、公共建筑空间、消防与疏散、管理维护等共 12 章及附件。[14]

日本当前最重要的无障碍设计标准是《无障碍新法》。日本著名无障碍设计专家高桥仪平指出，城市无障碍设计的基石就是完备的无障碍标准体系。[15]日本的无障碍设计强调城市环境的整体关系，着眼于建筑与周边公共设施的无障碍流线，令每个人都能顺利通行。公共空间无障碍设计的重点是建筑物、道路、公园这些人流量很大的城市公共空间，而且针对这几类空间提供简洁易懂的图示设计指南。[16]日本的建设工程项目竣工后必须进行无障碍验收或认证工作，核查能否达到相关的无障碍设计标准。[17]

中国香港特别行政区的无障碍设计标准是政府屋宇署《设计手册：畅通无阻的通道 2008》，受到英国的一定影响，最新版本是 2020 年修订版，共分为前言、适用范围、导言、设计规定、屋宇装备的设计规定、长者及体弱者的设计指引共 6 章[18]，其中“设计规定”又分为 20 个部分的空间设施无障碍设计要求。

2.1.3 建筑

建筑无障碍设计研究的领域主要有用户需求和公众参与研究，设计标准、指南和导则等的研发，建筑空间、构件的无障碍性能指标，建造技术，无障碍设计方法论研究，以及无障碍建筑设计的实践。

发达国家普遍设置了科研项目或科研基金管理机构，负责遴选资助科学研究项目，也包括无障碍领域的很多研究，如美国国家科学基金委（NSF）、日本学术振兴会（JSPS）资助了不少自然科学和人文领域的无障碍研究项目，欧盟则是由欧盟委员会（European Commission）统一负责此项事务，当然不少欧盟国家自身也有科研管理机构资助相关研究。

特别值得提出的是，美国设立了专门管理残疾人康复和无障碍领域科学研究的官方机构“美国国家残疾自立与康复研究院”（the National Institute on Disability, Independent Living, and Rehabilitation Research，简称 NIDILRR），目前在数据库中能够检索到已经资助了 3000 多项研究，极大促进了无障碍领域相关科研发展。NIDILRR 资助了很多残疾人研究、示范和培训项目，包括残疾和康复研究项目（DRRP）、康复工程研究中心项目（RERC）、高级康复研究和培训项目（ARRT）、康复研究和培训中心项目（RRTC）、小型企业创新研究项目（SBIR）、美国残疾人法案国家网络（资助 10 个区域中心）等类型的研究项目。[19] 此外，美国在国家层面专门负责管理无障碍事务的独立官方机构“美国无障碍委员会”（U.S. Access Board），负责制定和维护建筑环境、运输车辆、电信设备、医疗诊断设备和信息技术的设计标准，还提供有关这些标准和无障碍设计的技术援助和培训[20]，也资助了少量无障碍研究项目。

国际上最早进行相对系统无障碍设计实践的可能是美国人蒂姆·纽金特（Timothy Nugent，1923—2015），他被誉为“无障碍之父”，领导完成了世界上第一部无障碍设计标准《残疾人可达、可用的建筑标准》，为世界后续无障碍设计研究奠定了基础。他本身不是残疾人，毕业于威斯康星大学医科专业，1948 年建立了世界第一个残疾人综合高等教育项目，后担任伊利诺伊大学“康复教育中心”的教授与主任[21]，在那里为残疾学生的无障碍环境作了很多实践性研究。

最早系统阐述建筑无障碍设计的著作就是英国赛尔温·戈德史密斯于 1963 年出版的著作《为残疾人设计》，提出了面向乘轮椅者的建筑设计综合性设计导则。后来，他和合作者在英国建筑师协会（RIBA）制定了英国第一个无障碍设计指南。2007 年，他还出版了《通用设计》一书。戈德史密斯详细分析辅具和设备尺寸、人体尺度对建筑无障碍设计方法的影响，例如他十分重视人体测量学数据，实质上就是以用户需求为导向的思想。

在残疾人无障碍需求和公众参与方面，常采用的方法包括交流、调查、人类工效学数据收集、环境行为心理学研究等。美国 NSF 资助的“用户友好的展览：为科学博物馆设计无障碍展览”（1999—2003）对科学博物馆和科学相关机构工作的展览设计专业人员开展无障碍设计交流、培训和传播，让他们了解残疾人的需求。[22]NIDILRR 资助的“残疾人步行与疏散行为的实验研究——基于个体模型的理论发展”（2011—2014）利用新的射频识别（RFID）技术和视频追踪方法开展环境行为研究，通过一系列的控制和疏散实验，测量和收集行动不便人士的疏散行为数据，从微观行动轨迹中标定宏观行动流量关系和疏散曲线，建立可靠有效的行为和疏散模型。[23] 日本学术振兴会资助的“中日韩用户参与的无障碍环境与维护评价研究”（2015—2019）、“推动日本、中国、韩国无障碍环境和用户参与评估的研究”（2018—2021）在北京和首尔进行实地调查，明确了两国残疾人参与的难点，并与中韩无障碍专家进行了广泛交流，也参与了日本的无障碍法律、标准指南修订。[24]

在建筑无障碍综合性研究方向，NIDILRR 资助了很多研究中心项目：如北卡罗来纳州立大学的“通用设计和建筑环境康复工程研究中心”项目（1999—2004），开发了多学科环境评估工具和众多通用设计实施案例。[25] 该中心是“通用设计”理论的发源地，推动了通用设计在全世界的发展。NIDILRR 也资助了佐治亚理工学院两期“残疾人成功老龄化康复工程研究中心”项目（2013—2018，2018—2023）[26][27]，研究目标是使人们能够保持独立、健康、安全地参与家庭和社区的日常活动，并随着年龄增长仍然参与社会生活，具体内容包括用户需求、老年听力障碍、远程康复技术、适老应用程序开发、智能浴室等。NIDILRR 还资助了布法罗大学、纽约州立大学的连续多期“通用设计和建筑环境康复工程研究中心”项目（1999—2004，2005—2010，2010—2015，2015—2020），以建成环境（包含住宅、商业与公共建筑、社区基础设施、交通设施）的无障碍和通用设计为重点，对建成环境进行无障碍评估和设计支持，开发软件工具促进无障碍标准的推广与实施，并促成跨行业合作建设通用设计产品和环境示范项目。[28] 以上“康复工程研究中心”也对残疾人、设计专业人员和服务人员开展培训和通用设计教育。

NIDILRR 也资助了郎・麦斯主持的几个项目，持续开展建筑无障碍设计研究，包括“与公共住宅和无障碍相关的 ADA 材料研发”（1991—1993）、“无障碍设计标准”（1994—1997）、“进一步发展通用设计的研究”（1994—1997）等。前者的成果包括无障碍自查指南和清单、关于无障碍设计的图示材料（图 2.5）、学校教材和其他材料，目标受众包括个人、公司以及州和地方政府[29]，可以使用这些材料来评估、改进设施的无障碍性，其中重要成果之一就是《残疾人法案无障碍指南》（ADAAG）部分内容。第二个项目是资助北卡罗来纳州立大学无障碍住宅中心的系列无障碍教学视频和补充培训材料。[30] 后者是为继续发展通用设计理念，包括产品设计、建筑和景观的通用设计指南，促进通用设计的市场需求[31]；也正是在这个项目的成果里，发表了日后广为人知的通用设计 7 原则。

在建筑设计标准研究方面，美国、日本的研究项目对本国的无障碍设计标准研发形成了强有力的支撑。除了对郎・麦斯无障碍标准相关项目的支持，NIDILRR 还资助了“制定无障碍环境的设计标准和性能标准”（1986—1989），这是一个收集和分析人因数据以确定严重残疾成年人能力的项目，根据这些数据制定无障碍环境的设计标准和性能标准，并测试适用于所有建筑类型的准则和标准。[32] 日本学术振兴会资助的“中日韩城市环境无障碍标准化研究”（2012—2015）阐明了在日本、中国和韩国标准化无障碍标准的可能性和方法，指出应优先标准化引导视障人士的街区、人行道、多功能厕所、标志环境等；此外，无障碍认证制度、竣工检测制度和无障碍基本概念是有效方法；还建立了来自日本、中国和韩国的专家网络。[33]

建筑空间、构件的无障碍性能研究涉及诸多工程设计指标，包括建筑物理环境无

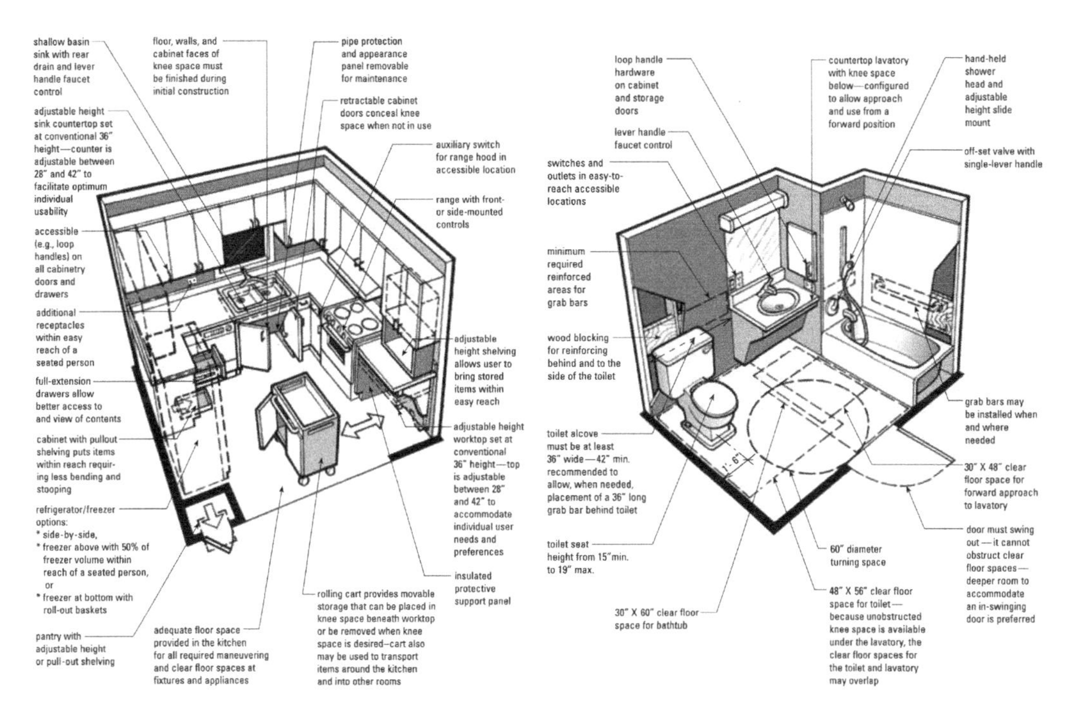

图 2-5 北卡罗来纳州立大学无障碍中心绘制的无障碍厨房和卫生间（来源：NIDILRR 网站）

障碍设计指标，建筑构件的无障碍通行，应急疏散性能指标等。

在建筑物理环境无障碍设计研究方面，包括声、光等要素的无障碍应用及性能指标的设计研究。美国 NSF 资助的“无障碍水族馆项目：应用高级生物跟踪和自适应声波技术的无障碍非正式学习环境”项目（2009—2014）通过提供实时音频解释，在动物园、科学中心和水族馆等非正式学习环境制作动态展览，让视力障碍的游客可以访问和参与。[33] 日本学术振兴会资助的“在噪声环境中开发无障碍录音系统”项目（2020—2023）研究在室内多种噪声的环境中投入降噪设备，以便残疾人和老年人在嘈杂环境中也可以无障碍地交谈，实现了只强调特定声音而删除其他声音的录音系统。[34] 光环境方面，健康照明需考虑的要素包括照度、对比度、眩光、照度均匀度、光色、时间点、曝光时间，还应考虑残障人群不同行为的需求差异。[35] 北美照明工程协会的 ANSI/IES RP-28-2016 规定了老年人住宅光环境照度标准体系，也考虑了视力受损人群的照度需要。此外，建筑界面的色彩设计研究实质也是属于建筑光环境范畴，例如 ISO 21542 标准规定普通建筑界面 Weber 对比度不应低于 45%。

在建筑构件的无障碍通行性能方面，比较重要的是建筑地面，其无障碍设计要求公认为“平整、防滑、不积水”，关键指标是“表面粗糙度”或“凹凸高差”，以及“摩擦系数”（COF）或“防滑值”（BPN）。美国《残疾人法案无障碍纲要》中对 COF 作了规定；日本《东京都福祉设施设备建设条例》使用了 JIS 标准，对穿鞋和光脚提出了地面防滑值 CSR（类似 COF）要求。目前学术研究也多集中于对 COF 的实验研究。

针对残障人群通行地面，Bucze，FL 等研究认为，行动障碍者对地面防滑性能的要求明显大于健全人[36]；Dura，JV 等提出了满足截肢者安全通行需求的地面值。[37] 直接针对轮椅通行地面防滑性能指标的研究团队主要有两家：美国匹兹堡大学（University of Pittsburgh）人体工程实验室，用整体振动测试法研究了轮椅行驶对混凝土水平表面粗糙度的要求[38]，还测试研究了轮椅对木质和黏土砖材质水平地面粗糙度的要求[39]；埃及米尼亚大学，El-Sharkawy，MR 等使用轮椅轮胎的橡胶材料对水泥砖地面进行拉力实验，获得了防滑所需 COF 范围，高于瓷砖和橡胶地垫。[40] 而有关坡道地面的防滑性能研究目前还没有对设计实践比较有指导意义的成果。

建筑无障碍疏散和应急处理对于残障人群的安全尤为重要，此方向目前国际上相关研究成果也不多。残疾人疏散设计采用的策略主要有三类：临时避难空间和避难层，应急坡道和其他垂直疏散设施，以及建筑安全要素和疏散流线的优化。其中疏散行为模式研究较新技术方法有使用元胞自动机（CA）和社会力（SF）模型进行模拟，使用建筑灾害仿真模拟工具 FDS + EVAC 软件包等。美国 NIDILRR 资助的“残疾人的紧急警告和疏散”（1993—1994）采用主动通知举措，为听力障碍者在紧急行动中心登记姓名、地址和文本电话（TT）号码，通过计算机系统管理和发出警报。[41] NIDILRR 资助的“灾难中残疾人疏散方法和行为理解：应急计划解决方案蓝图”（2007—2010）收集发生紧急和灾难情况撤离的残疾人数据，并将存在风险地区的数据源整合在一起，为政府和非政府决策者提供准则来改进现有的疏散计划，该项目还制定了将残疾、特殊需求纳入紧急疏散训练和演习的指导方针。[42] 在 ISO 21542 中就提出了避难空间的设计要求，疏散楼梯应设置等待救援区域和往返救援区域，配备相应设施，并且不能占用通常的疏散空间范围（图 2-6）。日本学术振兴会资助的“建筑与城市的安全评价分析及无障碍措施”（2006—2007）侧重于安全要素，项目从救护车运输数据研究了心脏病、心脑血管病、跌倒跌落伤害与居住环境尤其是热环境的关系，并利用分析结果制定了考虑安全和健康并实现无障碍的温暖住宅和生活环境规划。[43] 香港城市大学的“通过数值模拟人员引导建筑物疏散系统的开发”（2016—2019）研发了一个具有集成协助疏散人员和人群交互作用的社会力（SF）模型，根据不同场景条件（例如面积，疏散人员数目，行走速度等）找到最佳的协助疏散人员数量来实现最短疏散时间。[44]

在无障碍建筑建造和改造技术方面，日本采用了装配式建筑技术——“支撑体与填充体分离建筑”（Skeleton and Infill，简称 SI）。日本基于成熟的建筑产业化实践，在居住区以及适老化和无障碍住宅的规划、设计、内装集成领域形成了全生命周期的建造与更新模式，能够满足民众包括老年人、残疾人群体的需求，并符合建筑技术的发展趋势，保证了建筑建设与城市、经济、社会的协调发展。[45]

在无障碍设计方法论研究方面，比较前沿的是使用虚拟现实等仿真技术开展无障碍设计评估。以色列海法大学开发了 HabiTest 无障碍设计虚拟环境，目的是通过开发交互式生活环境模型来解决用户不能提前看到家庭改造效果的问题，技术方法是通过沉浸式虚拟现实系统实现（图 2-7），有助于为肢体残疾人士进行最佳家庭和工作环境的评估、规划和设计。[46] 加拿大社科人文研究委员会资助了“accessim：一个用于无障碍环境设计与评价的虚拟环境工具”（2009）项目，也是利用虚拟现实技术开展无障碍评价。从目前的应用情况来看，虚拟现实的作用还比较有限，特别是对于实务建筑师来说付出的成本会比较高。

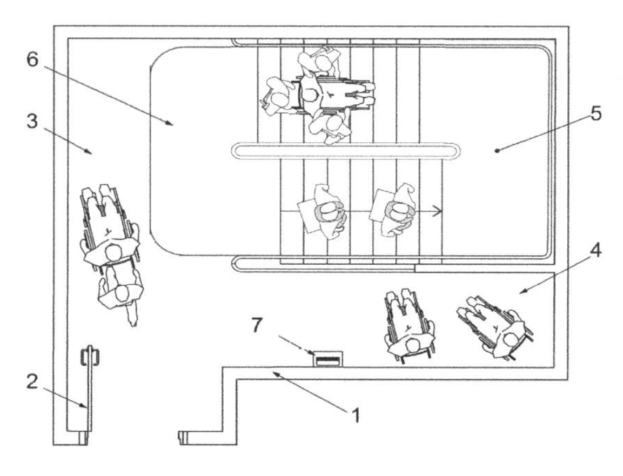

图 2-6　消防疏散楼梯及相邻救援区域

1- 钢筋混凝土坚固结构；2- 防火门，打开时不占用疏散空间；3- 往返救援区域，不占用疏散空间；4- 等待救援区域，建议 1500mm 宽度；5- 疏散楼梯；6- 楼梯疏散空间范围；7- 急救箱、饮用水、火灾逃生工具箱、手动报警器（来源：国际标准 ISO 21542：2021）

图 2-7　虚拟现实进行无障碍设计评估（来源：Palmon O. 等著写的《Virtual environments in design and evaluation》）

许多民间非营利组织也资助了一些建筑无障碍设计项目。英国的“圆厅”改造项目（2003—2007）由 Wellcome Trust 基金会资助，[47] 将卡姆登镇历史悠久的圆厅改造激活，由仓库转变为完全无障碍的文化综合体，包括创意活动和学习中心以及国际性表演场所，吸引全世界的优秀人才。美国福特基金会也资助了一组交通和规划专家学者进行一项研究，以改善古巴哈瓦那弱势社区的流动性、生活质量和无障碍性。[48]

在建筑无障碍设计实践方面，优秀案例较多。建筑无障碍设计首要解决的是通行流线问题，包括水平方向的无障碍通道和垂直方向的无障碍流线；其次，在空间和设施设备的设计上要满足各类型残障人士的行为模式需求；此外，在安全性和空间氛围上要塑造心理和精神层面的无障碍，达到功能实用和艺术美学的统一。[49]

20 世纪中叶，现代建筑大师赖特就在其生命最后时期的纽约古根海姆美术馆项目中考虑了无障碍设计，创造出了令人耳目一新的展览空间参观流线。当时电梯已在建筑业得到广泛应用，赖特还设计了环绕中庭的通长坡道，并综合运用两者。设计方案让游客进入展馆后先乘坐电梯到达顶层，最初甚至想使用玻璃电梯（见图 2-8 模型中的电梯）。[50] 之后参观者循着 6 层高的长长坡道缓缓下行，美术馆的精美艺术展品就布置在坡道一侧的墙壁上，观众边走边看，盘旋到达底层（图 2-9），观展流线共长 430m。坡道式展廊空间也较普通的展览空间更具特色、令人印象深刻。游客也能够在每一层乘坐电梯上下并抵达展馆出口。虽然当时尚无成熟的无障碍设计理论或法规，但朴素或无意识的无障碍流线植入对于建筑的使用方式而言也颇具创新性。

OMA 设计的波尔多住宅建于 1994 年，它是雷姆·库哈斯早期最重要的现代建筑作品之一，其中对无障碍通行和功能的设计十分出色，凭此拿到了 1998 年 New York Times 的最佳住宅（图 2-10）。[53] 业主买下了郊区一片土地计划建一栋新住宅，但却遭遇了严重车祸，必须依靠轮椅生活。业主请来库哈斯做设计，强调了两点要求：第一，由于有很多书籍，因此住宅阅读和存书要方便；第二，不能让轮椅阻碍其自由行动。库哈斯最核心的设计概念以最自然的方式诞生。建筑的核心是一个 $3 \times 3.5m^2$ 的能够在三层移动的升降平台（图 2-11）。这个平台能够成为起居室、厨房或书房地面的一部分[54]，重点是能够变为书房的办公空间。建筑将主卧室空间做成一个悬挑的箱体，上置悬挑的梁架，造型夸张前卫；下层是以玻璃幕墙围合而成的起居室。住宅配备两部楼梯，其中的螺旋楼梯连通地面层和顶层的儿童房，考虑了孩子的隐私需求。

图 2-8　纽约古根海姆美术馆的设计模型（来源：archdaily 网站）

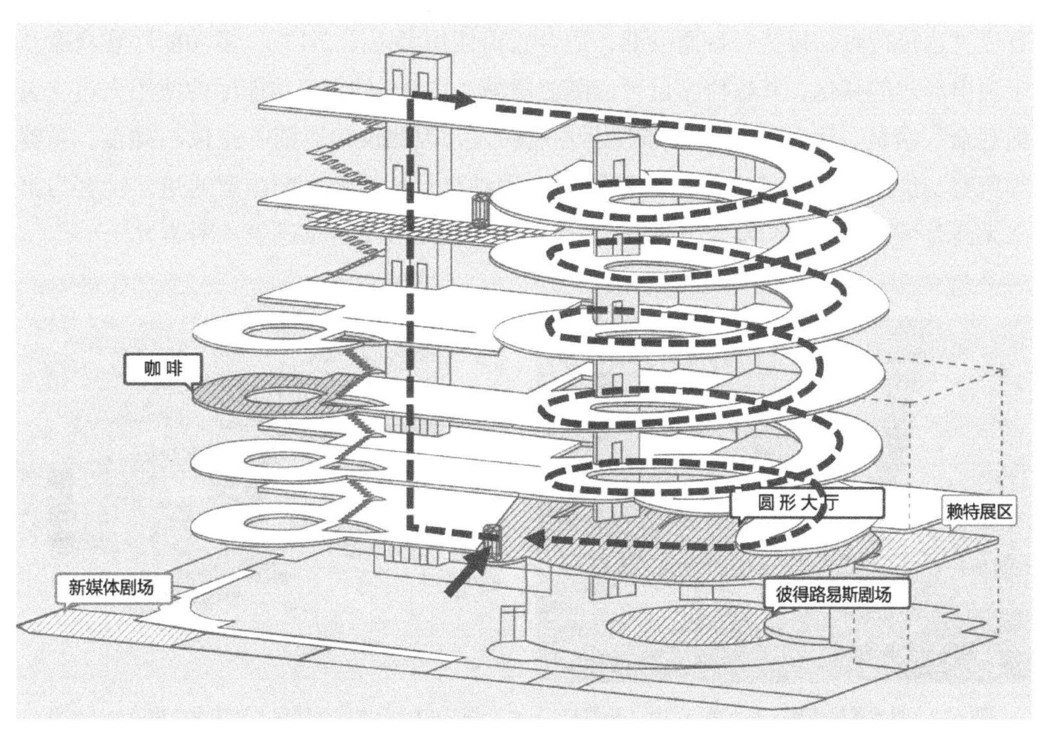

图 2-9　纽约古根海姆美术馆的无障碍流线（来源：贾巍杨根据 rakivekadikoy 网站插图绘制）

图 2-10　波尔多住宅造型
（来源：harvard design magazine 网站）

图 2-11　波尔多住宅升降平台
（来源：archdaily 网站）

也有一些集中无障碍设计经验于一身的优秀设计实例，尤其多见于以大量残障人群为用户的建筑。日本国际残疾人交流中心于 1999 年由近畿地方规划局委托给日建设计，以残疾人为使用对象，是集研修、文娱、住宿为一体的满足残疾人的综合设施。在设计中包含既存设施的改造，充分采纳了实际使用者——残疾人的意见进行了探讨、研究，由摄南大学工学部建筑学科田中研究室和日建设计共同协作完成。建筑大堂入口侧面不仅设有文字说明，同时还设置了触摸式导向板（图 2-12）。地面所设盲道从室外延伸到服务台，可以根据足底感受确认地面装修的不同，逐步前行，盲道直达接待台，接待台台面较低，适合轮椅使用者（图 2-13）。多功能厅观众席基于演出形式的变化，其轮椅席位可以随之增减（图 2-14），多功能厅的使用人员（包括观众、演员、后台服务）全部假设为残疾人，因此设计取消了座位、舞台、乐器等所有功能空间的高差变化。[51] 该建筑还单独设计了残疾人的疏散通道，从客房出来无高差可以到达通阳台（图 2-15），然后能够使用坡道避难逃生（图 2-16）。

图 2-12　日本国际残疾人交流中心门厅（来源：《国際障害者交流センター「ビッグ・アイ」を語る》）

图 2-13　日本国际残疾人交流中心接待处（来源：《国際障害者交流センター「ビッグ・アイ」を語る》）

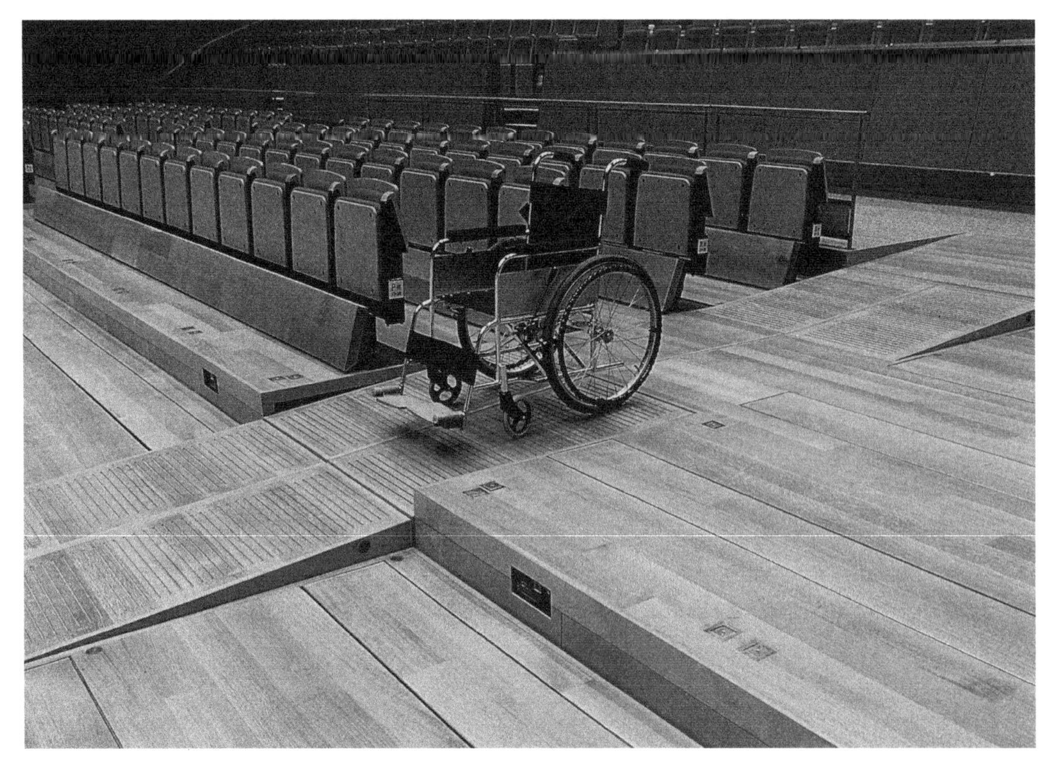

图 2-14　日本国际残疾人交流中心多功能厅

（来源:《国際障害者交流センター「ビッグ・アイ」を語る》）

图 2-15　日本国际残疾人交流中心通廊阳台（来源:《国際障害者交流センター「ビッグ・アイ」を語る》）

图 2-16　日本国际残疾人交流中心逃生坡道（来源:《国際障害者交流センター「ビッグ・アイ」を語る》）

随着通用设计等广义无障碍思潮的发展，建筑无障碍设计愈来愈考虑对多类群体的包容性。例如以色列特拉维夫全纳学校，建筑师在创作方案时与特殊教育专家开展了广泛深入的合作，将“全纳教育”（inclusive education，也称融合教育）理论转化为实际空间，创造出功能适用、氛围友好的教育环境。学校中 25% 的学生有肢体上的残缺、情绪问题或患有自闭症。学校配置了集体教室和个人学习室，还有多种功能的康复室，包括物理康复室、冥想室等。建筑室内的阳角都设置防撞软垫，配备可移动式家具，方便乘轮椅学生。桌子台面的形式和尺寸充分考虑了乘轮椅的需要；使用可自由组合的环形长凳开展小组活动，让每个人包括乘轮椅者都能够随心所欲地参与（图 2-17）。建筑室内设计为淡雅的色彩方案和暖色调木质材料，令人获得精神上的安宁。寓教于乐的活动室还考虑了视力障碍和听力障碍学生的需要，活动器械和教具使用了触摸式字母、图案和盲文，健全孩子还可与残障孩子共同学习手语。最终形成的空间能够促使所有学生主动参与丰富多彩的各种学习活动，不但增强了残障孩子的自我尊重与自我实现，也激发了健全孩子的同理心。设计师创作了包容性融合教育环境，让所有孩子共同健康成长。[52]

2.1.4　景观

景观无障碍设计，除了其中的设施无障碍设计之外，一个重要方向是对特定残障或感官类型的景观设计研究，例如声景观理论及其设计指标的研究等，另一个相关的重要理论研究方向就是康复景观或疗愈景观，重视景观设计对残障人群的康复或抚慰

图 2-17　以色列特拉维夫全纳学校（来源：Sarit Shani Hay《鼓励与包容 特拉维夫全纳学校》）

作用，并且多采用医学、心理学的循证数据来进行实证研究。当然，这两个方向彼此也是高度相关的。

在残疾人口当中，视力障碍、听力障碍等感官障碍者为数众多，在针对各种感官障碍的景观设计研究中，现阶段最为充分的是对声音补偿的研究，对盲人景观的研究即开始于声景的研究。声景观研究启示设计师对视障人士的感官补偿的思考以及学者在此领域的探索，欧美率先进行了实验性的分析与实践。

声景观是由芬兰地理学家格拉诺 1929 年从“景观”推演出“声景”而奠基的，他认为声环境作为一种不能被预测的物理量，是由不同的声元素构成并且具有可感知性。[55] 20 世纪六七十年代，加拿大作曲家、生态学家穆雷·谢弗提出了声景概念，指出声景是声环境对其间所生存的生物（人）在身体反应或行为特征上所产生的效应研究[56]，并将“声”与“景”结合在一起，定义了声音生态学（Acoustic ecology）。随后，谢弗与其团队建立了“世界声景计划”，以听觉感受性促进城市环境建设、法律制定、户外景观设计。他的研究使声景思想传播到世界，为声景学术研究与实践奠定了重要基础。

日本在声景观方面的研究也比较深入。例如日本山口大学“公共空间声环境无障碍设计”（2004—2006）项目，研究目的是考察在自动扶梯、电梯、厕所、楼梯、出入口等视觉障碍者需求高的空间中，如何通过声音引导寻路。使用各种乒乓音、扫地音和男女声，通过声学心理实验对听清、音源方向定位等进行调查，设计并试制了能够根据不同场所产生有效引导的声音装置。[57]

康复景观理论则是由环境行为学家沃尔里奇奠基，他提出了自然助益假说理论。21 世纪初，美国景观设计师克莱尔·库珀·马库斯将康复景观的概念进一步定义为要求环境具有可视性、可接近性、亲和性、安静舒适感和具有积极意义的艺术性。[58] 在康复景观发展的过程中，有两个理论体系颇具影响力。一个是基于 Roger S. Ulrich 通过分析医疗机构内术后康复的病人对窗外不同景观的直观感受，例如人造景观和自然景观，发现对康复有积极作用的是自然景观。[59] 在后续的测量中，以不同环境中的一系列生理因素为指标，提出了“压力恢复理论”，他认为自然景观因素能够极大地减小人的压力，对改善健康状况有着积极的作用。[60][61] 其二是雷切尔和斯蒂芬·卡普兰（Rachel & Stephen Kaplan）夫妇对集中注意力的测量实验，以不同环境体验为变量，发现自然环境能够恢复和维持人的注意力，进而提出了“注意力恢复理论”。[62][63] 后来，康复景观研究更多聚焦于特殊人群，例如美国国家癌症研究所资助的“绿地对低收入社区体育活动的影响”项目（2012—2018），表明定期体育活动（PA）有助于各种积极的健康结果。项目研究了绿地改造（包括更积极的绿地交通和利用，即公园、室外楼梯间、连接小径等）对 PA 的影响，特别是低收入社区和特殊人群。[64]

在康复景观实践中最具代表性的是盲人公园和感官公园，目前国际上的代表性案例见表 2-2。

国际（含港澳台）盲人公园实例　　　　**表 2-2**

国家地区	项目名称	设计师	时间	设计特点
美国	旧金山金门公园—芳香园	—	1940	提供触觉地图、宣传册、展品
美国	纽约布鲁克林植物园—芳香园	—	1955	环形式布局芳香植物种植床
美国	西雅图盲人灯塔之家	—	1973	完全可供轮椅通行，以高架床强调植物芳香
美国	西雅图盲人灯塔之家	Ethel Dupar	1970	专为视力障碍者提供就业、帮助的非盈利机构。建立芳香园为视觉障碍者提供接近自然、感受植物的场所
美国	纽约海伦凯勒感官公园	海伦·凯勒全美盲哑人服务中心	1976	特色的路引方式：以触觉为引导，以绳子引路。种植形态各异的植物，提供触觉体验。更细心的设计是放置了盲人洗手池，洗净手后触摸植物会获得更好的触觉感受
美国	贝蒂奥特盲人语音公园	克利夫兰洛克·菲勒	1992	使用听觉传递信息的方式，运用语音解说系统为公众服务，每个景点都有配套的语音提示语解说服务
美国	克利夫兰市植物园	Dirtworks，PC 景观设计公司	2006	适宜所有人游览的公共植物园，以园艺疗法为主要特征，由筛选的当地的石头和有趣的植物组成，整个植物园中通过触觉、嗅觉或听觉都可以感受到各种景观的存在
德国	波恩莱茵盲人公园	—	1983	设有“盲人摸象”主题雕像
德国	莱比锡盲人公园	—	1986	设置圆形循环路线，盲文标识牌、浮雕、风奏琴，公园附带体育活动场所、游乐场、阅览室
德国	不莱梅盲人植物园	德国民间倡导	1989	具有独特的标识系统：雕刻盲人使用的指示牌和地图，为所有植物标示盲文和德文的名称，在公园铭牌上标示了所有植物种类
德国	慕尼黑波恩瑞纳盲人公园	—	1990 年以前	服务于失明儿童的主题盲人公园，园中置盲人摸象为主题的雕塑。雕塑并非像中国成语中具有讽刺意味，而是展示盲人角度认识世界的过程

续表

国家地区	项目名称	设计师	时间	设计特点
丹麦	瓦尔比公园	—	1996	公园中建设了17座圆形主题公园，包括感官公园
捷克	捷克昆士塔特盲人公园	—	2011	特殊的游园体验：吸引更多视力健全的游客，健全人入内游览需要戴上黑色眼罩，体验盲人的参观方式
法国	上萨瓦伊瓦尔五感花园	—	1986	有1300多种植物，按照味觉、嗅觉、触觉、视觉、听觉的主题分区布置
日本	大泉绿地感官公园	三宅祥介	1977	在触感上运用不同质地的材料，在水的设计上运用了不同的温度。在听觉上运用树木和草地不同的临风效果，以及鸟兽、水声、敲击声带来不同的声景
中国香港	香港白普利公园	—	1990	注重多种感官的体验。运用芳香景观的特性选择多种芳香植物，选择会鸣唱的鸟类，光滑易触摸的石头，使盲人能体验鸟语花香

表格来源：作者整理

其中比较优秀的案例如日本大阪大泉公园，该项目还曾经由盲人公园升级改造为感官公园。公园的偏僻角落本有一座盲人公园于1974年开放，与其他游客区域分隔，但由于游客稀少几近废弃。1977年绿地公园重建之际，设计师三宅祥介开创性地运用“通用设计”理念，将盲人园扩大改造设计为“感官花园”，使其重新焕发生机。方案以调动所有游客的感官体验为主要目的，鼓励游客积极探索并感知自然。[65]改造后的感官花园保留了最初的一些景点，如种植色彩对比鲜明的苗圃，可以近距离感受气味和容易触摸的空间。改建结合了公园的景观湖，更加靠近公园的中心位置，融入公园的整体环境进行了一体化的设计，并尽力使各种感官体验与水景元素相联结（图2-18、图2-19）。

图2-18　大阪大泉感官公园（来源：北卡罗来纳州立大学通用设计研究中心网站）

丹麦瓦尔比公园（Valbyparken）是哥本哈根的第二大公园。1996 年，当哥本哈根建设“欧洲文化之都”时，也在公园中开始建设 17 座圆形主题公园，直到 2004 年才陆续完工，其中包括一座无障碍公园。该无障碍花园由海勒·内贝隆设计，考虑了不同残障人士的需求。[66] 花园分为观赏花园、功能花园、铺地三个区域组成，呈现为流动空间。观赏花园的植物有芬芳的气味、缤纷的色彩以及美丽的枝叶和花朵各种观赏类型；功能花园则能提供种植栽培和果实采摘活动体验；铺地区实质是一个露台，配有桌椅和烧烤设施。考虑老年人、乘轮椅者以及盲人和视障的要求（图 2-19），花园设计了一条主游览路径，单向行进可遍及所有三个子花园及大多数景点，并且最终回到主入口。主路径并没有使用盲道砖，而是使用了色彩、触感特殊的瓷砖（图 2-20）。院内植物种植床比地面高 500—700mm，保证乘轮椅者或盲人均能方便地用手触及。

图 2-19　丹麦瓦尔比公园（来源：sansehaver 网站）

图 2-20　高对比色、触感特殊的无障碍专用引导路径瓷砖（来源：sansehaver 网站）

残障儿童的游戏娱乐场地空间也是无障碍景观设计的重要内容。美国无障碍委员会编写了《无障碍游乐区域》(Accessible Play Areas)手册，并经过了很多标准组织和民间团体的公众参与，为新建和改建游乐区建立了最低无障碍要求，为游乐区内的元素提供了规范，确保残疾儿童能够使用游乐区提供的各种装置。同时也鼓励设计师和运营商尽可能地超越该指南。其中提出游乐区的游戏装置要配置不同类型，包括但不限于摇摆、秋千、攀爬、旋转和滑行等体验；应配置高架游乐装置；应配置可以从地面上下的游戏装置(图 2-21)。[67]

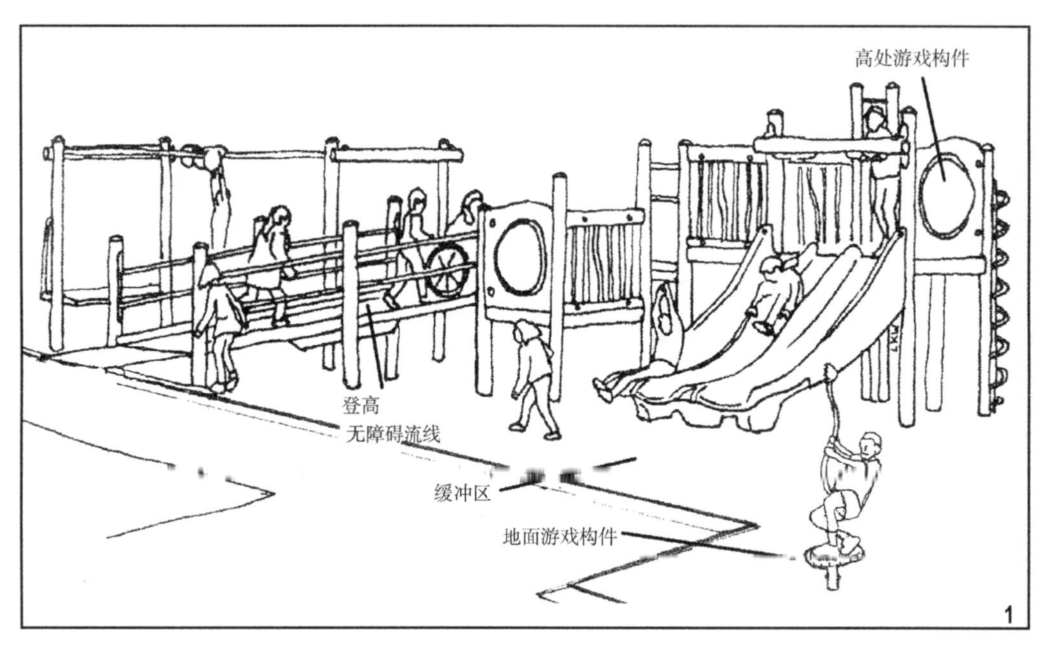

图 2-21　无障碍游戏区示意图(来源：美国无障碍委员会《ACCESSIBLE PLAY AREAS》)

加拿大里克·汉森基金会(Rick Hansen Foundation)编写了《无障碍游戏空间设计指南》(A Guide to Creating Accessible Play Spaces)手册。手册将无障碍游乐空间定义为基于通用设计原则、具有包容性的游戏空间，并提供丰富多样的体育和游戏机会，并指出无障碍游乐空间的目的是：考虑不同发展阶段和能力儿童的可及性；吸引调动五感；创造孩子们可以探索的安全空间；支持残疾父母监督和参与创建孩子的游戏环境。并列举无障碍游戏空间可包括以下元素：多种进入游戏空间的方法；有足够的空间供轮式移动设备接近和环绕游戏装置；平整、均匀、吸震的表面；以最小的危害进行体能活动；无障碍功能和便利设施，例如适应各类残障者的不同高度和尺寸的种植箱和长凳；在主要装置附近设置独立“安静”区域，可享受某些游戏娱乐功能，从而获得较低压力的游乐体验。[68]

2.1.5　标识

标识既附属于建筑环境，也是信息无障碍的重要内容，标识对于需要便利设施的残障人群行动具有重要意义；从通用设计的观点来看，标识对于所有人都是重要的信息来源。目前导航、导盲、增强现实等新技术，为残障人群提供了新的寻路手段，但在可预见的未来，实体标识环境仍然是大众和残障人群寻找空间关系的最常用方式。标识的无障碍设计涵盖了标识系统在建筑环境中的规划设计，以及标识本身的色彩、尺度、形状、图文、版面等要素的设计。按照建筑物理学和人类工效学的观点，影响标识易识别性的因素包括亮度比或对比度、视锐度（即视力）、对象尺度、视距、照度等[69]，目前无障碍标识的研究主要的技术方法就是采用人类工效学主观评价实验。

国际标准化组织下设的图形符号技术委员会（ISO/TC 145）是标识标准的重要组织，它负责图形符号以及符号要素（颜色、形状）的国际标准化工作[70]，包括各类标识的设计。其成员国包括中国、日本、韩国、英国、美国、德国、法国、荷兰、挪威等国家。

国际标准化组织 ISO 的无障碍标识标准体系主要内容见表 2-3，其中最主要的是 ISO 21542：2021《建筑施工——建筑环境的无障碍和易用性》的第 5 章“室内外导向信息”以及 ISO/TC 145 研编的 ISO7000、7001、7010 标准。

ISO 无障碍标识相关标准体系　　　　**表 2-3**

标准名称	涉及无障碍标识的主要内容
ISO 21542:2021《建筑构造——建筑环境的无障碍和易用性》(Building Construction—Accessibility and Usability of the Built Environment)	有专门的导向信息设计、视觉对比度、照明、标识、图形符号、听觉、紧急避难信息系统等章节
ISO 7000：2014《设备用图形标志》(Graphical Symbols for Use on Equipment — Registered Symbols)	设备器具用图形标志标准
ISO 7001：2007《图形符号——公共信息符号》(Graphical Symbols – Public Information Symbols)	规定了六类常见图形符号标志及其含义，并在不断修订中
ISO 7010：2011《图形符号——安全色和安全标志》(Graphical Symbols—Safety Colours and Safety Signs — Registered Safety Signs)	普通图形标识的色彩形状设计原则
ISO 3864-1-2002《图形符号——安全色和安全标志第 1 部分：工作场所和公共区域中安全标志的设计原则》(Graphical Symbols—Safety Colours and Safety Signs—Part 1：Design Principles for Safety Signs in Workplaces and Public Areas)	涉及广义无障碍标志的色彩和形状设计
ISO 16069《图形符号——逃生路径指示系统》[Graphical Symbols—Safety signs—Safety Way Guidance Systems（SWGS）]	逃生路径指示系统，包括磷光标识
ISO 17398《安全色与安全标志》(Safety Colours and Safety Signs—Classification，Performance and Durability of Safety Signs)	安全标识的分类与性能
ISO 9186 系列标准《图形符号——检测标准》(Graphical Symbols — Test Methods)	用于检测图形标识的信息传达效果，如是否有歧义、辨认效果等

续表

标准名称	涉及无障碍标识的主要内容
ISO/DIS 21056 人类工效学——无障碍设计——触觉标识设计导则（Ergonomics—Accessible design—Guidelines for Designing Tactile Symbols and Letters）	触觉标识设计
ISO 17724-2003 图形符号词汇（Graphical Symbols—Vocabulary）	图形标识术语
ISO 22727-2007 图形符号——公共信息符号的创作和设计要求（Graphical Symbols—Creation and Design of Public Information Symbols—Requirements）	图形标识的设计原则

表格来源：作者根据标准文献整理。

美国无障碍标识标准体系包括了国家层面的法规及其配套标准、各州或城市的地方标准以及部分机构标准，主要构成见表 2-4。国家层面的核心法规是 2010 年《美国残疾人法案无障碍设计标准》，前身为《美国残疾人法案无障碍纲要》。《美国残疾人法案无障碍设计标准》文本极其翔实，对标识的规定已经非常详细，故美国并没有出台专门的无障碍标识设计标准。

美国无障碍标识标准体系 **表 2-4**

标准名称或类型	主要内容
2010 年《美国残疾人法案无障碍设计标准》，前身为《美国残疾人法案无障碍纲要》	大量无障碍标识设计的具体条文
建筑障碍法（ABA）配套《无障碍设计最低需求指南》（MGRAD）	有无障碍标识设计的简单规定及色彩对比度的要求
美国交通部标识符号 [the United States Department of Transportation（DOT）Pictograms]	规定了 50 个交通图形符号
地方规定	如洛杉矶市《建筑规范》有关于无障碍标识尺度、图形、文字等的规定
机构规定	如明尼苏达州立大学《标识设计手册》

表格来源：作者根据标准文献整理。

英国无障碍标识标准体系主要有两个标准，见表 2-5。BS 8300 是英国目前核心和全面的无障碍设计法规，其中无障碍标识的设计要求有着丰富的内容；而 BS 5499 基本是移植的 ISO 7010 的内容。

英国无障碍标识标准体系 **表 2-5**

标准名称	主要内容
BS8300：2018 无障碍包容性建筑环境设计（Design of an Accessible and Inclusive Built Environment）	英国主要的无障碍建筑设计标准，有不少无障碍标识的内容
BS 5499 图形符号和建筑标识系列标准（BS 5499 for Graphical Symbols and Signs in Building Construction；Including Shape，Colour and Layout）	安全标识、图形标识的设计标准

表格来源：作者根据标准文献整理。

日本的标准体系与别国有所不同，其 JIS 标准体系中查询不到重要的建筑环境与通用标识的无障碍设计标准，反而多见于国家和地方的法规文件中。如日本 2005 年颁布了《无障碍新法》,是国家层面的核心无障碍法规,它由原《交通无障碍法》和《爱心建筑法》合并修订而来，其中原《交通无障碍法》是主要的有关无障碍标识的法规标准。《交通无障碍法》规定了视觉标识设备体系、文字大小、标识牌的放置高度等具体要求，其中提供的部分人体工学数据颇具参考价值，如：乘轮椅者比健全人站立的视线范围低 40cm 左右；人眼正姿近距离能够清晰观察物体的视线范围为水平向上 30°，向下 40°；行进过程中有效视野范围为仰角（水平线和向上视线夹角）10°以下。[71] 在地方无障碍法规如《东京都福祉条例》中也有部分关于公共建筑标识和交通标识无障碍设计的要求。

标识无障碍设计要素的研究为数不少。标识字体的可读性研究国际上已有不少成果，日本一些学者对日文字体大小也作了研究。彼得和亚当的《易读面板标识的三个标准》[72]、史密斯的《字母尺寸与易读性》[73] 提出了西文（字母、数字）易用的标识字体设计公式，是出现较早、目前广泛引用的成果；卢米斯 [74] 提供了视觉障碍近视距字体大小的指标。美国《残疾人法案无障碍设计标准》、英国《无障碍包容性建筑环境设计》标准都有标识的无障碍设计条文，都是依据视距分组规定标识字体高度。日本仓片宪志等人 2013 年提出了有视距、视锐度、字体、笔划数四个参数的日文字体设计公式。[75]

无障碍标识色彩的关键指标为图形与背景色的亮度比或对比度〔一般认为，对比度 =（1−1/ 亮度比）×100%〕国际相关研究主要成果大多基于人类工效学评价实验。美国较早的无障碍设计标准《无障碍设计最低需求指南》（MGRAD）要求视力障碍者易辨认标识的最小亮度比为 3.33[76]，来自 1985 年美国佐治亚理工学院的研究报告；1995 年日本吉田麻衣等人的研究表明，老年人需要的最小亮度比为 1.5—2[77]；2004 年英国布莱特等人的研究结果显示视力障碍所需最小亮度比为 1.43。[78] 这些研究引起了争论，如 1993 年沃尔普研究中心的报告也指出色彩对比度要求还与色相和视距有关，常用类型标识往往有标准色，人的视觉敏感度对不同光色不一致，并且他的实验显示黄色标识亮度比只需 1.67。[79] 面对争议，美国《残疾人法案》甚至删去了其前身《建筑障碍法》的参考指标。目前该领域研究仍在考察探讨各种影响因素。

无障碍标识的色彩组合方案也是颇具实用价值的研究内容。明尼苏达州立学院和大学发布的《标识设计手册》形成了易于清晰识别而又具有一定艺术性的色彩组合方案。日本东京大学“色觉研究成果——确立活用色觉无障碍配色设计的基础研究”（2005—2006）项目基于色觉障碍理论，根据 CIE xy 色度图对光源颜色开展了研究，使用目前公开的各种色觉模拟工具获取转换的色彩坐标，并使用东洋 1050 色色卡将颜色大致分类为 60—80 组，之后分析这些组在原始色彩空间中的分布，使用其色度坐标值绘制三维空间开展实验，进行集群解析。[80] 日本色彩通用设计协会（CUDO）也提出了适合老年人和弱视者的推荐性色彩组合方案。该组织致力于研究改善人类色彩视觉（颜色感知）的多样性，创建人性化社会，为标识设计以及建筑涂装、印刷、屏幕显示都提出了色彩通用设计的优化方案。[81]

除了无障碍标识单体，标识系统的规划设计也是重要研究方向，是将标识放置在空间环境中来综合考量。类似的概念，如美国建筑师凯文·林奇提出的“空间引导系统”、环境图形协会（SEGD）提出的“环境图形信息系统”。有关标识系统无障碍设计综合性成果也有不少。日本大阪大学田中直人《标识环境通用设计：规划设计的 108 个视点》以通用设计理念，介绍了大量日本和国际的标识研究成果和实例分析。

标识系统的规划设计当前比较前沿的领域是与智能化、智慧城市的联结。例如瑞典“包容性和可持续性城市的智能标识”（Smart Signage for an Inclusive and Sustainable city，2019）旨在支持斯德哥尔摩发展成为一个开放、包容的城市，收集城市大数据供市民和游客访问查阅，以便他们能够参与建设更智慧城市的工作。[82]

2.2 我国建筑环境设施无障碍科技创新的进展

我国无障碍设计起步较晚，从 20 世纪 80 年代宪法作出有关规定、编制第一部无障碍设计规范开始，至今不到 40 年。但是我国的无障碍设计从建筑领域启动，进步迅速，尤其是随着举办残奥会等重大国际活动建设需求，为人民群众创造了愈来愈便利的物质生活环境。

2.2.1 无障碍设计理论

2.2.1.1 广义无障碍与通用无障碍

我国学者也提出了自己的无障碍设计理论。比较早的是国家自然科学基金“为残疾人服务的‘无障碍建筑设计’及其立法问题”（1990—1993）的初步研究。

天津大学无障碍设计研究所（现无障碍通用设计研究中心）提出了“广义无障碍设计”理论，其理想目标是生活环境的全面“无障碍”，基于对人类行为、意识与动作反应的细致研究，致力于优化一切为人所用的物质与环境的设计，在使用和操作上清除那些让使用者感到困惑、困难的“障碍”，最大可能为使用者提供方便。[51] 中建设计发展了“广义无障碍”理念，在认识层面将其阐释为广义的适用人群、广义的服务设施、广义的文明环境（图 2-22）。[83]

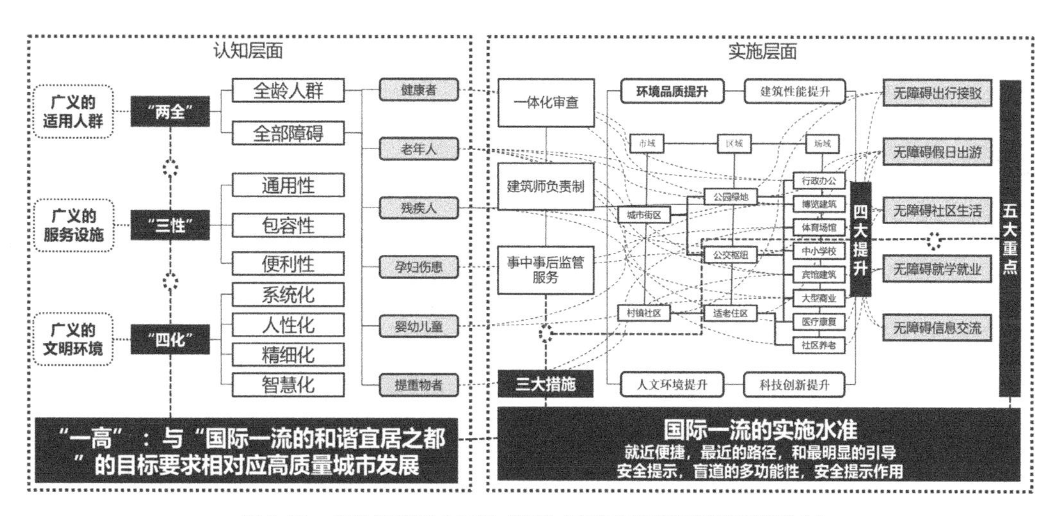

图 2-22　广义无障碍（来源：薛峰《广义无障碍环境建设导论》）

清华大学无障碍发展研究院提出了“通用无障碍”理念。其目标是推动全社会平等、包容与充分参与，因此应当关注所有利益相关方以及各种行为与感知有不同障碍的群体，包括但不限于性别、年龄、文化、宗教、身心障碍等方面。与此同时，我们也应当意识到必须重点关注那些对消除障碍、实现平等更加敏感、高度依赖的群体，如儿童、妇女、残疾人、贫困的老年人等。[84]

2.2.1.2　研究热点分析

通过知网国内学术论文的研究主题分析，如图 2-23 可以发现，目前我国国内学术研究在无障碍设计领域的热点主题主要包括：“老年人”“无障碍设施”“通用设计”“人性化设计”等。

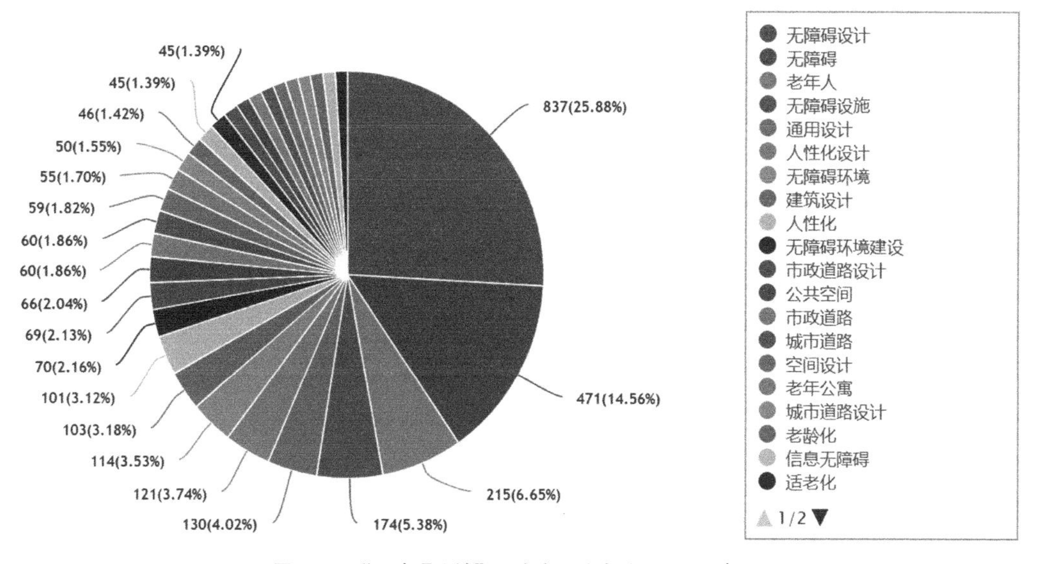

图 2-23　“无障碍设计”研究主题分布（制图：贾巍杨）

为进一步研究我国无障碍设计相关研究的热点、动态、前沿和发展趋势等信息，以“无障碍设计”为主题词，在中国知网（CNKI）数据库内进行检索，并以2005—2020年为研究时段，共筛选出学术期刊、学位论文和会议论文共3570篇。基于Cite Space对样本数据的关键词展开可视化分析，结果关键词共现时间线图谱共生成了713个主题节点和2853条连接线（N=713，E=2853）。图谱内各个聚类中节点间复杂而又丰富的连线状态，表明了我国无障碍设计研究领域的基础框架已基本形成，并且不同研究主题之间存在较为紧密的联系（图2-24）。在关键词共现时间线图谱中，“无障碍设计”“老龄化”“无障碍”这三个聚类缘起时间最早，居于“无障碍设计”研究领域的基础地位。同时，聚类内的关键词表明了我国学者在该阶段以城市内外部空间及信息的无障碍、适老化设计研究为主线。从节点尺度来看，“无障碍设计”“无障碍”“老年人”等关键词节点直径较大，共现频率最高，是2005—2020年间无障碍设计相关研究的热点及重点（图2-25）。

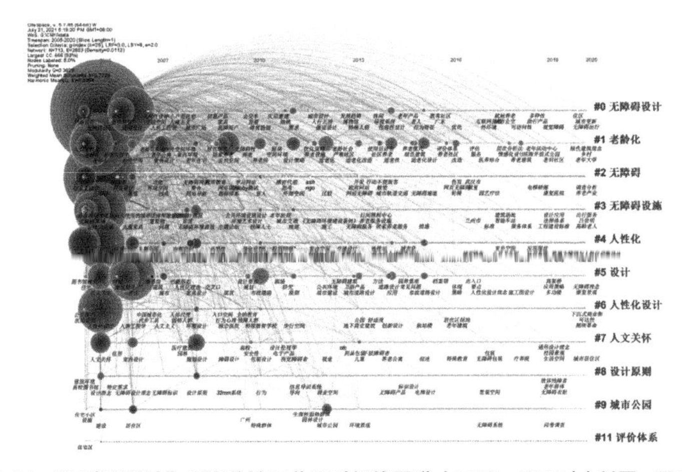

图2-24 “无障碍设计”研究关键词共现时间线图谱（2005—2020）（制图：冯天仪）

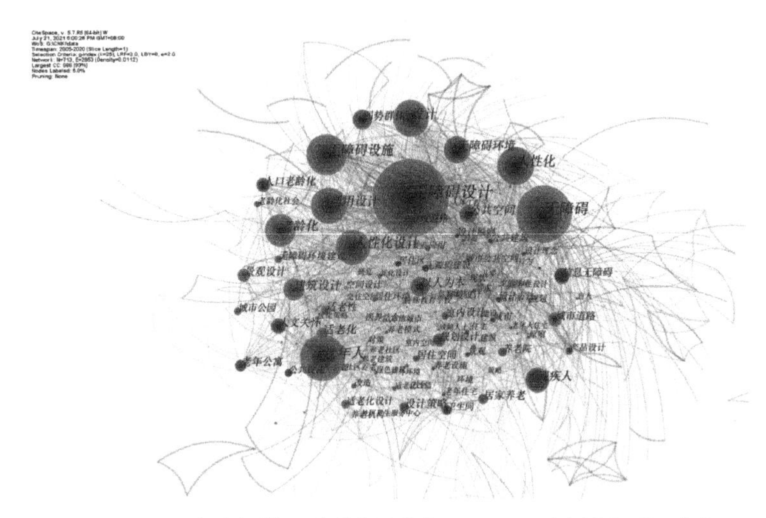

图2-25 “无障碍设计”研究热点图谱（2005—2020）（制图：冯天仪）

2.2.2　无障碍环境设计标准

新中国的无障碍环境建设从 20 世纪 80 年代起步，已经初步形成系统性的无障碍设计标准体系。1988 年首部无障碍设计标准《方便残疾人使用的城市道路和建筑物设计规范（试行）》JGJ 50—1988 发布，之后 2001 年《城市道路和建筑物无障碍设计规范》JGJ 50—2001、2011 年《无障碍设施施工验收及维护规范》GB 50642—2011、2012 年《无障碍设计规范》GB 50763—2012、2021 年《建筑与市政工程无障碍通用规范》GB 55019—2021 等国家和行业标准相继颁布；交通行业制定了国家标准 2017 年《城市公共交通设施无障碍设计指南》GB/T 33660—2017；标识领域先后制定《无障碍设施符号》2008 年、2021 年两版国家标准。21 世纪以来，无障碍环境设计的地方标准、团体标准层出不穷，提出更广泛、更高的技术要求，成为国家标准和行业标准有效的补充。我国建筑相关的无障碍设计标准体系见表 2-6。

我国的建筑无障碍设计标准体系　　表 2-6

标准类型	标准名称	标准编号	发布单位	状态
国家标准	《无障碍设计规范》	GB 50763—2012	住建部	现行
	《无障碍设施施工验收及维护规范》	GB 50642—2011	住建部、质检总局	现行
	《建筑与市政工程无障碍通用规范》	GB 55019—2021	住建部	现行
	《银行营业网点　无障碍环境建设规范》	GB/T 41218—2021	国家市场监督管理总局；国家标准化管理委员会	现行
	《民用建筑设计统一标准》	GB 50352—2019	住建部	现行
行业标准	《民用机场旅客航站区无障碍设施设备配置技术标准》	Mh/T 5047—2020	民用航空局	现行
	《铁路旅客车站设计规范》	TB 10100—2018	国家铁路局	现行
	《特殊教育学校建筑设计规范》	JGJ 76 — 2019	住建部	现行
	《老年人照料设施建筑设计标准》	JGJ 450—2018	住建部	现行
	《残疾人康复机构建设标准》	建标 165—2013	住建部，发改委	现行
	《残疾人托养服务机构建设标准》	建标 166—2013	住建部，发改委	现行
	《残疾人就业服务中心建设标准》	建标 178—2016	住建部，发改委	现行
	《方便残疾人使用的城市道路和建筑物设计规范（试行）》	JGJ 50—88	建设部、民政部、中国残联	已废止
	《城市道路和建筑物无障碍设计规范》	JGJ 50—2001	建设部、民政部、中国残联	已废止
	《民用机场旅客航站区无障碍设施设备配置标准》	MH/T 5107—2009	民用航空局	已废止
	《铁路旅客车站无障碍设计规范》	TB 10083—2005	铁道部	已废止

续表

标准类型	标准名称	标准编号	发布单位	状态
地方标准	《居住区无障碍设计规程》	DB11/ 1222—2015	北京市规划委员会	现行
	《无障碍设施设计标准》	DGJ 08-103—2003	上海市建设和管理委员会	现行
	《养老设施建筑设计标准》	DGJ 08—82—2000	上海市建设和管理委员会	现行
	《天津市无障碍设计标准》	DB/T 29—196—2017	天津市城乡建设委员会	现行
团体标准	《多层工业建筑无障碍指南》	T/CAPPD 2—2018	中国肢残人协会	现行
	《滑雪场建筑无障碍标准》	T/CAPPD 6—2021	中国肢残人协会	现行
	《旅游无障碍环境建设规范》	T/CAPPD 1—2018	中国肢残人协会	现行

2012 年《无障碍设计规范》GB 50763—2012 国家标准涵盖了各类无障碍设施和各类建筑环境的无障碍设计要求，适用于全国城市新建、改建和扩建的城市道路、城市广场、城市绿地、居住区、居住建筑、公共建筑及历史文物保护建筑等。[85] 该标准前身是 1988 年《方便残疾人使用的城市道路和建筑物设计规范》以及 2001 年《城市道路和建筑物无障碍设计规范》两部行业标准。2021 年发布的《建筑与市政工程无障碍通用规范》于 2022 年 4 月 1 日实施，是我国现行最重要的建筑无障碍设计国家标准。该标准为全文强制标准，共 108 条，在设计环节对通行设施、服务设施、信息交流设施分别作出规定，同时在施工和运行维护环节作出了规定。

2010 年发布的《无障碍设施施工验收及维护规范》GB 50642—2011 目的是为规范无障碍设施施工和维护活动，统一施工阶段的验收要求和使用阶段的维护要求。本规范适用于新建和改扩建的城市道路、建筑、居住区、公园等场所的无障碍设施的施工验收和维护。

在无障碍标识领域我国也出台了专门国家标准。在 2008 年借助北京举办残疾人奥运会的契机，《标志用公共信息志图形符号》系列标准发布了 GB/T 10001.9—2008《第 9 部分：无障碍设施符号》，共包含了 15 个标准的无障碍设施标识。2021 年本标准修订为《公共信息图形符号 第 9 部分：无障碍设施符号》，共规定了 24 个无障碍设施标识。

我国民航、铁路、工业和信息化、教育、银行等主管部门分别制定了民用机场航站楼、铁路旅客车站、网站及通信终端设备、特殊教育学校、银行等行业的无障碍建设标准。[85]

2.2.3 建筑

近年来，我国建筑无障碍科学研究成立了一批专业研究机构，在各个研究分领域均有长足进步，包括设计标准、指南和导则等的研发，建筑空间物理环境，构件的无障碍性能指标，建造技术，以及无障碍建筑设计实践。

关于无障碍科研项目的管理和资助机构，我国的国家级科研项目主要是国家自然科学基金委员会、国家社科基金委员会、21 世纪议程管理中心，分别管理国家自然科学基金、国家社会科学基金、国家重点研发计划三大类研究项目。国家级无障碍研究项目也大多出自这几大类，其中前两类项目可以由学者根据兴趣自由申报命题，而后者则有申报主题指南限定。此外，国家各部委和地方科技部门大多有各自的研究项目，包括住建部、民政部、教育部和地方科技部门等，民间团体中国残疾人联合会也有无障碍领域的研究课题申报。我国分层级、种类多样的科研项目体系也大大推动了我国无障碍科研的蓬勃发展。

近年来，我国陆续成立了不少无建筑障碍科研机构。北京市建筑设计研究院从 20 世纪 80 年代就开始了无障碍研究。2011 年，同济大学成立“无障碍建设工程联合研究中心”；2013 年，天津大学成立“无障碍设计研究所”。在中国残联推动下，2016 年清华大学成立“无障碍发展研究院”，之后北京市建筑设计研究院“无障碍通用设计研究中心”、中建设计集团“宜居环境无障碍研究中心”、浙江大学无障碍设计研究所等相继成立，聚集了一大批无障碍建筑设计专业力量和专门研究人才。

在中国残联的推动下，国内编制、研发了一批无障碍设计指南、导则和图集，例如《雄安新区无障碍规划设计导则》《雄安新区容东安置区无障碍系统化设计导则》《杭州市无障碍环境融合设计指南》《嘉兴无障碍环境建设设计导则》《丽水市无障碍环境融合设计导则》《残联系统服务设施无障碍通用设计指南及图示》等。

国内对残障人群无障碍物理环境的研究还处于初级阶段。在光环境领域，我国《建筑照明设计标准》GB 50034—2013 中增加了老年人卧室、厨卫居住空间的照度标准。任宪玉等提出住宅光环境适老化改造策略，包括空间亮度加倍、充分利用阳光与自然光等 [86]；袁景玉等通过分析国内外相关领域研究成果，为老年住宅光环境设计提供一些建议，如提高照度水平、考虑照度均匀度等。[87] 厨卫空间光环境相关的研究有国家重点研发计划“既有居住建筑宜居改造及功能提升关键技术”以既有住宅餐厨空间为研究对象，从老年人行为需求出发，运用现行国标对餐厨空间重点部位提出具体的优化策略和夜晚照度设计平均值 [88]；通过实地模拟照明测试老年人期望的理想照度值，分析统计数据得出了厨房洗菜池、切菜板、灶台和卫生间洗漱区、洗浴区、便溺区适老性的局部照度推荐值。[89]

在建筑构件无障碍性能领域，例如地面性能，我国《建筑地面工程防滑技术规程》JGJ/T 331—2014 将建筑地面防滑安全等级分为四级，并说明是由专家研讨确定，即未针对轮椅人士特殊考量。国家自然基金“基于无障碍理念的建筑地面通行安全性能关键指标研究”（2021—2024）以广义无障碍、人类工效学、材料科学、安全科学等相关理论为依据，归纳得出建筑水平地面和坡道地面防滑性能关键指标，通过开展人类工效学主观评价实验和材料性能测量，分析水平和坡道地面摩擦系数以及盲道凸起高度与建筑材料、表面粗糙度、轮椅性能、人群类型和体重等重要参数的相关性及量化关系，以期获得一套建筑地面通行安全的性能化设计指标。

在无障碍建筑建造技术和工业化研究方面，国家自然基金“基于SI分离体系的装配式住宅设计方法优化模型研究——以上海地区为例”结合开放建筑理论以及SI住宅支撑体和填充体分离的工业化技术，探讨了工业化老年住区的户型建立方法，并利用工业化技术体系，对可变老年住区的建造和更新改造进行了研究。[90]

国内面向残障人士的建筑疏散研究还比较少。国家自然科学基金“残疾人群自身疏散能力及其对健康人群疏散能力的影响研究”（2008）采用日常现场观测、疏散演习和计算机模拟等多种方法，通过对固定残疾群体的长时间跟踪研究，确定不同类别和程度的残疾个体与健康个体运动能力的差异，并对比分析研究确定混合群体疏散模拟过程中，残疾群体的主要相关生理行为特征参数及其设定方法；最后，用计算机模拟方法研究人员密度和残疾人比例与这种消极影响之间的关系。[91] 王羽等人（2016）利用FDS模拟分析了高层住宅建筑空间设计和老年人要素对火灾疏散的影响，结论显示通廊式住宅比塔式住宅疏散效果好，有老年人参与疏散情况下危险会加剧。[92]

在建筑无障碍设计实践方面，近些年我国建成了一批无障碍设计完成度比较好的大型重点工程项目，例如北京奥运会和残奥会场馆、北京冬奥会和冬残奥会场馆、上海世博会场馆、广州亚运会场馆等。其中，近期建成的国家残疾人冰上运动比赛训练馆、张家口国家跳台滑雪中心，可以说代表了我国建筑无障碍设计的较高水平。

国家残疾人冰上运动比赛训练馆是国内第一个专为残疾人冰上项目训练建设的专业场馆。该项目场址在北京顺义，项目包含残奥冰球比赛训练馆、轮椅冰壶训练馆以及综合楼（图2-26），占地面积18000m^2，建筑面积31473m^2（含地上和地下部分）。训练馆主要为运动员提供训练服务，综合楼主要包括体能训练用房、科研及教育用房、医疗及康复用房、餐厅、运动员公寓、地下车库及设备用房。由于场馆是专门为残疾人运动员服务，因而设计方案参考了国际、国内以及国际残奥委的高标准无障碍设计要求，充分考虑了残疾人体育的发展趋势，并进行了自身无障碍规划设计体系的研发，突出“功能复合、绿色生态、科技创新、人文关怀、开放共享”为一体的设计思想，为国家冰上项目队备战冬残奥会提供更好的保障，成为展示我国残疾人事业发展的重要窗口。[93]

国家残疾人冰上运动比赛训练馆的主要无障碍设计特色包括：1）项目地面采用全平面设计，即场馆所有室内地面全部消除高差，便于残障人士进出，保障其安全。室内墙面阳角全部做成圆角，以防对残障人群造成碰撞伤害。2）场馆东西两侧设计了大型轮椅坡道，不仅作为残障人士进出通道，也是高标准无障碍设计才配备的轮椅逃生通道。观众主入口位于西侧主坡道，满足1∶20坡度平坡出入口，乘轮椅者能够比较省力地驶入二层入口（图 2-27）。综合楼北侧同样配置了轮椅疏散坡道。3）无障碍电梯提高配置，附加脚部操作按钮，方便上肢残障人士；电梯设计为玻璃门，透明材质方便内外乘客彼此观察到，且轿厢内外的同向指示按钮会一起点亮，防止发生人员碰撞。4）无障碍卫生间将人性化设计理念贯彻到底，无障碍设施采用了半自动平移门、可移动淋浴椅、双方向 L 形扶手等，马桶也兼顾了上肢与下肢残障人士的需求，自主研发了双按钮位排水控制系统。5）运动员公寓室内空间和家具以残障人体工学为依据，设计充足的轮椅回转空间，为写字台配置容膝容足空间，设置低位床具、低位窗户把手、低位呼救按钮等。

图 2-26　国家残疾人冰上运动比赛训练馆（来源：张欣《绿色场馆无障碍设计策略研究》）

图 2-27　国家残疾人冰上运动比赛训练馆主入口坡道（来源：张欣《绿色场馆无障碍设计策略研究》）

张家口国家跳台滑雪中心是北京 2022 年冬奥及冬残奥会雪上项目的主要赛事承办

建筑项目，具备良好的无障碍设计性能。建筑主体功能为跳台滑雪场，包含顶峰俱乐部、跳台滑雪赛道、观众看台等部分。国家跳台滑雪中心的核心设计理念为“雪如意”，取自中国传统器物“如意”的意象，将滑雪赛道的优美曲线与“如意”的形态完美拟合，形成起跳区、助滑道、飞行段、降落段和观众席一体化的建筑造型，典雅流畅地诠释了中国故事和传统美学（图 2-28）。本项目无障碍专项设计的范围是张家口国家跳台滑雪中心的顶峰俱乐部和观众看台区两处永久建筑，无障碍设计遵循《北京 2022 年冬奥会和冬残奥会无障碍指南》，以交通系统、卫生间系统和功能房间作为主要对象。[94]

图 2-28　张家口国家跳台滑雪中心效果图（来源：腾讯网站）

国家跳台滑雪中心无障碍设计特色如下：1）跳台滑雪中心的主要建筑出入口采用无高差的平坡出入口设计，坡道坡度为 5.3%，所有人以同样的方式和流线进出，避免残障人士产生被区别对待的心理；门前保障充足的轮椅回转和停留空间；为视听觉障碍者提供完善的无障碍标识系统；门的设计优先使用自动门，并配备开启朝向提示标志；不设行进盲道而是采用提示盲道提醒地面变化（图 2-29）。2）楼电梯考虑更多人性化措施，包括多感官楼层提示、开门延时开关、脚控开关、后视镜、连续扶手等内容。3）无障碍停车位及落客区，考虑到车辆类型及轮椅通行等因素，将落客区 7m 通道加宽到 8m。4）无障碍卫生系统按照冬奥指南，依据残疾人的特殊需求，对无障碍卫生间、无障碍厕位的相关空间尺寸、设施数量及配置均提升标准，保证其便捷性、舒适性。5）无障碍坐席，保证无障碍坐席的数量并配置 1∶1 的陪护席位；额外提供 1% 礼遇席位，供孕妇、病人、特殊体型人士使用；优化残障人员流线；在视线设计上，无障碍座席和普通座席之间互不遮挡（图 2-30）。6）无障碍会议厅，设置在中心的顶峰俱乐部，是一个容纳 700 人的会议厅，充分考虑残障者作为发言者和听众两种身份的需要，保证音响和手语等信息交流手段、使用拐杖和轮椅的空间；无障碍座席合理布局；舞台有通行坡道和高低位演讲台（图 2-31）。7）无障碍接待空间，建筑有多处门厅或礼宾接待空间，服务台设置的位置要求一望即知，并设置无障碍导向标识；服务台设计为高低位，低位台面的尺寸满足各种轮椅辅具及残障人体尺度的使用要求。

图 2-29　张家口国家跳台滑雪中心顶峰俱乐部入口无障碍设计

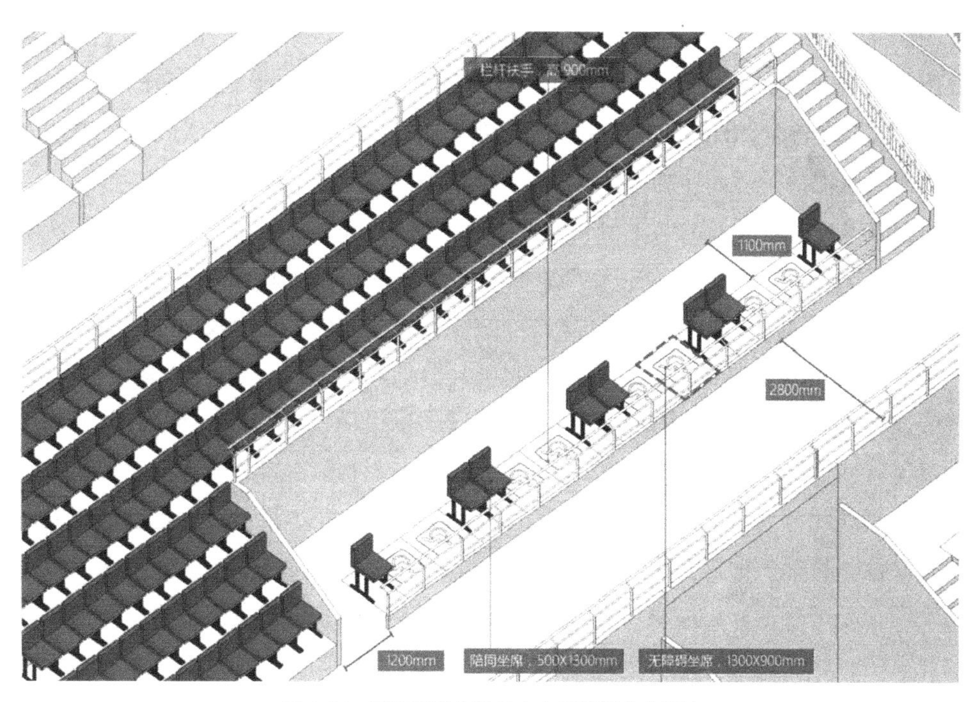

图 2-30　张家口跳台滑雪中心无障碍座席设计

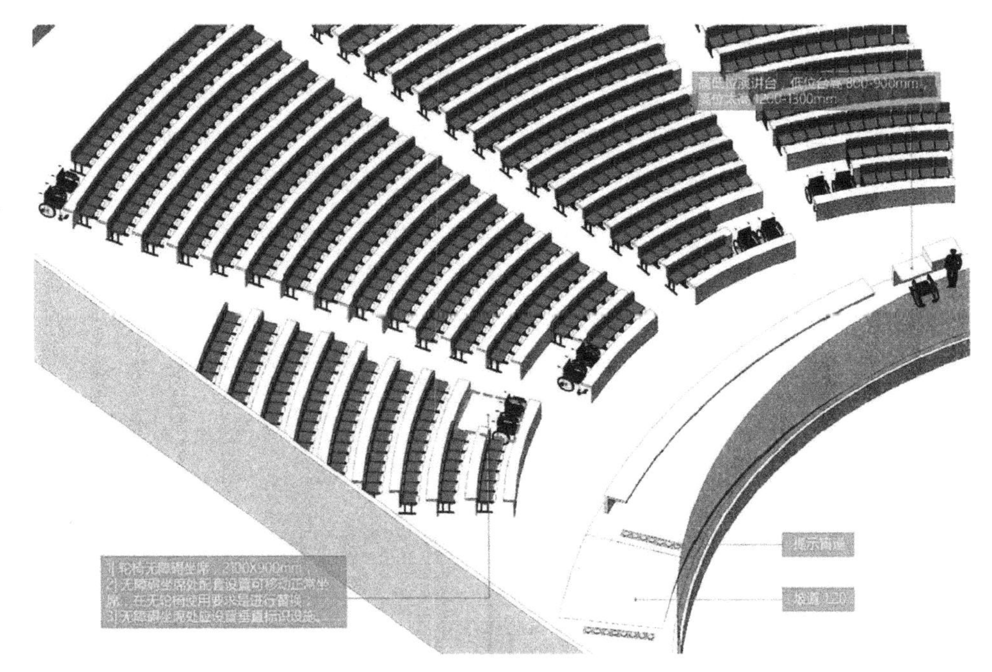

图 2-31　张家口跳台滑雪中心无障碍会议厅设计（来源：潘睿，邵磊《北京 2022 国家跳台滑雪中心无障碍设计研究》）

2.2.4　景观

在景观无障碍设计领域，近年来我国出台了一些标准，主要是地方标准和团体标准，例如北京市《公园无障碍设施设置规范》DB11/T 746—2010，河北省《公园无障碍设施设置规范》DB13/T 2068—2014，中国肢残人协会《旅游无障碍环境建设规范》T/CAPPD 1—2018，中国建筑学会《室外适老健康环境设计标准》T/ASC 18—2021 等。在景观无障碍设计指南和导则方面，有《天府绿道无障碍设计导则》。

我国在康复景观领域的学术研究通过引入借鉴国际前沿，也积累了少量研究成果。在疗愈性景观领域，国家自然基金“基于环境复愈性功能评测的城市住区康复景观设计策略研究”（2017—2019）借助环境心理学“复愈性环境”理论及风景园林康复景观理论体系，运用多学科交叉研究方法，明确复愈性环境对人体身心健康的作用机制；结合虚拟仿真技术评测住区环境复愈性功能，提取复愈因子并评测不同因子的贡献率；最终提出对城市居民具有恢复效果的住区康复景观设计策略。[95] 国家自然基金“癌症患儿的康复景观与健康关怀实践：中美比较视角”（2019—2022）对象是癌症患儿的室外空间设计，目标是为这些患儿提供开展康复活动的良好环境，试图通过深入分析儿童的生理和心理特征，运用支持性康复景观理论，从而得到癌症花园的设计原则、空间设计策略、康复景观要素的干预方法。[96] 国家自然科学基金青年项目“旅游地多维康复性景观综合效应与作用机制研究”（2020—2022）以视觉和听觉这两种人类高级感官形式为切入点，利用自然实验方法，结合注意力恢复理论，探讨视听交互效应对恢复性环境体验和总体生活质量的作用路径。[97]

在声景观领域，国内的研究成果比较丰富。国家自然基金“自然声景观的资源分类体系、地理空间结构及评价模型研究”（2016—2019）以声学测量为基础，综合自然地理、GIS、景观生态学等方法，重点研究自然声景观的分类体系、组合、地理 - 生态成因及地理时空结构；运用多维度调查方法（MDA）、结构方程模型（SEM）、混合模型等多种技术，研究自然声景观的人文地理属性，研制自然声景观资源的综合评价体系。[98] 刘滨谊等学者通过实地考察计量，给出了一般景观空间的声级指标。[99]

我国在康复景观实践领域完成了一些有效的探索性建设项目。国内典型案例多建于经济发达城市，且尚处于探索阶段。大连森林动物园、南京盲人植物园、苏州桐泾盲人植物园、上海辰山盲人植物园等。

上海辰山盲人植物园位于辰山植物园的辰山塘以东，南北长 93m，东西宽度为 19—27m，占地面积约为 1965m²。园中有完善的无障碍设施，中、英、盲文和语音系统，完备的塑木盲道系统、无障碍休息区和卫生设施等，红色扶手设于环形弯道内侧。园区的线路设计是单向的，体验节点呈港湾式，依次设有视觉体验区、科普触摸区、嗅觉体验区、植物触摸区和辨音体验区等（图 2-32）。[100] 辰山盲人植物园通过采用“分区、典型、单株、多元”的植物配置模式，打造出丰富的景观且有借鉴意义。

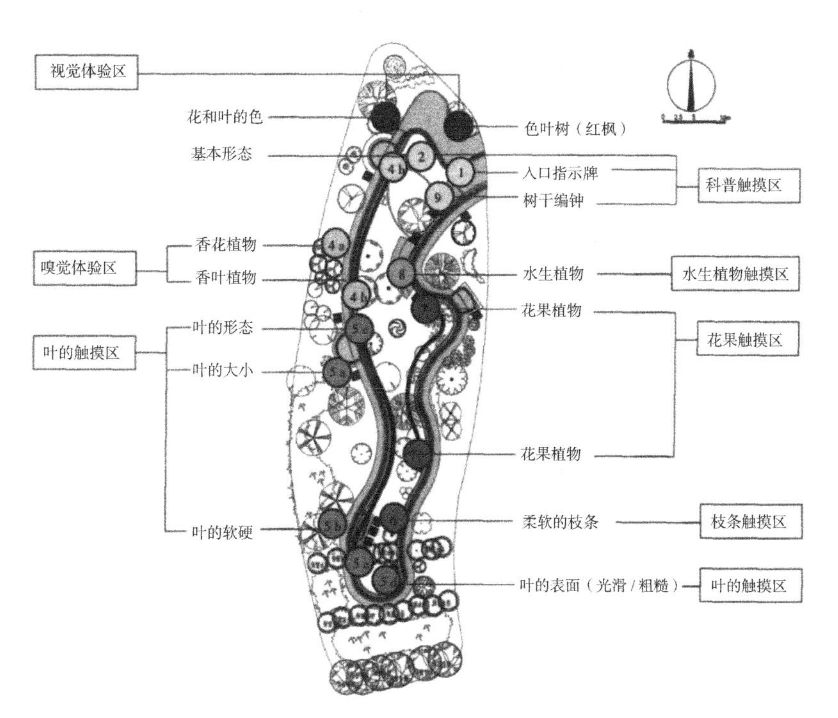

图 2-32　上海辰山盲人植物园平面图（来源：梅瑶炯《一米阳光——辰山植物园盲人植物园设计》）

2.2.5 标识

在全国图形符号标准化技术委员会等组织机构的努力下，在北京举办2008年夏季奥运会和残奥会以及2022年冬季奥运会的冬残奥会的重大需求推动下，多年来我国已经编制发布了比较系统的图形标识标准体系，见表2-7。

我国无障碍标识标准体系　　表2-7

标准编号名称	涉及无障碍标识的主要内容
《建筑与市政工程无障碍通用规范》GB 55019—2021	"无障碍信息交流设施"一章有无障碍标识部分规定
《无障碍设计规范》GB 50763—2012	"无障碍标识系统、信息无障碍"一节有少数的规定
《标志用公共信息志图形符号》系列标准 GB/T 10001	规定了各类通用图形符号
《公共信息图形符号第9部分：无障碍设施符号》GB/T 10001.9—2021	规定了24个标准的无障碍设施标识图形符号
《标志用公共信息志图形符号第9部分：无障碍设施符号》GB/T 10001.9—2008（已废止）	规定了15个标准的无障碍设施标识图形符号
《公共信息导向系统》系列标准 GB/T 15566.1—2007	规定了公共信息导向系统也即普通标识系统的设计原则与具体要求
《公共建筑标识系统技术规范》GB/T 51223—2017	有大量公共建筑标识系统的具体设计要求，也涉及不少无障碍标识的内容
《城市公用交通设施无障碍设计指南》GB/T 33660—2017	有交通标识的简单设计原则
《无障碍设施施工验收及维护规范》GB 50462—2011	有"过街音响信号装置""无障碍标志和盲文标志"具体验收项目的规定
《信息无障碍第2部分：通信终端设备无障碍设计原则》GB/T 32632.2—2016	涉及信息设备无障碍设计

表格来源：贾巍杨根据标准文献整理。

1983年我国制定了第一个公共信息图形符号国家标准《公共信息图形符号》GB3818—1983；1988年制定了国家标准《公共信息标志用图形符号》GB10001—1988；2000年我国对修订为《标志用公共信息志图形符号》GB 10001，并分为多个篇章；2008年借助北京举办残疾人奥运会的契机，《标志用公共信息志图形符号》发布了《第9部分：无障碍设施符号》GB/T 10001.9—2008，共包含了15个标准的无障碍设施标识，从此我国有了无障碍标识的第一部专门的国家标准，成为推动无障碍标识环境建设的第一个里程碑，也为建立我国的城市公共信息导向系统打下了良好的基础。其中一些如无障碍设施、无障碍电梯、无障碍卫生间正是我国目前最常用的无障碍标识图形。2021年，面向举办北京2022冬奥会和冬残奥会的需求，《标志用公共信息志图形符号 第9部分：无障碍设施符号》GB/T 10001.9—2008修订为《公共信息图形符号 第9部分：无障碍设施符号》GB/T 10001.9—2021，共包含了24个标准的无障碍设施标识。在《无障碍设计规范》GB 50763—2012 也有“无障碍标识系统、信息无障碍”的章节条文；2021 年新发布的《建筑与市政工程无障碍通用规范》GB 55019—2021“无障碍信息交流设施”一章有无障碍标识部分规定。

除了标识单体，我国还出台了标识系统的设计标准，目前有：《公共信息导向系统》GB/T 15566.1 —2007 系列标准以及《公共建筑标识系统技术规范》GB/T 51223—2017。无障碍标识相关的标准还有《城市公用交通设施无障碍设计指南》GB/T 33660—2017、《信息无障碍 第 2 部分：通信终端设备无障碍设计原则》GB/T 32632.2—2016 以及《无障碍设施施工验收及维护规范》GB 50462—2011 等。

国内无障碍标识相关研究还比较少，天津大学的“建筑无障碍标识色彩与尺度量化设计策略研究”（2014—2017）、《无障碍与城市标识环境》、中国残联委托天津大学的《无障碍标识设计指南及图示》等项目，初步形成了一套比较完整的无障碍标识系统设计策略。研究根据中国残障人群的人体尺度和相关需求，优化设计并开展人类工效学主观评价实验，进行标识色彩亮度比、安装高度和文字尺度设计要素与包括视距、色相、照度、标识类型、人体尺度等影响因子量化关系的研究，初步形成一套指标量化的无障碍标识设计策略。[69] 成果为规范无障碍标识环境系统，统一无障碍标识规划设计准则，提高标识环境系统工程质量，为系统建设通用无障碍标识环境提供了指导性的导则。教育部人文社科项目“环境信息传达设计与无障碍信息环境建设”从通用设计理念出发，基于寻路理论，结合国外案例，从“触觉”与“听觉”两方面入手，针对西安市目前公交站的导视标识系统现状提出合理有效的可行性设计 [101]；还研究了导示音设计，可以为盲人寻路提供信息帮助，也是普通人获取环境信息的辅助途径。

2.3　重大标志性成果

2.3.1　无障碍设计标准

在无障碍设计标准方面，重大成果是最新的《北京 2022 年冬奥会和冬残奥会无障碍指南》（以下简称《指南》）与《建筑与市政工程无障碍通用规范》GB 55019—2021。

《指南》于 2018 年由北京冬奥组委、中国残联、北京市政府、河北省政府联合印发，是为切实达成北京申办 2022 年冬奥会和冬残奥会时关于无障碍环境的承诺，科学推动、具体指导筹办工作中涉及无障碍设施和服务的相关任务。[102]《指南》由北京市建筑设计研究院承担编制，内容分为十章，依次是：总则，技术规范（包括无障碍通行、设施、酒店和住宿），信息无障碍，冬奥会和冬残奥会场馆，酒店、冬奥会和冬残奥会运动员村及其他住宿设施，城市无障碍设施，无障碍交通，社会环境与服务，无障碍培训，冬奥会和冬残奥会相关业务领域运行的无障碍要点。《指南》不仅列出了设计原则，还提供了翔实准确的参数、设计图示（图 2-33）和服务内容。许多设计规定颇具创新性，例如，《指南》规定的无障碍卫生器具配置比例要求，即为每 15 个有需求的人提供 1 个无障碍大便器、1 个无障碍小便器是在国内首次出现。[102] 又如无障碍座席的配置要求，除了提出轮椅坐席的比例，还提出了陪护坐席的比例要求，更为先进的理念是提出了“礼遇坐席”概念，即着眼于“通用设计”视野，服务于孕妇、老人等乘轮椅者之外的行动不便人士。针对冬奥、冬残奥会的特定需求，如面向场馆排队等候场景，提出了排队区域宽度、坡度和休息座椅的要求；以往大型活动或赛事中残障人士对安检环境的意见较多，因而单独将“安检”无障碍相关要求编写为一节内容，以方便残障人士的受检活动，体现对残障人士的尊重。

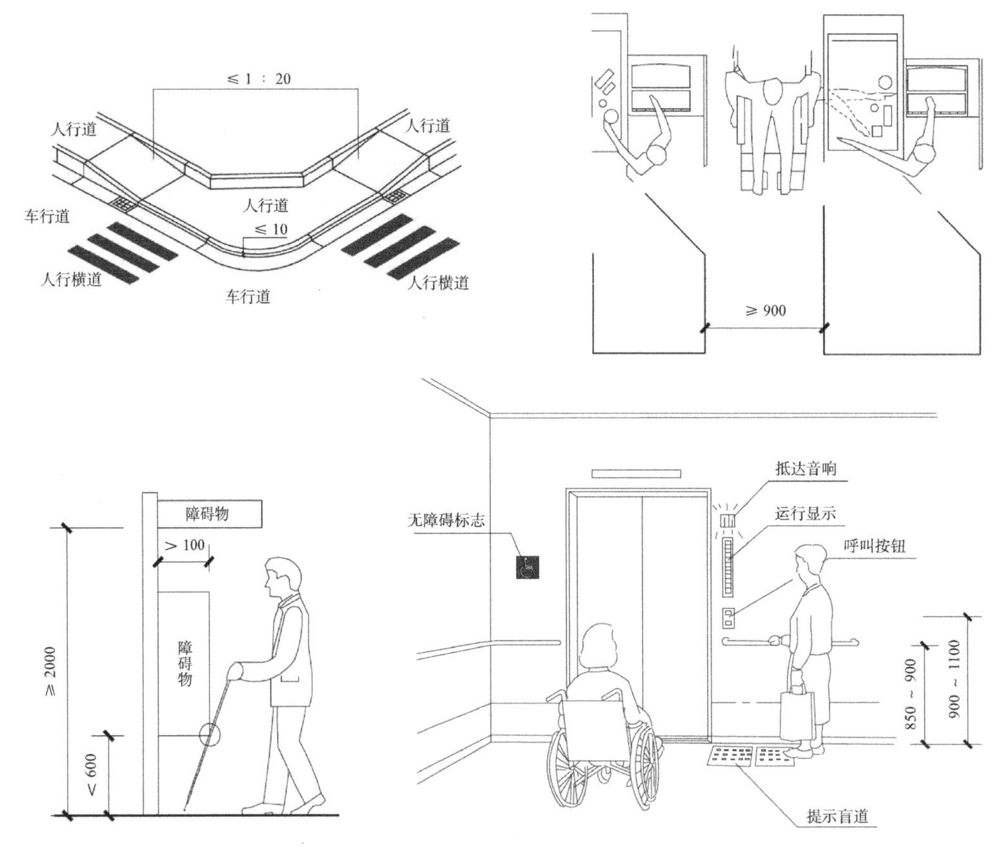

图 2-33　北京 2022 年冬奥会和冬残奥会无障碍指南部分图例（mm）（来源:《北京 2022 年冬奥会和冬残奥会无障碍指南》）

住房城乡建设部 2021 年正式批准发布《建筑与市政工程无障碍通用规范》GB 55019—2021，自 2022 年 4 月 1 日起实施。[103] 与 2012 年《无障碍设计规范》仅有少数几条强制条文不同，该标准为全文强制性工程建设规范，108 条全部条文都必须严格执行。住房城乡建设部贯彻习近平总书记以人民为中心的发展思想，顺应中央标准化改革要求，落实《无障碍环境建设条例》，在残联等部门呼吁支持下，在 2012 年《无障碍设计规范》国家标准 6 条强制性条文基础上，编制《建筑与市政工程无障碍通用规范》全文强制性标准，标准包括总则、无障碍通行设施、无障碍服务设施、无障碍信息交流设施、无障碍设施施工验收和维护共 5 个部分。该标准的发布实施将进一步促进建筑与市政工程在规划、设计、施工、监理、验收各个环节有效落实无障碍环境建设要求，对于提高建设工程无障碍设计质量，提升城乡无障碍环境人性化水平，方便全体社会成员参与社会生活具有重要意义。

2.3.2　无障碍设计实践

2020 年，全国无障碍环境建设智库开展了全国首次无障碍设施设计十大精品案例精选活动。评选范围主要包括：近年来国家重要工程无障碍设施专项规划、设计和导则（图示），且已通过全国无障碍环境建设专家评审后的精品设计案例。这十大精品案例既有代表中国建筑、中国形象、中国水平的国家级重点重大工程项目，也有反映我国城市、交通、校园中无障碍环境建设设计的最佳方案 [104]，这些案例既包括大型公共服务设施，也包括一些无障碍设计专项研究课题，针对我国无障碍环境建设新方法、新路径、新机制开展了积极和有益的探索。全国首次无障碍十大精品案例见表 2-8。

全国首次无障碍设施设计十大精品案例　　表 2-8

序号	案例名称	责任单位
1	北京大兴国际机场无障碍系统设计	委托单位：民航局北京大兴国际机场建设指挥部
2	北京 2022 年冬奥会和冬残奥会无障碍指南技术图册	设计单位：北京市建筑设计研究院有限公司
3	北京市残疾人职业康复和托养服务中心无障碍专项设计	委托单位：北京市残疾人联合会 设计单位：北京市建筑设计研究院有限公司
4	北京无障碍城市设计导则	委托单位：北京市规划和自然资源委员会 承编单位：中国中建设计集团有限公司
5	高铁雄安站无障碍设计图示图集	委托单位：中国国家铁路集团有限公司 设计单位：中国铁路设计集团有限公司
6	国家残疾人冰上运动比赛训练馆	委托单位：中国残疾人体育运动管理中心 设计单位：中国建筑标准设计研究院有限公司
7	杭州西湖滨湖步行街区无障碍环境改造	委托单位：商务部流通司中国残联无障碍环境建设推进办公室 主编单位：中国中建设计集团有限公司
8	清华大学校园总体规划无障碍专项	委托单位：清华大学基建规划处 主编单位：清华大学无障碍发展研究院
9	无障碍标识设计指南及图示	委托单位：中国残疾人联合会 主编单位：天津大学无障碍通用设计研究中心
10	西湖大学无障碍环境建设指南及图示	委托单位：西湖大学 主编单位：浙江大学建筑设计研究院有限公司

2021年，住房和城乡建设部科技与产业化发展中心、中国残联无障碍环境建设推进办公室联合组织开展无障碍环境建设优秀典型案例征集评审工作，共评选出2021年无障碍环境建设优秀典型案例22个，其中11个建成设施类案例见表2-9。本次征集的无障碍环境建设优秀典型案例在设施建设、设计研究等方面形成了可复制、可推广的经验，具有很好的示范引领作用，能够为各地无障碍环境建设发展提供参考。[105]

2021年无障碍环境建设设施类优秀典型案例　　表2-9

序号	案例名称	申报单位
1	北京大兴国际机场无障碍系统设计	北京市建筑设计研究院有限公司
2	杭州湖滨步行街区无障碍环境改造	杭州市上城区人民政府、中国中建设计集团有限公司、杭州万宏市政建设工程有限公司、杭州市上城区湖滨街
3	国家残疾人冰上运动比赛训练馆	中国建筑标准设计研究院有限公司
4	2019年中国北京世界园艺博览会永宁阁	北京林业大学、北京市古建园林设计研究院有限公司
5	国家游泳中心冬奥会、冬残奥会无障碍环境建设提升项目	北京国家游泳中心有限责任公司
6	北京市“小空间大生活—百姓身边微空间改造行动”之适老无障碍改造	北京市规划和自然资源委员会、中国中建设计集团有限公司、北京建筑大学未来城市设计高精尖创新中心
7	建设银行上海浦东分行营业部无障碍环境建设提升工程	中国建设银行股份有限公司上海浦东分行
8	新建京雄城际铁路雄安站站房工程	中国铁路设计集团有限公司
9	中国银行宝山支行营业部无障碍环境建设示范网点	中国银行股份有限公司上海市宝山支行
10	西湖大学校园通用无障碍环境建设指南与图示	浙江大学建筑设计研究院有限公司
11	北京大学畅春园社区老年友好社区创建	北京大学人口研究所

2.4　与世界先进水平的差距及存在的短板

世界上的主要发达国家如美国、英国、日本等，无障碍设计的研究实践早已经进入了“通用设计”或“包容性设计”的时代。我国无障碍设计研究、实践也取得了一定成果，尤其是建成、改造了比较多的大型无障碍设计工程项目，但是在科研项目、科研机构和专门科研人才方面还比较稀缺，大量的建筑景观环境也尚未得到无障碍改造。

2.4.1　无障碍设计理论

我国在自然科学和工程技术领域无障碍设计方向所研发的成果还落后于社会人文领域的无障碍理论成就，我国独创的具有实践指导性和可实施性的设计指标、设计策略、设计方法论还为数较少，在进行无障碍设计工作时所依据的残障人体基本人体工学数据、空间环境性能设计指标数据大多还来自于国外。国内浮现出的“广义无障碍”“通用无障碍”等理论有一定创新，但基本还属于人文社科和艺术领域的理论成果。

2.4.2　无障碍环境设计标准

我国的无障碍设计法规与 ISO 英美日等比较先进的设计标准相比，在实施范围方面还不够广泛，规定和要求内容还不够精细。例如无障碍安全疏散设计、无障碍声环境、光环境设计，我国的设计标准体系涉及得还比较少。

我国无障碍设计标准规范的制定依据，大多还是基于实践经验与发展现状，并参考国外的标准及研究成果，国内独创的成果较少、设计指标的自主研究不足。

2.4.3　建筑

在建筑设计工程技术和自然科学领域的无障碍设计科学研究目前远远落后于相关实践，国内所产出的成果还极为有限，当然这与无障碍以及建筑学有较强的人文科学属性有关。目前我国“无障碍设计”主题直接相关的、由政府资助完成的工程技术和自然科学领域国家级科研项目仅有国家自然基金三项，并且偏人文社科性质，在研的有国家重点研发计划一项——“无障碍、便捷智慧生活服务体系构建技术与示范”，特别是建筑无障碍性能采用实验和量化技术方法的基础性、科学性研究还很少、对无障碍设计理论实践支撑不足。总体而言，与发达国家相比，我国的无障碍设计基础性研究工作还很薄弱。

2.4.4　景观

目前我国康复景观领域的研究与国际先进水平还存在较大差距，大多还处于引入国外研究方法的阶段，大多是定性的质化研究阶段，很少有基于循证医学证据的设计研究。我国在残障儿童景观设计领域的研究还极少，在知网中能检索到相关性较强的文献还不到十篇。

2.4.5　标识

我国无障碍标识标准存在的问题主要包括：目前的标识系统标准除了一部给出了具体无障碍图形样式，其余主要面向的都是普通标识，其中有部分条文涉及无障碍标识的设计要求，且引用国外研究成果的居多。

标识照明、色彩和尺度设计部分指标有一定的研究成果，但尚未发布形成标准体系或列入现有标准中。

2.5 未来发展方向

2.5.1 无障碍设计理论

经验表明，无障碍设计是一个多学科问题，需要高度协调的方法。应加强无障碍设计的基础性设计理论研究，基础性成果也作为完善提升无障碍设计标准的依据。无障碍设计理论研究要顺应广义无障碍和通用无障碍发展趋势。

2.5.1.1 加强残障人体工学和用户需求的研究

人的残障类型不同、年龄阶段不同、性别不同、语言文化不同等各种差异会产生需求的差异。现在残障人类工效学和生活需求基础数据研究工作的欠缺，造成无障碍相关设计实践缺乏科学依据的有力支撑。未来基于人类工效学开展基础性研究，利用大数据等先进的智能化技术手段展开深入调查[106]，建立并完善残障人体工学数据库是重要发展方向。深入开展残障人群环境行为心理学研究，联合智能辅具等先进辅助技术开展跨学科研究，应用信息无障碍交流手段，全面把握残障用户需求，也是重要的研究方向。

2.5.1.2 深化无障碍设计方法论和设计策略的研究

归纳梳理我国大量无障碍工程建设项目实践所积累的经验，分析规划、设计、建设、评价各个环节工作流程，形成一套各类型建筑环境建设项目行之有效、提升无障碍设计质量的工作流程和方法论。

深化面向无障碍需求的建筑声光热物理环境、建筑构件无障碍性能、紧急疏散设计策略等设计指标的研究，提升建筑的实际无障碍性能，并为相关标准提供科学依据；结合虚拟现实、装配式、BIM 技术等先进的建造和设计方法，推动无障碍环境建设的产业化，提高设计的一体化和成熟度。

基于无障碍环境认证的设计提升策略。在城市道路、公共交通、公共服务设施等领域推行无障碍设计、设施及服务等无障碍环境认证，建立起较为完善的系统化无障碍环境认证体系。研究构建和完善政府引领、机构参与、多方采信的无障碍环境认证工作机制，推动无障碍环境建设高标准、高质量发展。

2.5.1.3 拓展跨学科、智能化的无障碍设计及理论研究

辅助手段与建筑环境整合研究。各类无障碍辅助技术日新月异，无障碍设施和设备的发展突飞猛进，会对建筑环境的功能配置提出更为复杂多样的要求，需要有机整

合到建筑环境空间之中。

信息技术与建筑环境整合研究。信息技术已经是人们日常生活当中不可分割的一部分，包括残障人士。积极探索将有利于残障人士生活更加智慧便捷的各种信息技术和设备，有效融入建筑环境当中的方式方法。

基于文化和心理的无障碍设计研究。梳理和甄别传统文化和心理中的残疾观，消除糟粕内容、发扬积极精神，促使无障碍设计更加符合国情，推进无障碍理念不断进步。

2.5.2　无障碍环境设计标准

从国内外的无障碍设计标准比较研究，可以发现我国未来无障碍设计标准的发展方向主要有：

1. 持续完善无障碍设计标准体系，适当扩充无障碍设计标准的实施范围。从广义无障碍、通用无障碍的视角，将有利于各类有无障碍需要人群的设计指标、设计要求逐步纳入无障碍环境设计标准；按照我国国家标准、行业标准、地方标准、团体标准的标准化体系，分层次研编推出一批各类建筑环境的无障碍性能评价标准，有利于无障碍性能的认证和绩效评估。

2. 分类型、分层次，使各类无障碍设计指标精细化，性能化。吸收国际先进无障碍研究成果，总结国内丰富的研究产出，将设计指标划分为强制性指标和推荐性（引导性）指标，方便相关从业者选取应用；从另外性能化维度，还可以将设计指标划分量化的指标和定性的指标。

2.5.3　建筑

建筑学领域，国际上也有许多悬而未决的问题，结合国情分析我国有很多亟待深入研究的方向：

1. 基于环境行为学、人体工学数据、材料学等学科支撑的精细化设计。以用户为导向，依据残障人士的心理和行为需求，依据残障人士的空间和设施需求，进行深入分析探讨，邀请残障用户深度参与设计，来提升建筑的无障碍性能和设计质量。应深化建筑地面的无障碍安全通行性能设计指标研究，面向残障群体的声、光、热、空气质量等物理环境舒适度研究。

2. 以应急、疏散为代表的安全性无障碍设计问题研究。残障人士由于行动能力的原因，其应急安全疏散一直是业界的一个难题，国内外尚没有比较经济合理和可持续的解决方案，未来要探讨综合应急规划、管理策略、设施设计、辅具设备等方式提出科学合理的设计技术和方法。

3. 基于辅具和智慧手段的建筑无障碍化轻改造技术。无障碍的通行或生活空间往往需要比较大的尺度，对于建筑改造来说常常需要改动承重结构或者形成较高土建成本，因此利用、整合方便残障人士生活的辅助器具、建筑部品以及智慧护理设备等技术手段进行改造，是一种优选的解决方案和应对途径，将是建筑无障碍改造未来的一个重要发展方向。

4. 整合信息技术的无障碍建筑设计。信息技术越来越深刻地影响社会中每一个人的生活，未来的建筑学重要发展方向一定是智能化的建筑。建筑学和信息科学的研究，过去存在着比较大的鸿沟和壁垒，当前一个重要的任务就是将二者行之有效地结合起来，充分发挥两者的优势。

5. 历史和遗产建筑的无障碍优化设计技术。具有保护价值的文物建筑和世界历史文化遗产等，也要让残障群体享受到历史积淀的文化魅力。应针对历史遗产建筑的特殊性，研发不破坏原有环境风貌，进行无障碍化改造提升的设计技术与策略。

6. 健康卫生的无障碍建筑设计。新冠病毒的大范围传播感染，也给未感染人群尤其是行动更为不便的残障群体带来了生理与心理问题。在积极防疫、维护生理健康的同时，缓解紧张情绪、减轻焦虑心态、促进心理健康，成为伴随居家办公、网上教学的同步抗疫工作，也是健康环境领域亟待研究的重要课题。将防疫隔离、疗愈环境设计与公共卫生体系相结合，作为健康建筑和健康城市运动的一部分，获得新的发展动力。

2.5.4 景观

1. 基于实证数据的康复景观基础研究。传统定性的质化研究，已经不适合当今康复景观的基础性研究，要与康复医学跨学科合作，在残障人群大量循证医学研究数据的基础上，分析得到并扩充完善指导康复景观设计的理论依据。

2. 要立足于风景园林学本体开展具有实践意义的康复景观研究。注重风景园林的健康价值，从选址、布局、空间特征、景观要素、感官体验等方面深入探讨康复景观的规划设计特征；要将基础研究结论向设计语言转译，需要具有极强的针对性和适用性。

3. 符合中国传统文化的康复景观设计。“康复景观”这一术语翻译自英文，其研究长时间由西方占据了主导地位。事实上，我国传统文化对环境与健康也具有独特的见解，应当发掘、发扬传统文化土壤中康复景观的有效观点，从东方视角发展景观与健康的中国特色理论与实践体系。

2.5.5　标识

根据国内外无障碍标识研究动态分析，无障碍标识的未来主要研究方向包括：

1. 更具包容性的广义无障碍标识研究。当前的无障碍标识研究成果大多以标识的视觉认知特性为主，未来的研究应当研究适合儿童、轮椅、听障和视障更多群体的要求，考虑其系统化、信息化、多媒介的发展方向。

2. 无障碍标识声光环境等精细设计策略研究。在视觉无障碍标识的光环境设计指标、听觉标识的声学设计指标、布局密度指标等领域弥补国内外研究的缺失。

参考文献

[1]　李明洋．淺述無障礙環境的歷史沿革 [J]. 教師之友（台湾），1997，38（5）：58-162.

[2]　Wikipedia. Selwyn Goldsmith [EB/OL]. [2021-08-25]. 维基百科．

[3]　The Telegraph. Selwyn Goldsmith [EB/OL]. [2021-08-25]. telegraph.co.uk 网站．

[4]　Mace R L，Hardie G J，Place J P. Accessible Environments：Toward Universal Design[R/OL]. [2021-07-15]. 北卡罗来纳州立大学网站．

[5]　Story M F. Maximizing Usability：the Principles of Universal Design[J]. Assistive Technology，1998，10（1）：4-12.

[6]　UniversalDesign.com. What is Universal Design? [EB/OL]. [2021-08-25]. universaldesign.com 网站．

[7]　田中直人，保志场国夫．无障碍环境设计 [M]. 北京：中国建筑工业出版社，2013.

[8]　Karin Bendixen，Maria Benktzon. Design for All in Scandinavia - A Strong Concept [J]. Applied Ergonomics，2015，46：248-257.

[9]　EIDD. Design for All Europe [EB/OL]. [2021-08-25]. dfaeurope.eu 网站．

[10]　李道增．环境行为学概论 [M]. 北京：清华大学出版社，1999.

[11]　Department of Justice. 2010 ADA Standards for Accessible Design[S/OL]. [2021-08-25]. ada.gov 网站．

[12]　BSI. Design of an Accessible and Inclusive Built Environment Part 1：External Environment：BS 8300-1：2018[S/OL]. [2021-08-25]. 道客巴巴网站．

[13]　BSI. Design of an Accessible and Inclusive Built Environment Part 2：Buildings：BS 8300-2：2018 [S/OL]. [2021-08-25]. 道客巴巴网站．

[14]　ISO. Building Construction - Accessibility and Usability of the Built Environment：ISO 21542：2021[S/OL]. [2021-08-25]. 道客巴巴网站．

[15]　高桥仪平．日本无障碍设计 [J]. 设计，2010（10）：62-65.

[16]　邓凌云，张楠．浅析日本城市公共空间无障碍设计系统的构建 [J]. 国际城市规划，2015，30（S1）：106-110.

[17]　樊行．国内外无障碍设施规划建设情况的比较及启示 [A]. 中国城市规划学会、南京市政府．转型与重构——2011 中国城市规划年会论文集 [C]. 中国城市规划学会、南京市政府：中国城市规划学会，

2011：11.

[18] 香港屋宇署 . 设计手册：畅通无阻的通道 2008 [EB/OL]. [2021-08-25]. 道客巴巴网站 .

[19] ACL. About the National Institute on Disability，Independent Living，and Rehabilitation Research（NIDILRR）[EB/OL]. [2021-08-25]. acl.gov 网站 .

[20] U.S. Access Board. About the U.S. Access Board [EB/OL]. [2021-08-25]. 美国无障碍委员会网站 .

[21] Wikipedia. Timothy Nugent [EB/OL]. [2021-08-25]. 维基百科 .

[22] NSF. PPD：User Friendly Exhibits：Designing Accessible Exhibits for Science Museums [EB/OL]. [2021-08-25]. 美国国家科学基金网站 .

[23] NARIC. Experimental Research on Pedestrian and Evacuation Behaviors of Individuals with Disabilities；Theory Development Necessary to Characterize Individual-based Models [EB/OL]. [2021-08-25]. naric.com 网站 .

[24] KAKEN. Study Regarding the Barrier-free Environments in Japan，China，and Korea and the Involvement of Users in the Evaluation of Barrier-free Facilities [EB/OL]. [2022-01-13]. kaken.nii.ac.jp 网站 .

[25] NARIC. Rehabilitation Engineering Research Center（RERC）on Universal Design and the Built Environment at NCSU[EB/OL]. [2021-08-25]. naric.com 网站 .

[26] NARIC. Rehabilitation Engineering Research Center on Technologies to Support Successful Aging with Disability（RERC TechsAge）[EB/OL]. [2021-08-25]. naric.com 网站 .

[27] NARIC. RERC on Technologies to Support Aging-in-place for People with Long-term Disabilities（TechSAge RERC II）[EB/OL]. [2021-08-25]. naric.com 网站 .

[28] NARIC. RERC on Universal Design and the Built Environment [EB/OL]. [2021-08-25]. naric.com 网站 .

[29] NARIC. ADA Materials Development Project Relating to Public Accommodation and Accessibility [EB/OL]. [2021-09-22]. naric.com 网站 .

[30] NARIC. Standards for Accessible Design [EB/OL]. [2021-09-22]. naric.com 网站 .

[31] NARIC. Studies to Further the Development of Universal Design [EB/OL]. [2021-09-22]. naric.com 网站 .

[32] NARIC. Development of Design Criteria and Performance Standards for Barrier-free Environments [EB/OL]. [2021-09-22]. naric.com 网站 .

[33] NSF. HCC：Medium：The Accessible Aquarium Project：Access to Dynamic Informal Learning Environments via Advanced Bio-tracking and Adaptive Sonification[EB/OL]. [2021-09-22]. 美国国家科学基金网 .

[34] KAKEN. 目的音と雑音の増減する環境下でのバリアフリー音声収録システムの開発 [EB/OL]. [2021-09-22].kaken.nii.ac.jp 网站 .

[35] Shariful，Shikder，Monjur，et al. Therapeutic Lighting Design for the Elderly：A Review [J]. Perspectives in Public Health，2012.

[36] Buczek F L，Cavanagh P R，Kulakowski B T，et al. Slip Resistance Needs of the Mobility Disabled During Level and Grade Walking[J]. Slips，Stumbles，and Falls：Pedestrian Footwear and Surfaces，ASTM

STP，1990，1103：39-54..

[37] Dura J V，Alcantara E，Zamora T，et al. Identification of Floor Friction Safety Level for Public Buildings Considering Mobility Disabled People Needs[J]. Safety Science，2005，43（7）：407-423..

[38] Wolf E，Cooper R A，Pearlman J L，Fitzgerald S G，Kelleher A.（2007）Longitudinal Assessment of Vibrations During Manual and Power Wheelchair Driving Over Select Sidewalk Surfaces. Journal of Rehabilitation Research and Development，44（4），573-580.

[39] Jonathan Duvall，Rory Cooper，Eric Sinagra. Development of Surface Roughness Standards for Pathways Used by Wheelchairs [C]. University of Pittsburgh，Human Engineering Research Laboratories，2014.

[40] El-Sharkawy M R，Ali W Y，Nabhan A. Proper Selection of Floor Materials for Wheelchair Users [C]. A New Vision to Challenge Disabilities International Conferencem，Egypt：2017.

[41] NARIC. Emergency Warning and Evacuation for Individuals with Disabilities [EB/OL]. [2021-09-22]. naric.com 网站 .

[42] NARIC. Evacuation Methodology and Understanding Behavior of Persons with Disabilities in Disasters：A Blueprint for Emergency Planning Solutions [EB/OL]. [2021-09-22]. naric.com 网站 .

[43] KAKEN. 建築都市の安全性の評価分析とバリアフリー対策 [EB/OL]. [2021-09-22].kaken.nii.ac.jp 网站 .

[44] 研究资助局 . Enquire Project Details by General Public[EB/OL]. [2021-08-25]. UGC 大学资助委员会网站 .

[45] 刘东卫，刘若凡，秦姗 . 既有建筑更新的 SI 建筑方法与内装工业化改造——以北京市安慧里住区介护型养老设施设计建造为例 [J]. 城市建筑，2017（13）：17-22.

[46] Palmon O，Oxman R，Shahar M，et al. Virtual Environments in Design and Evaluation[M]// Computer Aided Architectural Design Futures 2005. Springer，Dordrecht，2005：145-154.

[47] Dimensions. The Roundhouse[EB/OL]. [2021-08-25]. app.dimensions.ai 网站 .

[48] Dimensions. For a Group of Academics，Transport and Planning Experts to Conduct a Study to Improve Mobility，Quality of Life，and Accessibility for Disadvantaged Communities in Havana，Cuba [EB/OL]. [2021-08-25]. app.dimensions.ai 网站 .

[49] Cordis. Manufacturing through Ergonomic and Safe Anthropocentric Adaptive Workplaces for Context Aware Factories in Europe[EB/OL]. [2021-08-25]. cordis.europa.eu 网站 .

[50] Elevator Scene. The Solomon Guggenheim’s Lost Glass Elevator[EB/OL].[2021-08-25]. elevatorscenestudio.com 网站 .

[51] 王小荣 . 无障碍设计 [M]. 北京：中国建筑工业出版社，2011.

[52] Sarit Shani Hay. 鼓励与包容 特拉维夫全纳学校 [J]. 室内设计与装修，2020（09）：94-99.

[53] 筑龙学社 . 建筑大师雷姆•库哈斯作品 [EB/OL].[2021-10-25]. 筑龙网 .

[54] OMA. Maison à Bordeaux [EB/OL].[2021-10-25]. OMA 网站 .

[55] Gran J. Reine Geographie[J]. Acta Geographica 2，1929（2）：1-202.

[56] Schafer M. The Tuning of the World [M].New York：Alfred A. Knopf，1977：205.

[57] Kaken. 公共空間における音環境のバリアフリーデザイン [EB/OL].[2021-05-25]. kaken.nii.ac.jp 网站 .

[58] 克莱尔·库伯·马库斯 . 康复式景观 [M]. 北京：电子工业出版社，2018.

[59] Ulrich R S. View through a Window May Influence Recovery from Surgery[J].Science，1984，224（4647）：420-421.

[60] Ulrich R S. Stress Recovery During Exposure Tonatural and Urban Environments[J]. Journal of Environmental 11（3）：201-230.

[61] Ulrich R S. Effects of Gardens on Health Outcomes：Theory and Research，in Healing Gardens：Therapeutic Benefits and Design Recommendations，C C Marcus and M Barnes，Editors[M]. Wiley：New York，1999.

[62] Kaplan S. The Restorative Benefits of Nature：Toward an Integrative Framework[J].Journal of Environmental Psychology，1995，15（3）：169-182.

[63] Kaplan R，Kaplan S. The Experience of Nature：A Psychological perspective[M].Cambridge：Cambridge University Press，1989.

[64] NIH. Impact of Greenspace Improvement on Physical Activity in a Low Income Community[EB/OL].[2021-08-25]. 美国国立卫生研究院网站 .

[65] NC State University. Sensary Garden[EB/OL]. [2021-10-08]. 北卡罗来纳州立大学网站 .

[66] Helle Nebelong. Den Handicapvenlige Have[EB/OL]. [2021-10-08]. sansehaver.dk 网站 .

[67] U.S. Access Board. A Summary of Accessibility Guidelines for Play Areas[EB/OL]. [2021-10-08]. 美国无障碍委员会网站 .

[68] Rick Hansen Foundation. A Guide to Creating Accessible Play Spaces[M]. Richmond：Rick Hansen Foundation，2020.

[69] 贾巍杨 . 建筑无障碍标识色彩与尺度量化设计研究 [J]. 南方建筑，2018（01）：48-53.

[70] 白殿一 . 导向标识标准化 [J]. 广告大观（标识版），2007（01）：94-97.

[71] 日本建筑学会编 . 新版简明无障碍建筑设计资料集成 [M]. 北京：中国建筑工业出版社，2006.

[72] Peters G A. & Adams B B. These 3 Criteria for Readable Panel Markings [J]. Product Engineering，1959，30：55-57.

[73] Smith S L. Letter Size and Legibility [J]. Human Factors，1979，21（6）：661-670.

[74] Jack M. Loomis. A Model of Character Recognition and Legibility[J]. Journal of Experimental Psychology：Human Perception Performance，1990，16（1）：106-120.

[75] Ken Sagawa and Kenji. Kura Kata. Estimation of Legible Font Size for Elderly People[J]. Synthesiology English Edition，2013，6（1），38-49.

[76] Georgia Institute of Technology. Signage for Low Vision and Blind Persons：A Multidisciplinary Assessment of the State of the Art [R]. Washington DC：ATBCB，1985.

[77] [日] 吉田麻衣，櫻庭晶子 . 加齢黄変化視界の視認性（2）屋内仕上げ材色の輝度率分析 [C]//日本建築学会 . 日本建築学会学術講演梗概集 E-1 建築計画 1 巻 . 东京：日本建築学会，1996：763-764.

[78] Bright，K T. and Cook，G K. Project Rainbow，a Research Project to Provide Colour and Contrast Design Guidance for Internal Built Environments[J]. Oregon Historical Quarterly，1999，9（2）：219-221.

[79] Bentzen，B L，T L Nolin，R D Easton，and L Desmarais. Detectable Warning Surfaces：Detectable by Individuals with Visual Impairments，and Safety and Negotiability for Individuals with Physical Impairment[R]. Washington DC：Volpe National Transportation Systems Center：1993.

[80] KAKEN. 色覚研究の成果を活用した色覚バリアフリーな配色設計法の確立にむけての基礎研究 [EB/OL].[2021-05-25]. kaken.nii.ac.jp 网站 .

[81] CUDO. CUDO 紹介 [EB/OL].[2021-05-25]. cudo.jp 网站 .

[82] Swedish Research Council. Swecris – Search for Swedish Research Projects[EB/OL].[2021-08-25]. vr.se 网站 .

[83] 薛峰 . 广义无障碍环境建设导论 [J]. 城市住宅，2018，25（11）：10-15.

[84] 邵磊 . 通用无障碍发展的理念与挑战——《通用无障碍发展北京宣言》侧记 [J]. 残疾人研究，2018（4）：5.

[85] 中华人民共和国住房和城乡建设部 . 无障碍设计规范：GB 50763—2012[S]. 北京：中国建筑工业出版社 .

[86] 任宪玉，吴云涛 . 普通住宅的光环境适老化改造设计研究 [J]. 美术大观，2020（07）：123-125.

[87] 袁景玉，黄莹，代晨蕊，等 . 基于健康照明的老年住宅光环境设计 [J]. 建筑节能，2017，45（10）：67-70.

[88] 张倩，张娜，王芳，等 . 基于老年人行为的既有住宅餐厨空间光环境评价及优化研究 [J]. 住区，2020（4）：105-113.

[89] 王小荣，赵子涵，贾巍杨，等 . 老年人住宅厨卫光环境调研及照度值实测研究 [J]. 照明工程学报，2021，32（6）：5-11.

[90] 尹少英，周静敏，宋亦旻，等 . 可变老年住区模式探讨与技术应用——基于开放建筑理论的工业化老年公寓设计（下）[J]. 住宅科技，2021，41（12）：63-68.

[91] NSFC. 残疾人群自身疏散能力及其对健康人群疏散能力的影响研究 [EB/OL]. [2021-10-08]. 国家自然科学基金大数据知识管理门户 .

[92] Wang Yu，Qu Lu，Cao Ying. Numerical Study of Building Spaceand Human Factors Influence on Fire Evacuation[C]. Liu Zhi. Proceedings of the 12th International Symposium on Environment-behavior Research，Chongqing：Chongqing University Press. 2016：846-851.

[93] 张欣，胡若谷，焦倩茹，等 . 绿色场馆无障碍设计策略研究——国家残疾人冰上运动比赛训练馆 [J]. 建筑技艺，2019（10）：90-93.

[94] 潘睿，邵磊 . 北京 2022 国家跳台滑雪中心无障碍设计研究 [J]. 世界建筑，2019（10）：26-33+124.

[95] NSFC. 基于环境复愈性功能评测的城市住区康复景观设计策略研究 [EB/OL]. [2021-10-08]. 国家自然科学基金大数据知识管理门户 .

[96] 王博 . 支持性环境视角下的癌症儿童康复景观研究与设计 [D]. 贵州师范大学，2021.

[97] 王芳，仇梦嫄，沙润，祁靖文 . 主题公园声景观优化研究——以常州中华恐龙城为例 [J]. 地域

研究与开发，2013，32（3）：88-93.

[98] 基金信息服务 . 自然声景观的资源分类体系、地理空间结构及评价模型研究 [EB/OL]. [2021-10-08]. plugin.sowise.cn 网站 .

[99] 刘滨谊，陈丹 . 论声景类型及其规划设计手法 [J]. 风景园林，2009（1）：4.

[100] 梅瑶炯 . 一米阳光——辰山植物园盲人植物园设计 [J]. 上海建设科技，2011（3）：43-45+54.

[101] 唐晨迪，赵郧安 . 西安市公交车站导视系统设计初探——以 600 路公交车始发站为例 [J]. 装饰，2013（8）：120-122.

[102] 河北新闻网 .《北京 2022 年冬奥会和冬残奥会无障碍指南》发布 . 河北新闻网 .

[103] 中央政府网站 . 住房和城乡建设部关于发布国家标准《建筑与市政工程无障碍通用规范》的公告 [EB/OL].[2021-10-25]. 中央政府网站 .

[104] 凤凰网 . 全国无障碍环境建设成果展示应用推广在杭州举行 . [EB/OL]. [2021-10-25]. 凤凰网 .

[105] 住房和城乡建设部科技与产业化发展中心 . 关于发布 2021 年无障碍环境建设优秀典型案例的通知 [EB/OL].[2021-10-25]. 住房和城乡建设部科技与产业化发展中心网站 .

[106] 焦舰 . 中国由无障碍设计向通用设计发展的趋势分析 [J]. 世界建筑，2019（10）：10-14，124.

第3章
无障碍服务体系和无障碍城市规划

3.1 国际科技发展状况和趋势

国际无障碍服务体系的研究正在向系统化、社区化、信息化等方向深入发展，以社会支持、社区服务为基本支撑，以各种新技术为手段的趋势愈发明显。但是在无障碍城市规划领域，大多数发达国家并没有突出的科技创新成果。

3.1.1 无障碍服务体系

国际社会尤其是西方发达国家已经建立了比较完善和水平较高的现代化残疾人服务体系。其主要特征表现在：门类齐全、政府与民间相结合的服务机构，具备专业化、现代化的人才队伍和服务水平，完善的管理体系和科学的内部运行机制，社会保障和社会福利法规为主的政策支持。[1]

3.1.1.1 无障碍服务体系概况和研究进展

国际社会的残障观已经从“医疗模式”转变为“社会模式”和“人权模式”。起初残疾人被隔离在医疗福利机构中，而“社会模式”源起1974年肢残者反隔离联盟（Union of Physically Impaired against Segregation），该组织成立的初衷是认为残疾人是受社会复杂形势压迫的弱势群体，与医学模式中身损致残的主因比较来看，社会环境才是阻碍残疾人融入社会的最大原因。至此，美国兴起了一系列例如“去医学化运动”[2]“正常化运动”“独立生活运动”等鼓励残疾人群融入社会的运动。英国迈克尔·奥里弗（2009）提出了社会责任论，即城市无障碍服务社会实践中涉及一系列广泛的领域，包括残疾人康养、就业以及个人需求服务等，呼吁人们改变残障观念，更多关注社会本身，健全社会支持系统，接受无障碍服务新理论、应用新方式，服务广大残障人士。[3]Barbara Darimont 指出为残障人士提供服务时要尽可能让其参与，提升残疾人的社会参与水平及其权利，例如在对无障碍便捷服务体系规划时主动邀请残障人士共同商议，积极获取其建议和意见，以此加强政策的实用性。[4]2006年，联合国通过《残疾人权利国际公约》，以社会残障模式为基础，以残疾人权利为本位，实现了残疾人权利保护的“范式转变”。

美国在1918年通过《职业康复法》为基础，为伤残军人提供经济补助、康复训练和就业援助。1935年美国实施《社会保障法》，规定联邦政府对州政府为残疾人重新就业而进行的培训给予财政援助。1956年制定了惠及老年人和残疾人的专门保险计划。[5]1973年通过《康复法案》，规定了残疾人医疗康复的主管部门、财政补助以及人员支持。1990年颁布的美国残疾人法案（ADA）提出了比较全面的无障碍服务内容。美国国家残疾自立与康复研究院（NIDILRR）作为政府的主要残疾研究管理机构，资助了很多残疾人和无障碍领域的研究、示范和培训项目。

澳大利亚的“无障碍设计、全球媒体政策和人权”（2013—2017）项目全面研究了如何为残疾人发明、设计、实施和规范化相关技术，涉及建筑环境、信息无障碍、康复技术、媒体和权利政策等服务内容，以确保残障人士充分的社会参与。[6] 它为残疾人提供包括手机、电子阅读器和卫生技术的案例研究，表达了《联合国残疾人公约》中技术内容及其与全球媒体政策的关系。

通过 web science 分析无障碍服务体系的学术研究文献数量可以发现（图 3-1），排名靠前的学科是工程学、计算机科学、康复护理学等。

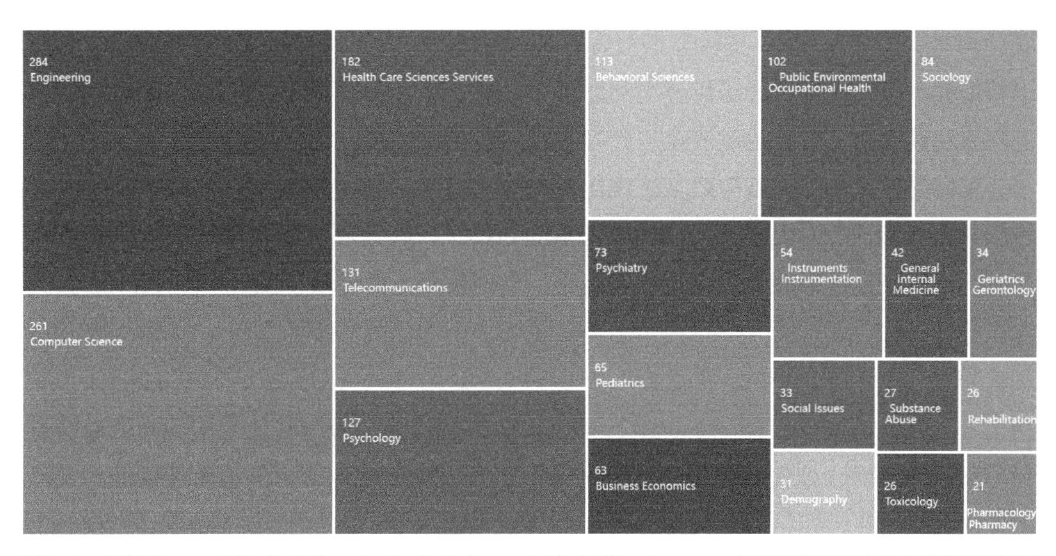

图 3-1 主题：“Accessibility” 或 “Barrier free” 或 “accessible” 与 “Service system” 的研究领域分布（制图：贾巍杨）

3.1.1.2 无障碍服务体系分项领域研究进展

无障碍服务体系的分项包括：居住社区服务、住宿餐饮服务、交通出行服务、建康医疗服务、文化体育服务、培训教育务、购物金融服务、休闲旅游服务、民生政务服务、信息无障碍服务等。交通出行无障碍服务和信息无障碍服务在报告其他章节有专门介绍，本章不再赘述。

1. 居住社区

居住社区是多数残疾人在家庭以外日常活动最为频繁的生活范围，参与社区生活也是残疾人参与社会的重要方式，促进残疾人的社区参与是国际上无障碍服务体系的重要研究领域，社区无障碍服务体系涉及相关法规政策、行动计划、残疾人权益、社会服务、无障碍环境等。

历史上残疾人服务从机构转向社区起源于 20 世纪中叶西方发达国家残疾人等群体的“正常化”（Normalization）运动、“去机构化”（Deinstitutionalization）运动等形成的“社区融合”思潮。这些国家的残疾观也从“医疗”模式转向“社会”模式，也即社会对残疾人提供的福利不仅是医疗康复，还注重残疾人融入社区发展[5]，通过消减环境障碍和提升残疾人生活、就业和社会参与能力促进他们获得平等权利。

联合国提出了多项与社区有关的无障碍行动文件。1982年第37届联合国大会通过《关于残疾人的世界行动纲领》（World Programme of Action Concerning Disabled Persons），首次提出“社区行动”这一概念，建议“特别优先考虑向地方社区提供信息资料、培训和资金”“鼓励和促进地方社区相互间的合作以及信息经验的交流”。[7] 2006年第61届联合国大会通过《残疾人权利公约》，体现了残疾人服务社区化的思想，确认“所有残疾人享有在社区中平等生活的权利以及与其他人同等的选择”。[8] 2015年，联合国提出了2030年可持续发展目标，17个目标中的第11个“可持续城市和社区”也特地提出了社区中的无障碍环境问题，“到2030年，向所有人，特别是妇女、儿童、老年人和残疾人，普遍提供安全、包容、无障碍、绿色的公共空间”。[9]

美国的社区无障碍服务政策法规比较完善。根据《社会保障法》第1915条，各州可以制定家庭和社区服务豁免（HCBS Waivers），以满足更愿意在家中或社区而不是在机构获得长期护理服务和支持的残疾人、老年人等人群需求。2009年，近100万人正在接受HCBS豁免服务；目前，全美有300多个HCBS豁免计划正在实施。[10] 美国华盛顿州议会于2010年通过的《无障碍社区法案》（The Accessible Communities Act）指出，当残疾人能够被社区真正地接纳、欢迎，在社区中获得与他人平等的机会，并参与社区活动时，他们不但能够使社区变得更为丰富、多样，也能够为社区的经济活力作出贡献。[11]

无障碍社区应当是开放和包容的，能够满足不同年龄层次和身体状况的社区成员的需求，使居于其中的成员能够在与他人的社会联系中产生归属感。美国国家残疾自立与康复研究院（NIDILRR）资助了大量居住社区无障碍和残疾人服务研究项目。如凯施莱纳博士的“赋予残疾人权力：公民参与社区生活的研究”（1998—1999），分析了阻碍或促进残疾人参与选举的心理、态度、身体和政策因素。[12] 资助项目也有不少针对不同类型残疾人社区参与的研究，如佛蒙特大学“公民倡导关系对发育障碍者社区调适的影响”（1985—1987）、伊利诺伊大学芝加哥分校“发展少数族裔社区，促进残疾人法案实施”（1998—2001）、波士顿大学“加强精神障碍人士的社区生活和参与”（2014—2019）及配套声像媒体开发项目“Recovery 4 US”（2014—2017）、人类潜能倡导者机构“借助有意识同伴支持增加成年精神障碍者社区参与”（2015—2018）、圣路易斯华盛顿大学“通过循证策略提高长期残疾老年人的社区参与能力”（2017—2022）等。

NIDILRR还资助建成发展了一批社区无障碍服务研究机构。雪城大学建立了“智力障碍和发育障碍支持性生活与选择国家资源中心”（1999—2004）。蒙大拿大学“农村社区残疾康复研究训练中心”项目（2013—2018）研究农村残疾人在健康、就业和社区生活方面的系统性解决方案，内容很丰富，包括使用 GIS 评测农村社区的残疾人分布和服务可用性、农村残疾生态对社区参与的影响、社区参与弹性、农村活动参与机会评测、残疾人农村就业、农村社区无障碍环境，农村康复干预等[13]，这些内容可以说基本构成了农村社区无障碍服务体系的框架。“坦普尔大学精神残障者社区生活和参与康复研究训练中心”（2013—2018）也是一个庞大的综合性项目，在技术、个人和环境因素以及干预措施领域进行了七项研究，研究方法包括随机对照实验设计、结构方程和 GIS 交叉应用和流行病学方法，还开展了三个技术援助、三个培训和两个传播项目，目的是最大限度提升精神残障者的社区生活和参与度。[14] 堪萨斯大学“促进社区生活干预康复研究训练中心”（2016—2021），[15] 旨在通过改善外部环境干预和家庭环境，促进成年身体残疾或多重残疾人士参与社区生活，甚至是从护理机构转到社区生活。明尼苏达大学“社区生活与参与康复研究训练中心”（2018—2023）[16] 重点是对智力障碍者的社区生活和社区参与开展研究、培训和辅助技术支持。“社区生活、健康和赋能康复工程研究中心”（LiveWell RERC）是资助了多家机构的项目，包括杜克大学（Duke University，2015—2018）[17]、谢泼德中心（Shepherd Center，2019—2020）[18] 等，促进所有人都能够获得新兴科技的便利，应用信息通信技术（ICT）提高残障人士独立生活和社区参与的能力。NIDILRR 和教育部资助的“国家残疾家长资源中心”“国家残疾父母及家庭中心”系列项目，总体目标是提高残疾父母及其家庭的生活质量，内容主要包括：为残疾父母提供新城、培训、技术援助，对残疾父母及其家庭中的监护权和父母评估、家庭角色和个人援助、辅助翻译以及对认知和智力残疾父母的干预。[19]

国际上社区无障碍环境的研究成果也比较丰富。美国社会行为与经济科学局资助的“社区居住残疾人空间的社会生产”（2015—2019）侧重于了解残疾人在身体和行动不便时如何体验社区空间，使用了一种称为“理性批判可视化”的创新研究方法，为研究有生命的、概念的、感观的空间建立框架，并且让残疾人直接参与研究，最大化提高社区的可及性和参与度。[20] 英国“街道流动性和无障碍性：开发克服老年人步行障碍的工具”（2014—2017）项目提出老年人及弱势群体由于种种原因很难去往商店、医疗设施、服务机构、朋友或亲人家，这种“隔离”增加了社会不平等和排斥，也会影响人们的身心健康和福祉。项目通过社会调查、测量交通和道路特性、空间句法等方法研究街道网络如何影响可达性和流动性，最终得到衡量“社区隔离”的指标，并得出减少隔离的措施。[21] 英国伊丽莎白·伯顿（Elizabeth Burton）的《包容性城市设计》一书对社区室外环境适老性作了大量调查，提出了室外环境设计中所有等级的设计特征——包括街道布局、建筑形式、建筑细部包容性街道。她指出“生活街道”是包容性设计的最终目标，无论年龄多大、身体状况如何，人们都能够轻松地认知和使用。[22]

国际上的社区规划设计和建设实践中，也有很多促进残疾人、老年人等社会群体融合、提升社区参与的成功案例。例如丹麦哥本哈根全龄融合社区，该社区是一个改建项目，拆掉旧有建筑之后，建成为承载不同年龄、不同群体的新型居住区。社区居住空间提供 360 间疗养公寓、150 间青年公寓（含 20 间自闭症青年公寓）、20 间老年公寓，服务设施包括 1 个日常护理中心、3 间小商店以及咖啡店、手工作坊、私人及公共停车场库等。[23] 丰富的居住空间选择适合不同年龄阶段的住户，社区环境也适合各类访客的需求，具有史无前例的包容性。多层公寓建筑围合成环境优美的庭院空间，称作"世代广场"，方便住户与访客的休闲和社交活动（图 3-2）。这样一个人口众多、多彩缤纷、活力四射的包容性社区将成为诺瑞布罗区未来发展的热土，高度激发城市发展的活力。

图 3-2 丹麦哥本哈根全龄融合社区效果图（来源：腾讯新闻网站）

2. 康复医疗

残疾人康复医疗服务体系相关研究涉及康复体系构建、残疾预防、社区康复、远程康复、医疗服务等。

世界卫生组织 1996 年开始制定新的残疾分类标准，2001 年 5 月第 54 届世界卫生大会通过《国际功能、残疾和健康分类》（International Classification of Functioning, Disability and Health，ICF），其最终目的是构建统一、标准化的体系，对残疾人健康和康复水平分类提供理论框架。ICF 针对功能、残疾与健康分类，提供了一种新的理论和应用模式，即整合生物—心理—社会—环境因素，形成现代综合模式。[24] ICF 分类系统可作为残疾人口统计分析的工具、社会福利的参考依据、医疗服务的评价工具，能够在社会治理和医疗康复等诸多方面发挥作用。

美国在残疾人康复领域逐步形成了国家与地方政府的分权以及政府机构与私营机构、志愿机构相互补充的格局。《康复法案》规定为重度残疾人提供医疗康复服务，联邦康复服务署是法定主管部门，地方政府则设立职业康复机构负责具体实施，联邦政府提供 80%经费补贴。[5] 同时培养大量专业人员从事康复行业，不断提升康复无障碍服务的专业化水平。在美国通常由医疗机构或护理机构向残疾人提供医疗服务，或由保健局或护理机构提供护理服务，“访问护士制度”提供护理人员支持。美国精神障碍者的康复政策，也正在从特殊机构的隔离疗养走向社区护理，逐步构建成由社区卫生中心、州立精神医院、康复中心等机构协作的体系。[5]

英国设计了一整套从“摇篮到坟墓”的社会福利制度，建立了比较完善的残疾人医疗康复服务体系。公民可享受国民保健法保障的免费医疗（除牙科手术、视力检查和配镜），患者仅支付处方费，对于残疾人及低收入家庭处方费也可予以免除。[5] 英国卫生部在全国各地都设有卫生管理局和委员会，负责建设康复中心，为残疾人提供各种康复器具、辅助设备，指导其开展日常康复培训和适应性训练；康复中心也是残疾人提高社会参与程度的服务设施，经常组织体育比赛、娱乐交流活动，提升残疾人的自信心。当然，政府也须承担部分职责，包括定期了解本地残疾人口规模及其需求、明确政府服务责任与服务范围。例如，利用政府运营场所或委托民间机构为残疾人提供托养服务，或者组织社会工作者、志愿者、保健人员和家庭护士等 [25] 为残疾人定期提供社区和上门服务。

日本 1946 年施行《社会保障法案》，1949 年颁布《残疾人福利法》，规定了国家和政府为残疾人提供的福利服务。1950 年通过《社会保障制度建议书》强调残疾人有平等获得社会保障的权利。1979 年修订《特殊儿童抚养补助金给予法》规定了残疾儿童可以领取“扶助补助金”，重度残疾人可以领取“福祉津贴”。[5] 日本康复服务体系主要包含了急性期康复、恢复期康复、社区康复、设施康复以及居家上门护理等各类型服务。此外，日本国内面向老年人和残疾人的医疗科技、康复设施与人才配置都处于国际领先水平，康复医疗技术的研发和应用十分发达，民间社会性康复医疗机构众多，康复人才体系完备、人才储备丰富，提供了对康复体系的有效和有力支撑。

20 世纪 70 年代末，世界卫生组织开始倡导各国特别是发展中国家开展社区康复（CBR），目标是促进残疾人在社区内得到全面康复，享有平等权利并融入社会。[26] 1994 年，联合国教科文组织、世界卫生组织、国际劳工组织联合发布文件，制定社区康复的定义为“社区发展计划中的一项康复策略，其目的是使残疾人享有康复服务，实现机会均等等，充分参与的同时，社区康复的实施要依靠残疾人、残疾人亲友、残疾人所在的社区以及卫生、教育、劳动就业、社会保障等相关部门的共同努力”。[27] 世卫组织 2010 年发布《社区康复指南》，就如何制定和加强社区康复项目提供指导；将社区康复作为一项涉及残疾人的社区发展战略；支持满足利益相关者基本需求，提高残疾人及其家人生活质量；鼓励提升残疾人及其家人的权能。[28]

综上所述，发达国家正在逐步推进以社区康复设施为主的向残疾人提供的康复服务，因而社区康复研究也蓬勃开展。美国 NIDILRR 支持的“肢体残障人士社区康复计划的功能结果分析”项目（1994—1995）通过调查、访谈、系统评估发现，康复计划在问责制、质量保证和效率的压力下，越来越以社区为基础。[29] 前一节介绍的很多居住社区无障碍服务研究项目也都与社区康复密不可分。此外，鲁宾（Rubin S E，2003）等指出，根据残疾人心理需求，大型康复设施应主要为残疾人提供综合服务和技术指导，一般康复设施应以面向街区为单位的基层设施为主。[30] 韦德（Wade D T，2003）分析了建立完善的康复设施体系未来的发展方向，应以社区康复服务设施为主体构建康复供给体系，尽管基层康复设施位于服务体系的末端，但却是康复服务体系持续进步的重中之重。[31] 伍德（Wood A J，2011）等提出康复应依托社区展开，并研究了建立标准和实践操作，包括设立“社区康复矩阵”的指导框架，在残疾发展计划中进行社区康复监测和设计等成为具体的对策性研究。[32]

近年来，信息通信技术发展特别利于满足出行不便的残障人群需求，美国NIDILRR也资助了很多远程康复（Telerehabilitation）研究项目。匹兹堡大学的“远程康复工程研究中心”项目（2009—2014）以因身体原因不能获得综合医疗和康复门诊服务的残疾人为研究对象，旨在研究一套方法、系统和技术，从而支持此类人群的咨询、预防、诊断和治疗，研究内容涉及认知和职业康复、通信技术评估和培训、远程康复基础设施以及次级疾病的预防和管理。[33] 亚拉巴马大学“残疾人互动运动技术与运动生理学”（2012—2017）主要目标是改善康乐与锻炼场所和设备的使用，增加残疾人参与有益锻炼的机会，利用信息技术支持定期锻炼，促进残疾人进行有规律的锻炼和积极的生活方式，以改善健康和身体机能。[34] 此外还有“用于家庭评估和监测的基于网络的远程康复”“远程医疗和神经心理学服务：改善脑损伤农村居民获得护理的机会”“通过视频电话会议优化辅助技术服务”“针对自闭症儿童家长的远程医疗和在线培训计划”等项目。综合来看，远程康复使用的主要技术包括web网络、电话会议、视频电话、康复机器人和遥控机器等。

在残疾人医疗服务方面，国际上也积累了一定研究，主要集中于残疾预防、提高医疗和保健服务质量。为了减少慢性病造成的残疾和死亡，美国疾病控制和预防中心（CDC）采用了四种跨领域策略：1）流行病学监测以监控慢性病趋势并为项目提供信息；2）促进健康和支持健康行为的环境；3）卫生系统干预措施，以提高临床和其他预防服务的有效使用；4）建立社区资源以维持改善慢性病管理的临床服务。[35] NIDILR资助的“改善发育障碍者的医疗保健服务”（2001—2002）开发了一套综合方法和教材，通过提高医学生和其他保健学生与发育障碍人群合作的程度，提高发育障碍人士的医疗保健质量。[36] 美国弗吉尼亚联邦大学的“安全网医院和少数群体保健可及性”（Safety Net Hospitals and Minority Access to Health Care，2007—2011）提出，安全网医院在美国卫生系统中为弱势群体发挥着关键作用，此项目探讨了医疗安全网的模式是如何受到医院收缩的影响，以及它对生活在低收入地区的弱势群体的影响，并制定了多种可达性衡量标准。

康复领域也产生了一些国际合作，如加拿大卫生研究院资助了针对非洲赞比亚的“了解残疾人的康复需求”，是以社区为基础的参与性研究，以改善赞比亚卢萨卡的康复医疗服务。[37]

3. 住宿餐饮

酒店住宿和餐饮无障碍服务方面，主要包括酒店和餐饮建筑的无障碍设计与住宿、餐饮无障碍服务两方面内容。总体来看，无障碍设施、员工服务、信息化服务是比较重要的因素。

在酒店和餐饮建筑的无障碍设计方面，Sidse Grangaard 研究了丹麦酒店无障碍客房的供需平衡和影响客房通用设计的因素[38]；Tutuncu 研究了身体残障人士残疾类型、无障碍设施与辅助设备形式对酒店满意度的影响，结果表明这些因素对酒店的满意度有重大影响，公共场所、娱乐场所和其他区域的无障碍环境以及房间内的浴缸是影响满意度的重要指标。[39]

在住宿、餐饮无障碍服务领域，美国金姆等研究了残疾人对酒店的使用感受，以及在酒店设计和服务中实施残疾人建议的可行性[40]；西班牙的纳瓦罗等通过采用层次分析法分析了影响酒店与残障顾客之间价值创造的相关因素，结果最重要的是残疾客户与员工的关系、员工培训、环境和协作[41]；英国威廉姆斯认为网络为酒店商家和顾客双方提供了交流的途径，并对英国酒店网站的无障碍性进行了研究，发现可访问性较低，且信息质量也未能满足特定人群需求[42]；悉尼科技大学达西的研究表明信息是人们进行旅行规划决策的基础，提供详细而准确的住宿信息对于残疾人的决策过程至关重要。[43]

4. 文化体育

文化体育无障碍服务以图书馆无障碍服务和残奥会服务体系为代表。

关于图书馆无障碍服务，国际图联（IFLA）在《公共图书馆宣言》中向世界呼吁，图书馆应向所有的人提供平等的阅读服务，不论其年龄、种族、性别、宗教、国籍、语言或社会地位。[44] 英国作为全世界图书馆事业最发达的国家之一，面向阅读障碍者、儿童、老年人、残疾人等提供文化服务，如建设完善图书馆网络、建立社区图书馆，并为上述群体提供汲取知识和终身学习的设施设备，全方位拓展便捷、人性化的无障碍服务。[45] 美国早在 1868 年，就有波士顿公共图书馆开始为盲人提供借阅服务，图书馆无障碍服务开始得很早。美国图书馆无障碍服务内容包含：1）为残疾人提供无障碍辅助设备；2）制作出版了大量有声磁带、光盘或布莱叶盲文图书、杂志，力图尽最大可能满足视力障碍人群的阅读需要；3）为残障人士提供免费邮寄服务，视障读者可以通过免费邮寄的方式借阅或归还盲文图书、期刊；4）图书馆网站无障碍设计，支持多类残障用户访问。[46][47]

残奥会在世界许多国家都已经顺利举办过，通过近几届举办城市发布的无障碍指南等相关文件（表 3-1），可以了解其赛事期间的无障碍服务组织方法、具体的设施规范和应急手段等。

近几届残奥会相关无障碍指南和文件 表 3-1

地区	时间	指南
索契	2014	*Accessibility Guide*
	2014	*Barrier-free Emvironment at the Sochi 2014 Plympic and Paralypoic Games*
	2014	*Sochi 2014 Paralymic Winter Games Transportation Kit for NPCs*
里约	2016	*Rio 2016 Accessibility Technical Guidelines*
	2016	*Accessibility Rio*
平昌	2018	*PyeongChang 2018 Paralympic Family Guide*
	2018	*Spectator Transport Guide*
东京	2020	*Tokyo 2020 Accessibility Guidelines*
	2020	*Traffic Measures*

来源：作者整理。

无障碍服务体系在残奥会等国际赛事中很受重视。东京 2020 奥运会《无障碍指南》列出的无障碍服务包括五方面：建筑可达性与无障碍流线、便利设施、旅馆住宿、出版物和信息服务、交通工具[48]，这些内容构建了围绕奥运无障碍服务的主要措施和技术内容。韩国平昌冬奥组委和江原道政府共同制定培训计划，分批对 5000 名冬残奥会志愿者和工作人员进行无障碍意识培训，学习无障碍知识，增强无障碍意识。

在冬残奥会管理服务研究方面，达西（Simon Darcy，2017）等主编的《Managing the Paralympics》一书中，提出了优先考虑残奥利益相关者的策略，以无障碍作为关键管理要素，主要包括场馆和奥运村、交通、无障碍的整体目标方法、无障碍意识等方面。[49] 在残奥会医疗服务方面，伊诺克（Enock 等人，2008）通过文献研究确定了 10 个公共环境卫生规划领域：公共卫生指挥中心和沟通；监督，评估和控制；环境健康与安全；传染病暴发；天气条件的影响；促进健康；出行信息；经济评估；公共交通和减少哮喘事件；并为运动员潜在的过敏症作好准备。[50] 在残奥会遗产方面，米泽纳（Misener，2013）等人的文献研究表明，残奥会遗产主要包括：基础设施、运动、信息教育和意识、人力资本和管理变革。[51]

综合来看，国际上体育无障碍服务体系研究主要集中于对残奥赛事举办进行针对性研究，通过对赛事需求的研究，完善无障碍服务的不足，并根据服务对象进行系统化、整体性规划，其中不仅包括运动员、技术官员、观众等残奥会直接服务群体，同时覆盖参与城市活动、体育运动的所有城市人群。因此，残疾人国际体育活动及其赛事直接地推动了国际无障碍服务体系的建构，不同程度推进了城市无障碍环境的建设。

5. 旅游休闲

在无障碍旅游休闲研究方面主要的研究方向，包括信息化的无障碍旅游，无障碍旅游综合平台（系统），多国多地多城市合作的无障碍旅游示范项目，以及与可持续发展目标的结合。

在无障碍旅游概念方面，费尔南德斯（Fernandez-Diaz）提出“全容旅游”（Tourism for all）基于三个主要方面：无障碍旅游、可持续旅游和社会旅游，并指出移动应用程序和网站等数字工具是无障碍旅游业的重要组成部分。[52]

信息化无障碍旅游平台和综合服务研究是比较热门的方向。欧盟资助英国旅游局和希腊旅游部等的“欧洲无障碍旅游一站式商店”（2005—2006）项目，旨在实现一个多平台、多语言、数字信息服务，提供有关无障碍旅游场所、景点和住宿的信息。[53]这项服务主要面向但不限于欧洲 4500 万残疾公民及其家庭，采用一套通用的协议和标准，可在第三方网站、信息亭、旅行社和旅游局提供，或通过移动电话直接提供给顾客。德国的“Innoregio 综合旅游”项目[54]的主要技术和组织目标是开发一个信息助理，作为灵活、模块化的移动伙伴，使所有用户群体能够无障碍地访问某一地区提供的信息，关键策略是利用信息技术避免和消除障碍，不仅为残疾人提供援助，而且为所有人提供支持。

在无障碍旅游组织领域，欧洲成立了“无障碍历史城市联盟”，提出无障碍旅游服务体系策略包括：多层次合作、相互学习、关注受益人、因人而异和因地制宜、解决方案的传播和转化。例如瑞士名为 MIS 的组织（Mobility International Switzerland）是该国国内一家能够提供无障碍旅游项目并能够进行协调和联络的机构，其主要服务范围涵盖定制无障碍旅行，包括收集整理全世界无障碍旅行信息，协助残障人士进行无障碍旅游规划。

6. 教育培训

国际上教育培训无障碍服务体系的研究涉及多个领域：特殊教育和融合教育，社区残疾人教育培训，信息化教育和无障碍学习，无障碍专业人才培养，工作人员和公众的无障碍教育培训，以及就业培训。

在面向残障人群的培训教育研究方面，促进残疾人获得公平教育机会的研究方向较多，除了特殊教育和融合教育，还包括建立残疾人教育培训促进机构，促进社区残疾人与公众交流，以及国际残疾人团体教育经验交流。

美国 NIDILRR 资助了大量残疾人培训研究机构。美国华盛顿大学承担的“国家教育信息无障碍技术中心”（National Center on Accessible Information Technology in Education，2001—2005）在全国范围内与 NIDILRR 资助的残疾业务和技术援助中心（DBTAC）合作，旨在增加残疾人在全国各级教育机构中获得信息技术的机会。[55]该中心促进教育实体采购和使用符合通用设计原则和公认标准的无障碍信息技术，并向教育机构提供信息和培训。NIDILRR 的“残疾人法案国家网络项目”（2016—2021），共资助了 10 个区域研究中心，任务是向 ADA（残疾人法案）的利益相关者提供各类高水平、专业质量的服务，包括实施培训、提供信息和技术援助，与其他区域中心合作开发、提供、分发培训和技术援助材料及其他信息产品和服务，并长期监督和修正 ADA 法案，协助全国 ADA 研讨会的工作。这些中心包括：人本设计研究所（Institute for Human Centered Design）的“新英格兰 ADA 国家网络区域中心—第一区”、康奈尔大学的“东北区残疾人和商业技术援助中心—第二区”、伊利诺伊大学的“五大湖区 ADA 国家网络区域中心—第五区”等。

日本丰田基金会也资助了很多残疾人教育培训研究项目。“亚洲残疾人独立生活支持网络的构建”（2006）将亚洲地区积累的独立生活支援知识和经验制成数据库，通过互联网在团体间共享。[56]“体验学习社区关系：无障碍精神在儿童中的传播”项目（2006）以“植根社区的福利体验”为主题，聚焦小学生开展为残疾人“打造社区福利地图”、体验视障人士“纯黑暗体验”，以及生活在同一社区的残疾儿童与健康儿童的互动等活动[57]，社会各界实际参与，得到当地民众配合，能够跨越障碍、跨越世代进行交流。

在信息化教育和无障碍学习方向，既有面向家庭的无障碍教育学习研究，也有面向教师和教育机构的研究。美国教育部资助了“Tech Access：面向 K-12 教育者介绍无障碍教育技术的在线信息资源”项目（2004）。美国国家科学基金委（NSF）资助的“基于国家标准的残疾学生家长科学教材”（2005—2007）基于科学学习理念和通用设计理念，强调家长可以在家中和社区与孩子一起活动，创建基于标准的科学材料，开展科学教育。[58]巴西教育部 CAPES 基金会资助的“无障碍学习对象开发指南”“无障碍学习对象：基于情境认知理论的知识共享研究进展”这一系列研究提出了一套创建无障碍学习对象的指南，能够指导和帮助教师、开发人员可通过提供替代媒体等开发无障碍学习材料。该指南是基于对“通用设计原则”、W3C“创建无障碍 Web 内容建议”，以及全球学习联盟的教学管理系统指南提出的“无障碍内容生产和应用最佳实践”进行分析和融合而创建的，并经过了专家测试。[59]

在无障碍建设专业人才培养方面，美国、日本支持了很多项目，培训对象涵盖无障碍专业大学生、博士后、政府和社区工作人员、设施业主、专家交流。

NSF 资助的“概念验证：无障碍设计课程和教材”（1999—2001）和“无障碍设计课程与教材”项目（2001—2006）针对缺乏具有无障碍设计专业知识的设计师和工程师这个全国性的问题，开发关于无障碍设计原则和问题的模块化和分层结构的课程教学材料，以应用、整合到美国各地高校的本科工程课程中。[60] NSF“开发用于计算机无障碍教育的体验实验室”项目（2018—2021）与国家聋人技术研究所、视力障碍协会合作，开发一套五个体验式“无障碍学习实验室”。[61] NIDILRR 资助的“进一步实施《美国残疾人法案》的社区规划和教育”项目（1994—1997）有三方面内容：开发、完善和展示社区规划和教育模式；提供持续的技术援助和培训，支持社区合规工作；开发和展示一个规划模型，帮助大专院校将残疾人法案纳入课程，以培训未来的商业和社区领袖。[62] 项目成果在全国范围传播，以帮助其他社区复制成功经验。NIDILRR 资助的“改善残疾人社区生活参与的奖学金高级培训”（2015—2020）提供了一个跨学科的博士后培训计划，让学者参与改善残疾人社区生活和相关研究。培训计划侧重在社区生活中可能遇到最多障碍的残疾人群，包括少数族裔、智力和发育障碍者、严重身体残疾和残障老年人。该项目支持受训人员培养研究职业能力，从而直接改善对残疾人的服务、计划、政策和社会态度。[63]

日本丰田基金会资助“利用培训研讨会培养支持社区的‘无障碍顾问’”项目（2005），面对熊本无障碍建设咨询不断增加的需求，启动“亲民城镇建设顾问培训班”，许多来自公民、行政部门和企业的不同职位的人参加了课程培训。“亚洲智慧项目第一步：在日本和中国通过体育支持残疾儿童的社会独立发展”（2017）组织日本和中国团队，通过与学术专家的联合研讨会，制定发育障碍和智障儿童体育教育监督手册，引导亚洲发展支持残疾儿童社会独立的教育体系。[64]

就业培训方面，丰田基金会资助了“创造就业机会促进残疾人社会参与——交流亚洲残疾人就业支持的创新实践和经验”（2012）促进亚洲国家残疾人团体交流，提供职业培训，为残疾人创造就业机会，并为企业完成就业提供支持。[65]

国际上无障碍服务专项领域研究具有相对完整性、覆盖性较强，对专项领域的具体问题都提出了较为细致的解决建议或指南，且具有可操作性。特别是发达国家，如欧洲、日本等国家对于无障碍专项规划上发展比较完善，人性化特点显著。同时信息无障碍逐步成为各个专项领域发展的重点，无障碍服务逐步通用化、包容化。

3.1.2　无障碍城市规划

美国、日本、欧盟等发达国家地区无障碍环境建设整体性较好，但无障碍专项城市规划研究与实践较为罕见，更多的是城市设计领域的研究。在 web science 中检索“无障碍城市规划”国际学术文献，搜索结果一共只有 22 条，其中还有几篇是中国学者文献，可以推测国际上并没有形成成熟的无障碍城市规划理论研究。

美国相对系统的无障碍城市环境得益于其无障碍环境建设有全方位的立法保障为基础，有专业化的无障碍科研与教育为支撑，因而各类无障碍环境设施形成了完善的闭环系统，并且较好融合到建筑艺术设计中，给老年人、残疾人、儿童、孕妇等有特殊需求人士提供了安全便利的物理环境与平等友好的社会氛围，堪称世界一流水平。

日本城市的无障碍环境比较完善，很重要的原因是其相关政策、法规标准大多将建筑与城市整合起来。1973 年，日本启动“福利城市政策”，20 万人以上的城市开展无障碍改造行动，内容包括：交通路口完善安全设施；公共场所无障碍化改造，配置轮椅；建设无障碍卫生间；为残障人群浴室增设安全抓杆，重度残疾人装设滑轨吊篮；为残障人群家庭安装电话，构建通信服务网络。[66] 现今日本城市的无障碍环境建设在国际上属于一流水平。

欧盟自 2010 年设立了“无障碍城市奖”，颁发给欧洲无障碍环境最杰出的城市。所有人口超过 5 万的欧盟城市都有资格评选，这是一个很好的机会来展示城市实现无障碍的举措，并为每个人提供更好的工作和生活场所。[67] 第一届优胜获奖城市是西班牙城市阿维拉（2011），之后的最高奖获奖者包括奥地利萨尔茨堡（2012）、德国柏林（2013）、瑞典哥德堡（2014）、瑞典布罗斯（2015）、意大利米兰（2016）、英国切斯特（2017）、法国里昂（2018）、荷兰布雷达（2019）、波兰华沙（2020）、瑞典延雪平（2021）、卢森堡（2022）等。

俄罗斯索契借助 2014 年冬季奥运会的契机开展了无障碍城市规划。冬季奥运会的机遇让索契成为俄罗斯首个“无障碍城市”。到冬残奥会时期全市完成无障碍基础设施点超过 1000 个，包括盲道、无障碍坡道、无障碍卫生间、信息无障碍公交站牌，公共建筑求救按钮、无障碍取款机和残疾人运动设施等。全市还对 300 多辆公交大巴车进行了无障碍改造，其中 108 辆改装为自动轮椅坡道，极大地有利于残疾人出行。2006 年至 2011 年全市从事体育运动的残疾人数量增加 3 倍。[68] 总结索契进行无障碍城市建设的实践经验，主要有建筑无障碍化、公交无障碍化、奥运场馆无障碍、信息无障碍这几方面内容。

新加坡的无障碍规划称作“赋能总体规划”，自从 2004 年李显龙提出“建设一个竞争力与包容性兼具的新加坡”后开始启动，每五年编制一版总体规划。规划以“人”为核心，力图使残疾人群体成为社会不可或缺的贡献者。新加坡将成为“一个充满爱心和包容性的社会，让残疾人有权发挥自己的最大潜力，并作为社会不可分割的贡献者充分参与。”目前，新加坡共完成了第一次赋能总体规划（2007—2011）、第二次赋能总体规划（2012—2016）、第三次赋能总体规划（2017—2021）。

发达国家与无障碍城市规划有关的研究课题大多集中于城市设计领域。欧盟委员会资助的“基于感知—行动的城市可达性设计”项目（2016—2019）把认知科学的基础研究转化为城市规划和设计中的问题。[69] 采用经验和理论方法，利用虚拟现实技术，研究提出一套设计无障碍城市空间的建议，解决如何感知道路可通过性的问题，这将有助于创造新的测量技术，包括测量头部转动和全身加速度作为感知不确定性的指标。瑞典“开放和无障碍可持续城市的过程模型”（Process Model for Open and Accessible Sustainable Cities，2017—2018）总体目标是在目前基律纳城市转型的基础上，提供无障碍、开放和包容的城市环境。项目通过制定方法和原则确保了城市设计的包容性。该项目的目标群体主要是引领、规划和建设城市的人，也包括其他关注城市发展和包容性设计的人，成果包括开发包容性城市的设计方法、关键分析方法以及综合制图，还包括制定城市包容性设计的原则以及相应图示文件。[70]

综上，美国、日本等发达国家无障碍环境建设的系统性相对较好，残障人士的日常生活和出行基本能够形成安全闭环，但是无障碍专项城市规划在西方发达国家研究和实践不足，缺少创新案例，也仍然没有形成完备的研究和城市规划体系。

3.2　我国无障碍服务体系和无障碍城市规划领域科技创新的进展

我国在无障碍服务体系、无障碍城市规划领域的学术研究基于我国的国情稳步发展，研究的综合性、针对性较强，在世界范围内也具有自身特色和独特优势。

3.2.1　无障碍服务体系

新中国成立以来，努力促进和保护残疾人权利和尊严，逐步发展和完善无障碍服务体系，保障残疾人平等参与经济、政治、社会和文化生活[71]，通过实践不断探索具有中国特色的残疾人服务体系建设路径。

3.2.1.1　无障碍服务体系概况和研究进展

在无障碍服务体系的内涵及构成方面，有一些研究成果提出了自身的阐释。

中国残联《关于加快推进残疾人社会保障体系和服务体系建设的指导意见》（2011）提出的残疾人服务体系包括发展残疾人康复、教育、就业、扶贫、托养、无障碍、文化体育、维权等专项服务。[72] 关于“生活服务”，餐饮、娱乐、租房、买房、工作、旅游、教育培训等生活相关的“衣食住行用”都属于这类服务的范畴。

李友民（2010）提出残疾人服务体系，包括向残疾人提供康复、救助、教育、培训、就业、扶贫、维权、心理调适等残疾人所需要的项目服务。这些服务体系包括了残疾人生活的方方面面，本课题仍需梳理与冬奥和冬残奥会密切相关的服务要素。[73]

国家重点研发计划课题《无障碍、便捷智慧生活服务体系及智能化无障碍居住环境研究与示范》（2019—2022）的阶段性成果面向冬残奥会需求，提出了无障碍便捷智慧生活服务体系的基本框架，如图 3-3 所示。

中国残疾人联合会 2016 年度研究课题“残疾人基本公共服务标准体系建设研究”构建了残疾人基本公共服务标准体系框架，将其分为基本通用、社会保障、基本服务三部分。基于框架结构分类梳理既有国家和行业标准，得出了急需制定的十余项基本公共服务标准（图 3-4），并提出多项加大标准化工作力度的实施方法，推进残疾人基本公共服务标准的制定工作。[74]

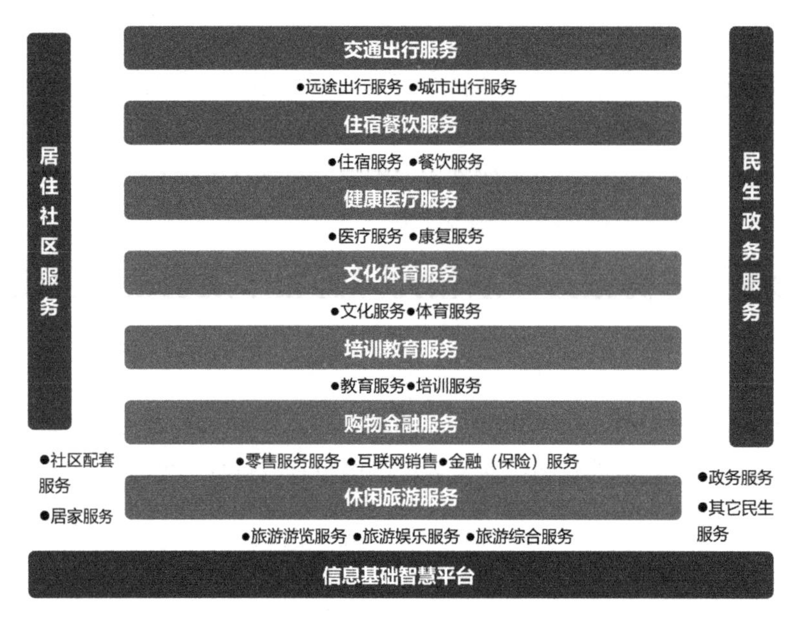

图 3-3　面向冬残奥会需求的无障碍便捷智慧生活服务体系框架图示（制图：贾巍杨）

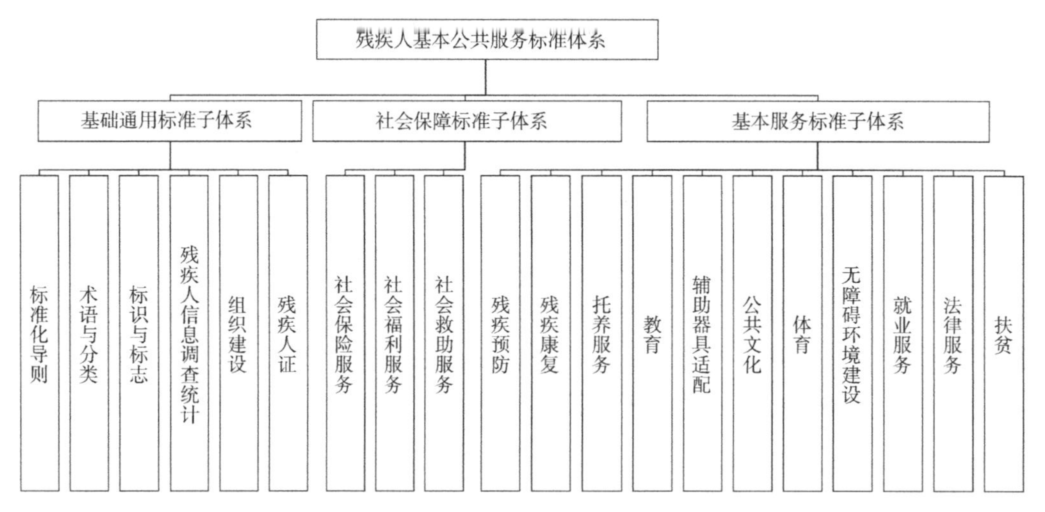

图 3-4　残疾人基本公共服务标准体系框架图（来源：籍凤英，蒋柠，郭婷《我国残疾人基本公共服务标准体系研究》）

《中国无障碍环境发展报告（2021）》指出，从中国当前的现实来看，基本公共服务包括义务教育、公共卫生与基本医疗、基本社会保障、公共就业服务。[75] 无障碍环境建设并不仅是针对障碍人群的特殊服务，而是一项具有包容性的社会基本公共服务，适用于全体社会成员。无障碍环境建设体现了社会基本公共服务的文明性、惠普性及尊享性三种基础价值，同时这三种基础价值相互促进，构成社会基本公共服务价值体系的重要组成部分。

还有一些研究成果，为我国无障碍服务体系的建设提出了一些建议的方向和路径。

国家社科基金重大项目“中国残疾预防对策研究”、教育部人文社科规划项目“满足残疾人康复需求的应用型康复人才培养体系研究——以 ICF 国际康复理念为指导”、中国残疾人事业理论与实践研究课题“基于共生理论的我国残疾人服务模式研究”等项目成果探讨了《国际功能、残疾和健康分类》（ICF）对我国残疾人服务体系建设的积极影响，指出我国残疾人服务体系建设的未来发展趋势：共用与世界接轨的概念与术语、采纳功能取向的障碍研究模型、引导多专业合作的障碍服务模式、ICF 分类系统将广泛应用于残疾预防及相关政策制定等。[76]

《老龄化背景下我国残疾人养老服务社会支持体系研究》（2017）一书通过广泛调研，预测了老年残疾人口趋势，分析了残疾人养老服务供需矛盾，从而研究残疾人的分层养老服务需求、养老服务社会支持分类、残疾人养老服务社会支持体系构建。[77]该成果也拓展了社会支持理论研究范畴。

国家社科基金青年项目“城市社区治理视阈下流动人口获得感提升策略研究”成果基于公共供求理论，对某省残疾人基本公共服务现状进行了调查分析，结合残疾人基本公共服务的需求，总结了残疾人公共服务供给的不足与困境，主要表现在服务供给总量不足、服务供给存在非均衡性、服务供给方式缺乏创新、服务供给主体单一化。在上述分析的基础上，提出完善残疾人基本公共服务体系的路径，包括服务目标由满足基本生存型向社会发展型转变，服务主体由政府主导型向多元共建型扩展，服务导向由“家长分配型”向“需求服务型”变革，服务方式由机械化向信息化、智能化更新。[78]

“十三五”课题：既有居住建筑公共设施功能提升关键技术研究（2017YFC0702907）、北京市规土委课题“城市副中心无障碍环境品质提升研究”（2017）成果之一《广义无障碍环境建设导论》倡导以广义无障碍环境建设理念为指导，紧抓城市公共空间环境品质和建筑性能提升两条主线，结合以人为本的社会服务，全面提升无障碍文化、环境和设施建设，并通过相关标准、法规、机制的建立完善和智慧网络构建应用，稳步推进无障碍规划设计管理。作者发布文章认为未来我国无障碍建设将以“群体转向、系统转向、发展转向、科技转向”为发展趋势，即：由个别群体转向全部全龄群体，由点位设施转向系统化设施建设，由单一需求服务转向全面服务，由空间设施转向智慧城市网络。[79]

国家社会科学基金项目、霍英东教育基金项目、教育部哲学社会科学研究重大课题攻关项目资助的《残疾人社会保障体系与公共服务体系建设研究》分析了现阶段残疾人生活水平与社会平均水平之间的差距，指出倾斜性的制度安排是决定残疾人基本生活水平和社会保障覆盖率的关键因素。在公共服务体系建设上，应致力于构建“政府主导、社会参与、市场运作”服务供给模式，找到无障碍服务体系中的弱势与不足之处优先加强支持，特别是残障人群急切需求的服务项目。[80] 还应重视残疾人服务业的标准化建设，推动规范和完善相关行业标准。

总体来看，国内无障碍服务体系建设存在整体性弱、协调性差等特点，对其内涵外延分析论证不足，社会学调研数据支撑尚不够充分，原则、对策的提出支持论据也不够充足。因此，对无障碍服务体系建设解决方案的论证存在着科学性不足、实践性弱化等问题。在下一步无障碍体系构建工作需要对其科学性进行评估，同时建设相关数据库，满足无障碍服务体系研究需求。

3.2.1.2 无障碍服务体系分项领域研究进展

1. 居住社区

居住社区是残疾人日常主要生活环境，完善我国社区残疾人公共服务体系是提升残疾人基本生活质量的关键，可以从社区的供给主体职责及运行机制、残疾人社区公民意识、社区的公共服务资金来源等问题上对我国城市社区残疾人公共服务体系建设困境进行优化，同时社区的物质环境和基础设施也对此起到重要的支撑作用。

残疾人的公民意识和政治参与水平与社区公共服务体系密切相关。国家社科基金“以激发权能为导向的残疾人公共参与研究：以社区参与为例”（2009—2013）基于深圳、南昌和兰州 1784 位残疾人调查的实证分析结果显示，残疾人政治参与因地位结构的不同而表现出差异性，社会资本是影响残疾人政治参与的正向显著变量，因此，残疾人政治参与水平的提升有赖于社会资本的构建以及社会保障体系、公共服务体系的完善。[81]

针对各类型残疾人的社区服务也有一定研究。《中国老年残疾人社会保障供需研究》提出老年残疾人社会保障体系的内容相应涉及基本生活保障、基本服务保障和环境支持保障，在已有社会保障基本框架基础上系统内容的充实应侧重考虑福利津贴制度的推广、护理保险及津贴制度的适时建立以及社区康复的充分发展。[82] 国家社科基金“融合与共享：中国残疾青少年社区参与及其支持保障体系研究”（2006—2011）通过强调能力整合、综合干预团队、开放的干预环境以及儿童为中心的综合干预方式，能够增强自闭症儿童的劳动技能、经济活动能力、语言和时空定向能力，提升社会责任和个人取向，从而有效地促进其社会适应能力的发展。[83]

社区残疾人公共服务在我国通常由政府财政以及残联专项资金来支持。2009 年，中国残联和财政部在北京正式启动实施“阳光家园计划”，这是一项面向智力、精神和重度残疾人的托养服务项目。从 2009 年至 2011 年，中央财政每年安排 2 亿元，共 6 亿元专项资金，用于补助各地开展就业年龄段智力、精神和重度残疾人托养服务工作。[84]

此外，我国在适老性或老年友好的社区规划设计领域产出了不少成果。例如，在“健康中国行动”“积极老龄化”视角下适老社区、老年友好（宜居）社区的建设理论研究出现了不少研究成果。研究在新冠肺炎防控条件下，社区居家养老服务的措施也有一定成果，如新冠病毒背景下社区精神养老现状及相关对策的研究、基于疫情防控的上海社区居家养老服务应急政策研究、疫情防控视角下的社区居家养老服务评价研究等。

“健康社区”研究对残障人群也有重要意义。很多研究立足于健康社区，并借鉴国内外先进案例，在社区规划和社区治理两方面，探讨了如何将健康要素融入社区建设，以提高社区应对突发公共卫生事件的能力。[85]

2. 康复医疗

康复是帮助残疾人恢复或补偿功能、提高生存质量、增强社会参与能力的重要途径。《国务院办公厅转发卫生部等部门关于进一步加强残疾人康复工作意见的通知》国办发〔2002〕41 号文件指出我国的康复工作体系内容是：各级残联负责康复工作的组织管理、规划制定、经费筹措以及协调实施；要以专业机构为骨干、社区为基础、家庭为依托，充分发挥医疗卫生机构、社区服务机构、学校、幼儿园、福利企事业单位、工疗站、残疾人活动场所等现有机构、设施、人员的作用，整合康复服务资源，实现资源共享；要充分发挥各级各类医疗机构、残疾人康复中心及康复协（学）会作用，建立健全专家技术指导组，确定相应机构为当地康复技术资源中心（站、点），开展技术指导、人员培训、宣传咨询、制定标准、检查评估和新技术的推广应用。[86]

我国残疾人康复服务以及机构规划及建设应在相关政策指导下规范进行，相关法律法规、规划政策、管理条例、标准如表 3-2 所示。

残障人士康复医疗服务相关法规标准　　**表 3-2**

法律法规	
1	《中华人民共和国残疾人保障法》（2018 年修正版）
规划政策	
2	《国务院办公厅转发卫生部等部门关于进一步加强残疾人康复工作意见的通知》国办发〔2002〕41 号
3	《残疾人精准康复服务行动实施方案》（2016）
4	国务院《“十四五”残疾人保障和发展规划》（2021—2025 年）
管理条例	
5	《残疾预防和残疾人康复条例》（2017）
6	《无障碍环境建设条例》（2012）
国家和行业相关标准	
7	《残疾人基本康复服务目录（2019 年版）》
8	《残疾人社区康复工作标准》（2019.11）
9	《残疾人康复机构建设标准》建标 165—2013

续表

10	《老年人、残疾人康复服务信息规范》GB/T 24433—2009
11	《城市居住区规划设计标准》GB 50180—2018
12	《无障碍设计规范》GB 50763—2012
13	《建筑与市政工程无障碍通用规范》GB 55019—2021
地方和团体相关标准	
14	黑龙江省《残疾人康复服务站基本设施与服务规范》DB2301/T 90—2021
15	河北省《残疾人康复体育服务规范》DB13/T 5358—2021
16	珠海市《城乡社区公共服务残疾人康复服务》2022 年
17	中国建筑学会《室外适老健康环境设计标准》T/ASC 18—2021

来源：作者整理。

我国对残疾人的康复需求开展了众多研究，进行了清晰的梳理，主要包括：医疗服务与救助、辅助器具、康复训练与服务、贫困残疾人救助、无障碍设施、信息无障碍和其他康复需求。需求最高的是医疗服务与救助和贫困残疾人救助。不同残疾类别残疾人在康复需求上存在非常显著性差异[87]（表 3-3），不同年龄残疾人的康复需求亦有所差异（表 3-4），因此应提供个性化的康复服务，以提高康复服务的效能。

不同残疾类型的康复需求 　　**表 3-3**

残疾类型	康复需求
视力残疾	从高至低依次为辅助器具、药物、护理、功能训练和手术[88]
听力残疾	从高至低分别为辅助器具、药物，护理，功能训练和手术[89] 极重度听力残疾人从高到低在辅助器具需求、护理需求、药物需求、功能训练和手术需求[90]
肢体残疾	从高至低依次为辅助器具、护理、药物、功能训练和手术[91]
智力残疾	从高到低依次为护理、药物、功能训练、辅助器具和手术[92] 极重度和重度成年智力残疾人报告康复需求，从高到低分别为护理、药物、辅助器具、功能训练和手术[93]
精神残疾	从高到低依次为医疗康复（包含手术、药物、护理）、辅助器具、功能训练[94]

不同年龄残疾人的康复需求 　　**表 3-4**

年龄段	康复需求
残疾儿童	从高至低依次为辅助器具、功能训练、护理、药物、手术[95]
残疾青少年	从高至低依次为康复治疗与训练、诊断和需求评估、提供康复知识、心理疏导、辅助器具配置[96]
残疾成人	从高至低依次为辅助器具需求、药物需求、护理需求、功能训练需求和手术需求[97]
残疾老年人	从高至低依次为医疗服务或救助、贫困救济和扶持、器械辅助、康复训练与服务、生活服务[98]

针对需求，《国家基本公共服务标准（2021 年版）》提出残疾人康复服务内容包括：提供康复评估、康复训练、辅具适配、护理、心理疏导、咨询、指导和转介等基本康复服务。为符合条件的残疾儿童提供以减轻功能障碍、改善功能状况、增强生活

自理和社会参与能力为主要目的的手术、辅具适配和康复训练等服务。[99]

我国残疾人康复的管理模式和依托单位主要有三种：第一种，残联设立公益性事业单位——残疾人康复中心，以医疗机构模式来管理，以残障类型区分康复管理分类，以住院、门诊及上门随访为三类主要服务方式；第二种，由社区提供场地，残联运营并配备设备，形成一定的产业化运作的基层康复站[100]；第三种，残联出资购买医疗机构的康复服务，由各级医院向残疾人提供康复设施与康复服务。徐阳（2020）提出构建残疾人康复服务体系需要有政府统筹主导，部门协同配合：有组织、有政策、有资金保障；需要有专业康复机构、专业康复人才、基层精准康复小组的支持与服务；需要有规范的服务流程、全面的监督管理制度，才能将精准康复服务工作真正落到实处。[101]

近年来，社区康复在国内受到广泛关注，这也符合残疾人日常生活圈范围。社区康复是在 20 世纪 80 年代从发达国家传入我国的。1990 年我国颁布《中华人民共和国残疾人保障法》，其中规定“以社区康复为基础，康复机构为骨干，残疾人家庭为依托；以实用、易行、受益广的康复内容为重点……为残疾人提供有效的康复服务”[27]，为开展社区康复和设置康复机构提供了法律依据和保障。1997 年《中共中央、国务院关于卫生改革发展的决定》再次提出：改革城市卫生服务体系，积极发展社区卫生服务；依法保护重点人群健康，积极开展残疾人康复工作。[102] 我国政府 2009 年提出，“我国的社区康复要从社会经济发展和残疾人康复需求的实际情况出发，在政府领导下，采取社会化工作方式，将社区康复工作融于社区建设规划，纳入相关部门业务范畴，充分调动社区内一切可以利用的人力、物力、财力、文化等资源，以街道、乡镇为实施平台，为残疾人提供就近就便的康复医疗、训练指导、心理支持、知识普及、用品用具以及康复咨询、转介、信息等多种服务”。[27]

国内关于残疾人社区康复的研究不断增多，主要集中在社区康复的模式、特点、问题及解决措施等方面，并开始重视提升残疾人生活质量和自我认知、回归社会。

中国残联 2010—2011 年度重点课题（2010&ZD001）成果《我国农村残疾人医疗服务现状、问题及对策研究——由东北三省实地调研引发的思考》通过对调研数据的分析发现，农村残疾人在基本医疗服务、康复服务和基本医疗保障方面存在诸多不足，医疗服务体系有待提高。据此，针对农村残障人群，建设“三位一体”的医疗服务体系是提升其卫生健康水平和生活质量的重要举措。[103] 邢睿博（2020）在系统分析视角下，对包头市残疾人社区康复服务体系进行调查研究，发现在残疾人社区康复政策、服务设施、社区康复服务中心、专业技术人员和残疾人自身四个方面存在不少问题，直接影响残疾人社区康复的最终效果和质量，建议通过加强社区康复政策的宣传、丰富残疾人社区康复服务种类、加大政府资金投入等措施来加以解决。[104]

2019 年度国家社科基金后期资助项目“社会服务组织介入与社区居家养老服务效

能提升研究”、2019年度教育部人文社会科学研究项目“城市居家养老服务供需平衡路径的优化研究”、2017年度国家社科基金重大项目“实现积极老龄化的公共政策及其机制研究”的阶段性成果《资源协同视角下精神残疾人社区康复服务优化研究》，通过康复服务机构与相关部门的合作来完善医学康复资源协同，通过“请进来”与“走出去”的共同合作来完善就业与康复资源的协同，建立互助机制的方式完善社会康复资源的协同，并在此基础上优化精神障碍者的医学康复服务、就业康复服务和社会康复服务的路径。[105]民政部项目“医养结合养老康复服务供给研究”、全国老龄办项目“以‘五大理念’引领老龄康复事业发展研究”成果提出要在医疗康复工程、教育康复工程、社会康复工程以及职业康复工程建设，全面推动建设形成“医养结合型”养老机构服务模式，介入更多具备康复条件的康复项目结构，并纳入医保内容，以此惠及更多老龄残疾人，形成一套健全的老龄残疾人康复行业标准与服务体系。[106]

信息技术的介入、新冠肺炎为传统健康服务业带来了转型的迫切需求。传统医疗机构服务管理模式的数字化转型加速。新冠肺炎期间以互联网医疗为代表的数字健康模式成为全球抗击疫情的重要途径，人们康复就医需求和习惯逐渐改变，对健康服务数字化体验感和信任度增强。

目前，国内已经开展很多信息技术在医疗康复领域的研究。2014年出版的《智能养老》一书详细介绍了智能化养老的基本内涵及其系统构成，回顾了我国智能养老的发展历程[107]，分析了我国智能化养老实验基地和发达国家的实践经验，这说明智慧养老已成为一个独立的研究领域。郭源生等《智慧医疗在养老产业中的创新应用》一书（2016）介绍了智能化技术在医疗和养老行业中的应用案例，探索适合我国国情的智慧养老方案。[108]

智能化医疗康复领域近年来也出现了不少重大科研项目。国家重点研发计划重点专项项目成果《“互联网+”智能化辅助器具评估与适配服务体系构建研究》运用新一代信息技术，构建基于互联网的智能化辅助器具评估与适配体系，提供线上线下相结合的辅助器具服务，既能够充分利用远程辅助器具服务的优势，又不脱离线下服务，将大大提高功能障碍评估的准确率和辅助器具适配的效率，有利于提升辅助器具服务能力，增进获得辅助技术，满足残疾人、失能和半失能老人等功能障碍者的个性化需求。[109]“主动健康和老龄化科技应对”重点专项2019年度有《智能化全天候多场景视力障碍训练与视觉增强技术及产品的研发》《便捷听力筛查系统及智能听力康复辅具研发与应用示范》《肢体运动功能障碍动态量化评估与智能康复训练系统研发》等多个项目立项。

3. 住宿餐饮

酒店无障碍服务方面，国内现有研究内容主要集中在酒店无障碍建设的理论分析、客房设计与升级改造等方面。《酒店无障碍硬软件服务与管理的可视化综述研究》中运用可视化分析软件对酒店无障碍硬软件服务与管理的文献进行分析。文献研究表明，当前酒店相关研究的重点偏向对员工服务及态度、无障碍客房设计、无障碍体验、无障碍住宿偏好、社会支持等，近年来酒店无障碍相关研究随着旅游业的发展以及社会文明的进步逐渐得到推动。[110]

2017 年杭州市社科规划课题“杭州市无障碍旅游产业发展现状及对策研究”在餐饮无障碍服务方面从饭店企业、饭店员工、饭店业协会、高等和中等院校多方面；意识培训、服务流程、服务规范、多角度提出提升策略，为杭州乃至全省全国饭店业服务品质的提升打下良好基础，全方位完善饭店业无障碍服务。[111]

4. 文化体育

文化无障碍服务方面，国内研究包括图书馆无障碍文化服务、残疾人文化建设。

图书馆无障碍文化服务研究成果为数不少。2013 年度广东省残疾人事业理论与实践研究立项课题“中外图书馆信息无障碍服务的综述研究”，提出要加强图书馆相关立法建设、加强无障碍信息资源共享建设、全面贯彻无障碍网页的设计标准、提高为残疾人服务的水平，从而完善我国图书馆无障碍信息服务。[112]2018 年江苏省高校哲学社会科学研究项目“心理健康视角下听障大学生阅读疗法干预研究”对我国多个地级城市公共图书馆开展调查研究，总结了对残疾人读者服务的真实实施状况，分析了存在问题，提出了地市级公共图书馆残障群体服务对策，包括树立正确的服务均等理念、完善合理的制度保障机制、建立优势互补的文献资源整合机制、构建良性的社会支持服务体系。[113] 2019 年度东莞市图书馆公共服务体系建设研究基金项目“基于国内外实例分析的公共图书馆特殊儿童群体服务模式研究”，在完善图书馆针对特殊儿童的无障碍服务方面提出要加强特殊儿童的文献资源建设，重视无障碍数字资源服务、打造专业化服务队伍、重视特殊儿童家长的作用、策划满足需求的多元服务活动、借助服务体系推进特殊儿童服务。[114]

在残疾人文化建设方面，有 2019 年黑龙江省艺术科学规划项目“黑龙江省残疾人文化系统建设研究”，调查分析了残疾人公共文化服务现状，提出文化权是社会公民普遍享有的基本权利，应以融合教育理念为基础，建设残疾人公共文化服务体系，为残疾人提供高度信任与人文关怀，提供专项公共文化服务，使各类体育资源能够有效转化为公共文化服务体系建设的重要补充力量。[115]

我国体育无障碍服务的进展包括体育设施环境和举办残疾人赛事服务等。

在体育设施环境无障碍研究方面积累了一定成果。国家社科基金“全面建成小康社会进程中残疾人体育参与无障碍环境建设问题研究”结合体育教学实际，依据全纳教育理念对适应性体育教学形式和教学策略进行了具体分析，指出了无障碍环境建设、体育特殊教育教师培养、支援体系构建等方面存在的问题及应对策略。[116] 浙江省社会科学界联合会研究课题《浙江残疾人体育健身服务体系构建与运行机制研究》认为，残疾人体育健身服务不只是国家和政府的责任，也需要全社会各界人士的支持，特别是面对当前资源不足的现实条件，更要从制度设计、资源利用等角度实现多部门联席联动机制，提升专业化服务水平，从而提升无障碍体育服务水平。[117]江苏省高校哲学社会科学研究基金项目“社区残疾人健身站点建设机制和运行标准研究”通过文献调查法、数理统计法等方法，基于公共服务体系的基本理论，对社区残疾人健身站点公共服务体系的现状进行调查与分析，并对相关问题给予建议。[118]

我国通过承办残奥会等大型体育赛事，无障碍服务体系获得长足进步。北京夏季残奥会于 2008 年 9 月举行，在住宿服务、居住服务、交通服务都为残疾人运动员、工作人员和公众创造了良好环境和服务。首届亚洲残疾人运动会于 2010 年 12 月在广州举办，其维修服务、培训服务均提供了良好后勤保障，并且服务规范。北京 2022 年冬残奥会构建了更为完整的无障碍服务体系，包括住宿服务、居民服务、餐饮服务、交通服务、城市出行服务、抵达和离开服务（含入境服务）、标识服务、医疗服务、认证服务、票务服务、语言服务、服装服务、维修服务、气象服务、媒体服务。北京冬奥组委和冬残奥组委从筹办伊始就高度重视遗产工作，包括冬残奥会遗产的发展利用与文化传播，制定实施了北京冬奥会遗产战略计划，注重从体育、经济、社会、文化、环境、城市发展和区域发展 7 个方面、35 个领域规划、创造和运用冬奥遗产。[119]相关成果《北京 2022 年冬奥会和冬残奥会遗产报告（2020）》《北京 2022 年冬奥会和冬残奥会遗产报告集（2022）》先后发布。

5. 培训教育

目前我国在面向多类型残障教育、高等教育阶段无障碍方面都具备了一定研究成果。在前一个方向，微软公司和北京联合大学完成了教育部产学合作协同育人项目“面向聋大学生的优质计算思维 MOOC 资源的无障碍化”（2016）。

在高等无障碍教育方向成果较为丰富。2014 年国家开放大学规划重点课题“残疾人远程教育学习者特征分析与教学支持服务策略研究”成果“残疾学习者远程学习支持服务体系”构建了面向残障人士的远程教育服务模型，结合实证研究数据，分析得出为残疾人教育提供学习支持服务的策略与优化建议[120]，对丰富现有残疾人教育理论体系，促进残疾人远程教育实践具有一定意义。国家开放大学 2016 年度课题“内蒙古残疾人远程高等教育学习支持服务体系研究”提出，完善的学习支持服务是远程教育残疾学习者完成学业的重要保障。根据残疾学习者学习支持服务的现状和存在的问题，构建远程高等教育残疾人学习支持服务体系（图 3-5），提出了学习支持服务体系运行和发展的可行性建议。[121]国家开放大学 2018 年度科研课题“转化学习视角下开放大学成年残障者教学模式研究”，提出转化学习视角下开放教育残障学员学习支持服务模型（图 3-6）。[122]

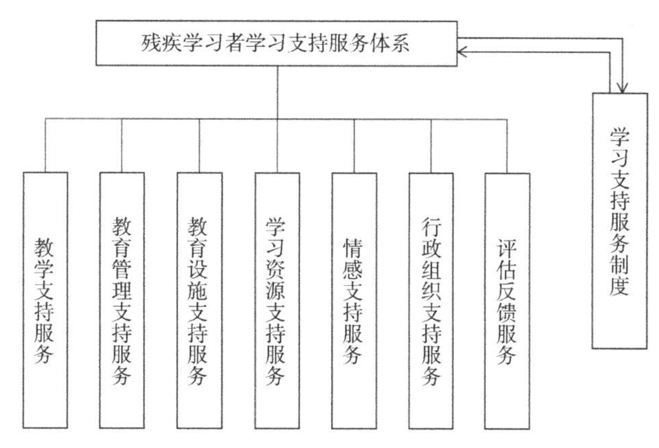

图 3-5　残疾人学习支持服务体系架构图（来源：许正刚《远程高等教育残疾学习者学习支持服务体系的构建》）

北京市教育科学规划项目“针对听障人群的高校教学环境无障碍设计研究”（2013）由北京联合大学承担，率先在国内把软件测试技术作为无障碍课程建设试点，继而成功开发了整合无障碍技术的计算机课程群，使得无障碍技术成为学生就业新增的一项技能，呈现出学生、企业和社会都受益的良好局面。[123] 项目还从听障者信息感知特征出发分析需求，提出通用导视信息设计的基本原则和应对策略。[124]

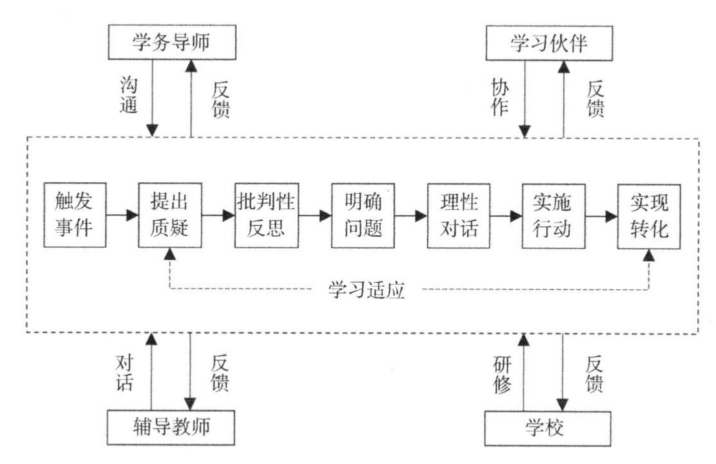

图 3-6　基于转化学习的开放教育残障学习者支持服务模型（来源：朱莉，笪薇，张廷亮《转化学习视角下开放教育成年残障学员学习支持服务策略探析》）

6. 旅游休闲

国家社会科学基金项目“产业互联网下的旅行服务企业战略转型研究”的阶段性研究成果《老年友好型旅游目的地服务体系研究》，提出老年友好型旅游目的地服务体系，该体系以政府和旅游企业为供给主体，以本地居民和老年旅游者为服务主体，共包含规范化的基础服务体系、人性化的支撑服务体系、专业化的服务保障体系和贴心便捷的服务体系四个子系统（图 3-7）。[125]

国家自然科学基金项目“森林康养要素及其康养机制研究”构建了森林康养基地建设评价指标体系，其中包括无障碍设施、信息咨询服务、安全健康保障等多个无障碍相关服务要求。[126]

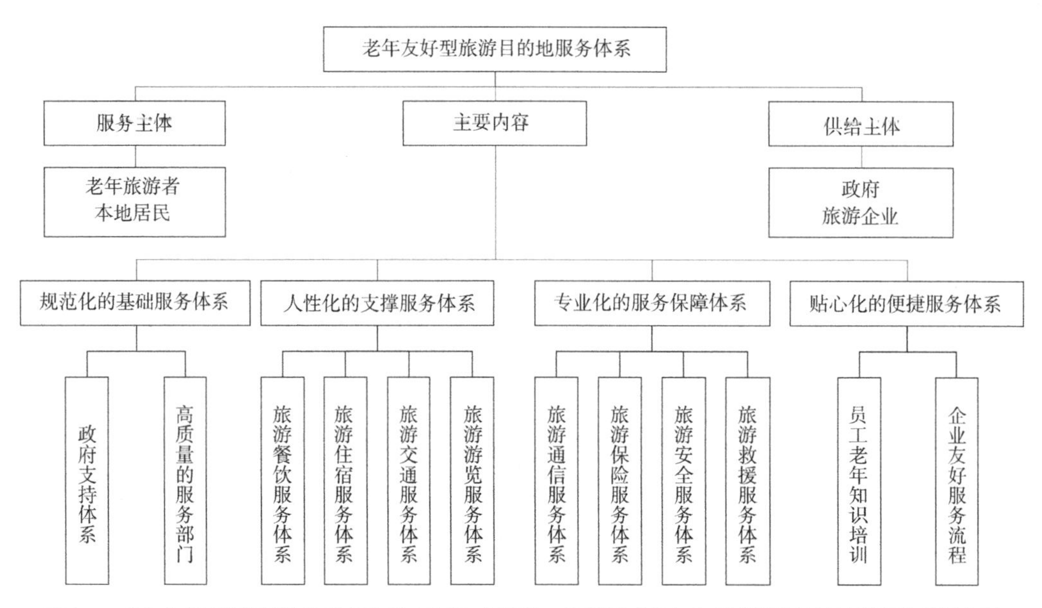

图 3-7　老年友好型旅游目的地服务体系（来源：姚延波，侯平平《老年友好型旅游目的地服务体系研究》）

综上所述，国内既有各类无障碍服务体系在分项的各个部分均有不同程度的研究，在有针对性研究的部分专项领域中，服务体系内容比较全面，但是多为理论概念研究，实践操作层研究相对欠缺。在未来城市专项无障碍服务领域发展中，不仅应该各学科交叉研究，更重要的是提升无障碍研究在各个专业领域的地位。

3.2.2　无障碍专项城市规划

我国近年来在无障碍城市规划领域出现了多个城市的无障碍环境建设专项城市规划实践成果，在无障碍城市设计领域出现了一些标准和导则成果。

我国在无障碍城市规划实践方面可以说走在世界领先水平，这得益于我国能够作出长期规划、能够集中力量办大事的体制。目前，在无障碍城市规划方面，取得了一批特色鲜明又有差异的探索性成果，如天津市、深圳市、张家口市的无障碍城市规划可视为重大成果。国内其他城市如威海市也在无障碍规划方面取得了一定成绩。

我国的“城市规划”已经全面转向“国土空间规划体系”。国土空间规划体系具有“五级三类四体系”的特点。依规划层级分为“五级”，国家、省、市、县和乡镇级；依规划内容分为“三类”，总体规划、详细规划和相关专项规划；依规划管理运行体系，分为编制审批、实施监督、法规政策、技术标准四个子体系。而“无障碍专项城市规划”（或无障碍环境建设专项规划）就是属于“三类”中的专项规划。

“天津市无障碍环境建设专项规划”是国内首个在城乡规划全面转向国土空间规划体制下开始编制的无障碍专项城市规划探索。规划范围为天津市行政辖区，规划理念构思为：基于“需求”的“精准施策”。将残疾人划分为两类：帮扶对象包括老龄、困难、重度残疾；赋能对象包括残疾儿童少年，适龄就业段残疾人等。并进一步将设施分为残障专属类和残健共享类进行配建，开展“残障友好”的公共服务设施体系规划和“天津特色”无障碍城市空间布局规划。天津市无障碍环境建设专项规划的目标定为：贯彻十九大精神：坚持以人民为中心的发展思想，建设全民友好、幸福包容之城。

威海市打造全国首个无障碍健康宜居城市（2017），通过八大行动，构建无障碍系统：通过健康医疗无障碍、健康养老无障碍、健康旅游无障碍、健身休闲运动无障碍、智慧健康信息无障碍、健康文化无障碍、健康出行无障碍、健康居住无障碍打造无障碍环境。将分步计划，稳步落实无障碍设施：第一步夯实硬件基础，全面敷设无障碍设施；第二步系统性提升，加强无障碍服务，打造无障碍环境。第三步扩大建设范围，加强宣传教育，构建无障碍社会。在保障机制方面，资金保障，加速无障碍建设进程；政府 + 科研机构 + 社会资本战略合作，保障无障碍建设推进；政府搭建平台，将威海打造成全国首屈一指的无障碍城市。

北京市也开展了无障碍行动。自开始筹备 2008 年奥运会以来，7 年内北京市投入十多亿元人民币，实施了 14000 多项无障碍改造，无障碍设施建设总量相当于过去 20 年的总和。北京在城市道路、交通工具、建筑物等领域已基本实施无障碍建设，同时加强无障碍立法、标准建立以及科研与教育。

在城市设计领域，中国残联也推动研编了一系列无障碍城市设计导则，包括《北京市无障碍系统化设计导则》《衢州市城市环境无障碍设计导则》《哈尔滨市无障碍系统化专项规划设计导则》等。此外一些无障碍城市设计项目也如火如荼展开，如《崇礼区无障碍环境专项规划及修建性改造设计（2018—2035）》在 2021 年承办冬奥会之前顺利完成。

2018 年北京市规划和国土资源管理委员会发布了《北京市无障碍系统化设计导则》。该导则是为推进北京城市总体规划的实施，促进北京市无障碍环境建设向更高标准迈进，更好地为冬奥会和冬残奥会服务，建设国际一流的和谐宜居之都。《导则》在梳理现行有关无障碍设施设计标准及其执行情况的基础上，针对城市公共空间、各类建筑场地以及两者之间的无障碍设施的系统性和连续性，提出了相应的设计要求和技术指引，以满足不同的使用需求。

2021 年《衢州市城市环境无障碍设计导则》发布，该导则首先提出五大目标：构建安全便捷的出行环境，实现道路交通设施有效服务各类人群；构建包容共享的活动场所，实现公共空间和场地的人性化建设；构建宜居宜业的生活环境，实现优良的生活品质和便利的就业条件；构建精细有序的治理模式，实现设施全生命周期的良好运维和高满意度的公共服务；构建智慧创新的服务体系，实现服务无死角覆盖和技术创新发展。[127] 其次，对衢州的发展基础进行梳理，提出应以理念普及化、设计系统化、建设规范化、管理制度化的标准在城市街道、公共交通、社区环境、公服场所、美丽乡村、信息交流六部分全方位提升无障碍环境。并对无障碍专项规划分类、分期、分级建设规划及指标体系、衢州市无障碍城市设计要素进行详细界定。另外，在信息引导方面，结合人工智能技术，依托智慧城市平台（CIM 平台），通过对不同行业、年龄、行为人群的人口挖掘、需求分析、位置评估等，叠加无障碍空间与设施的布局、性态等分析数据，开展从宏观到微观的人、地、物研究，绘制精准的需求图谱、提升各类无障碍硬件设施全生命周期的服务能力，构建“统筹管理信息化、设计建造一体化、设施器具智能化、运维服务精细化”的无障碍环境，实现无障碍服务全场所、全人群、全时段的覆盖。最后制定了方案，从法律规范、认证评估、维护监管三个角度对实施机制进行阐述。另外在规划的最后，对推广无障碍文化、推进无障碍教育工作进行了详述，并对无障碍软件服务体系进行总结梳理。

无障碍城市规划在国内学术研究领域还处于缺失状态，仅在无障碍城市设计领域取得了一定成果，但多还是适老化城市设计方向的。

2011 中国城市规划年会中汇报的《国内外无障碍设施规划建设情况的比较及启示》指出，北京奥运会、上海世博会、广州亚运会以及深圳大运会等重大赛事和活动对促进城市无障碍环境建设卓有成效，但是这种依托于大型国际活动的运动式的规划建设方式，已经不能满足广大残疾人、老年人等群体对美好生活的向往，因此，无障碍城市规划建设亟待形成完善具备可实施性、适合日常规划管理需求的工作机制。[128] 国家自然科学基金项目“城市住房建设的空间绩效理论与规划对策研究”针对我国老龄化社会的重大转型带来的难题，在借鉴、分析各种养老模式的基础上全面考虑我国老龄社会城市空间面临各方面的矛盾,根据空间“硬环境”与“软环境”两方面的创新需求，探讨城市规划中的空间对策，最终提出了构建城市新型交通体系与用地布局、建设适宜的养老居住模式、转变养老观念与创新养老政策机制等策略。[129]《武汉市老龄社会规划对策及建设指引》研究课题提出了我国适老型城市整体环境的建设目标，并针对现状问题从多方面提出相应的规划应对措施，通过构筑老年生活评估体系，引导大都市老龄社会建设的持续更新与发展（表 3-5），适老城市环境规划应当在完善社会保障制度、提升尊老爱老社会氛围的同时，加强城市生态环境、交通系统、设施体系的建设，软件硬件两手抓、多条路径共同推进。[130]

市（区）级老年服务设施配置指标表　　表 3-5

功能类别	设施名称	服务对象	备注
道路交通设施	无障碍公共交通	老年群体及其他行动不便的群体	共用
	无障碍道路设施	老年群体及其他行动不便的群体	共用
养老设施	养老院	空巢老人及其他愿意入住的老人	专用
	护理院	有较好支付能力的老人	专用
	老年公寓	身体健康、愿意入住的老人	专用
	敬老院	三无老人、低收入老人、退伍老人	专用
	老年社会福利院	三无老人及有需要的老人	专用
	老年颐养中心	有较好支付能力的老人	专用
	综合服务中心	全体老人	专用
医疗服务	综合医院	全体老人	共用
	老年医院	全体老人	专用
	康复医院	失能老人及半失能老人	共用
	老年病及慢性病医院	全体老人	共用
	心理健康与咨询中心	需要心理疏导的老人	共用
就业服务	就业服务中心	有再就业意愿的老人	共用
	再就业培训中心	需要再就业培训的老人	共用
文化教育	老年大学	全体老人	专用
	图书馆	全体老人	共用
	文化馆	全体老人	共用
	展览馆	全体老人	共用
	博物馆	全体老人	共用
休闲娱乐	体育健身中心	全体老人	共用
	老年活动中心	全体老人	专用
	公园	全体老人	共用
	广场	全体老人	共用
	公共绿地	全体老人	共用

来源：丛喜静，王兴平《大都市适老型整体环境规划应对研究》

综上所述，我国关于无障碍专项城市规划的研究实践内容较少，亟需编制无障碍城市规划工作的标准、指南性文件，以及形成完善一套易于操作、适用于日常规划管理需要的工作机制。

3.3 重大标志性成果

3.3.1 无障碍服务体系

我国举办了残奥会、残运会等重大残疾人体育赛事，形成了重大赛事无障碍服务体系的成果。

1. 北京 2008 年夏季残奥会

北京第 13 届夏季残奥会于 2008 年 9 月 6 日—17 日举行，除马术比赛在中国香港举行，帆船比赛在青岛举行外，其余项目均在北京举行。赛会落实“人文奥运”理念，北京在城市道路、交通工具、建筑物等领域实施无障碍建设，同时加强无障碍立法、标准建立以及科研与教育。

在住宿服务方面，残奥村内，6500 名残奥运动员和随行官员被安排住在 1—3 层的无障碍房间内。并且每个单元内部，都设立了轮椅存放处，残奥村内还有轮椅假肢维修中心。

在居住社区服务方面，为使残疾人运动员在残奥会比赛期间生活更便利，残奥村洗衣店启动了无障碍服务，除了残奥村洗衣店无障碍设施投入使用外，洗衣店志愿者们还特意为残疾人运动员增加了常规洗衣服务以外的上门取送、改衣定制等各种人性化服务。

在交通出行服务方面，北京地铁公司为方便残疾人去往场馆观看比赛或开幕式，特别开通了预约服务电话，提供全程陪同或接力式服务。除了比赛场馆、奥运村等相关无障碍设施，还特地配备了 3000 多辆低地板无障碍公交车为残障人士服务；全市 123 个地铁站保证至少有一个出入口满足轮椅乘客、至少两个出入口满足视力残障乘客无障碍通行；在比赛场馆周边配有 70 辆无障碍出租车开展服务。[131]

2. 广州 2010 年亚洲残疾人运动会

广州 2010 年首届亚洲残疾人运动会于 12 月 12 日—19 日举办，是中国继北京残奥会后举办的又一国际残疾人体育盛会，有来自亚洲 41 个国家和地区的 2500 多名运动员 [132] 共聚一堂。此外，还有 2000 多名随队官员、1100 多名技术官员、2000 多名记者和媒体人员、30000 多名志愿者和 300 多名残奥大家庭贵宾 [133] 参与盛会。

在辅具维修服务方面，广州亚残运会由广东省假肢康复中心组织了由 80 名轮椅义肢维修技师、32 名广州市残联工作人员和 22 名志愿者组成共 134 人的亚残运会轮椅、义肢维修服务团队。[134] 在中国康复器具协会的大力支持下，以热情的服务和精湛的技艺出色地完成了运动员、随队官员和亚残运会大家庭成员的轮椅、义肢维修服务工作，为亚残运会的成功举办提供了强有力的后勤保障服务。

在培训服务方面，亚残运会组委会组建成立了亚残运会培训基地，负责开展亚残会培训工作，对组委会工作人员和志愿者开展无障碍服务培训课程，主要包括无障碍意识、扶残助残技能、医学分级等内容[135]，帮助他们认识残疾人的生理与心理特点、理解残疾人的行为方式，从而提供人性化的优质服务。

3. 北京 2022 年冬残奥会

北京 2022 冬残奥会于 3 月 4 日—13 日举行。根据《主办城市合同》的要求，为冬残奥会参与者所提供的服务应基于与冬奥会相同的原则，须按照 7 个项目和 850 名运动员的目标规模来规划筹办。考虑到不同类别参与者所需要的生活服务需求差异，冬残奥会参与者可以大致分为三大类：运动员、工作人员、公众。

北京 2022 冬残奥会构建了更为完整的无障碍服务体系，包括：

住宿服务：为运动员提供高标准的残奥村及其配套服务；为工作人员提供高标准的残奥村及其配套服务，并满足代表团的工作条件；在残奥村之外，提供可选择的国际单项体育联合会总部酒店；为残奥大家庭所有注册成员安排充足、妥善的酒店住宿及设施；为已注册媒体代表安排充足、妥善的酒店住宿或其他住宿，费用由媒体承担；确保向观众提供充足的酒店住宿设施，费用由观众自行承担。

居民服务：提供必要的洗染服务、理发及美容服务、洗浴与保健养生服务等。

餐饮服务：为运动员和代表团免费提供 7 × 24 高效、无障碍和卫生的餐饮服务。

交通服务：残奥会运动员及国家残奥委员会交通系统；技术官员、国际单项体育联合会交通服务；为残奥大家庭和国际政要配备车辆及司机，残奥会客户交通系统；媒体交通系统；其他工作人员相应服务对象的运输系统及公共交通系统；为公众提供公共交通系统。

城市出行服务：为各类参与者提供可靠的铁路、道路、航空、汽车租赁等城市出行服务。

抵达和离开服务（含入境服务）：根据优先顺序和服务水平原则提供便利服务，确定三级服务体系。确保用于奥运会的动物（如导盲犬）、设备（如比赛用火器）和用品（如医疗用品）以及其他物品能够进入主办国。

标识服务：在场馆内、公共区域和城市区域规划、设计、安装、维护、拆除和回收与奥运会有关的指路标志。

医疗服务：反兴奋剂、医疗保健。

认证服务：提供身份注册服务，确保所有注册人员能够凭借护照（或同等证件）和残奥会身份和注册卡（PIAC）自由进入主办国。

票务服务：提供公平公正的票务服务。

语言服务：提供全面的语言服务，包括笔译和专业口译。

服装服务：为残奥会期间的国际单项体育联合会官员、国家技术监督局和国际残奥委会官员提供与奥运会规模相似的 FOP 制服和相关配件。

维修服务：为所有注册运动员、国家残奥委会随队官员、国际单项体育联合会赛会官员及国际残奥委会确定的残奥会其他利益相关方提供一系列矫形、义肢和轮椅维修设施及服务。

气象服务：为各类冬残奥会参与者提供气象服务，保障冬残奥会正常运行。

媒体服务：为媒体提供相应服务，保障其工作顺利进行。

3.3.2 无障碍城市规划

在无障碍城市规划领域，我国多个城市开展了无障碍环境建设专项城市规划、城市无障碍发展规划、无障碍城市设计导则的实践探索，取得了不少实践成果，在世界范围也处于引领者与先行者行列。

1. 张家口市无障碍环境建设专项规划

“张家口无障碍环境建设专项规划”获得“全国优秀城市规划设计奖二等奖”。规划面积 120km^2，以“绿色办奥、共享办奥、开放办奥、廉洁办奥”为指导思想，坚持“世界眼光、国际标准、中国特色、高点定位”的总体要求建设张家口无障碍环境。规划定位为“宜居宜行的无障碍示范城”“全国无障碍城市更新样板间”“世界级无障碍旅游目的地”。规划特色包括：1）精准性——以需求为中心，利用大数据和公众参与方法,构建“全民友好”的无障碍空间体系。规划通过大数据和权重分析，对 14 万残疾人、涉奥设施、POI 大众集聚空间进行叠加，获取无障碍需求空间分布，在此基础上构建“分级、分区、分期”的无障碍空间体系，并确定指标，编制导则，将接驳率、坡化率、模块化率等指标纳入控规。2）落地性——兼顾赛时赛后，开展“奥运标准”的模块化城市更新改造。规划提出 5 大分类、20 项要素，17 个模块指导实施，重点解决无障碍规划建设中的系统问题，形成标准化、可复制、可推广的建设导则。3）智能化——结合虚拟现实，探索“科技助残”的无障碍信息系统建设，提高政府决策效率，利于快速实施推广。

2. 天津市无障碍环境建设专项规划

天津市无障碍建设起步早、处于国内领先地位，无障碍信息化首屈一指。在中国残联、天津市政府、天津市残联的大力推动下，“天津市无障碍环境建设专项规划”工作于 2019 年开始正式启动。该规划范围为天津市行政辖区，规划期限为 2020—2035 年。规划首先对天津无障碍城市空间进行系统规划，技术路线如图 3-8。规划基于大数据进行了现状研判及规划指引。截至 2016 年底，天津市共有各类残疾人 57 万，约占总人口比例的 4.6%；60 岁以上户籍人口达到 243.9 万人，占全市户籍总人口的比例为 23.35%，60 岁以上残疾人占市残疾人总数高达 48%。

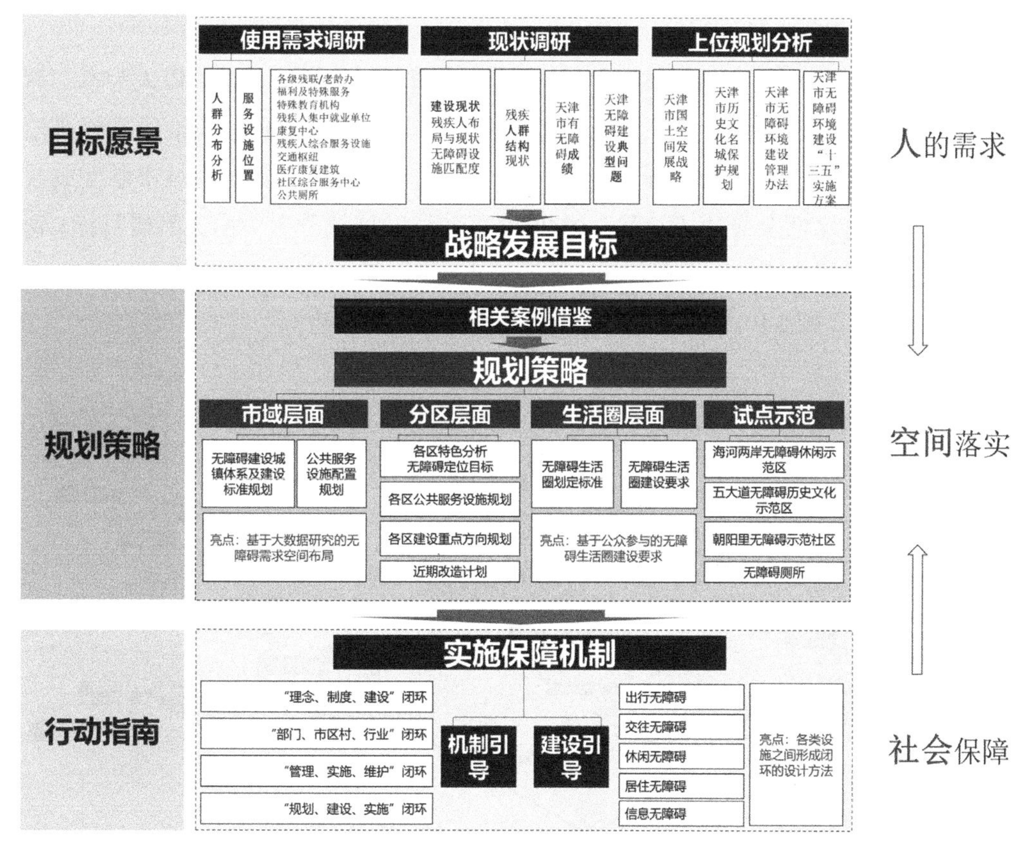

图 3-8　天津市无障碍环境专项规划技术路线（制图：权海源）

通过充分调研和资料收集，分析天津市无障碍规划的现存问题为：1）设施布局与使用需求错配：教育设施与残疾儿童分布错配、托养设施与老年残疾人分布错配、职住错配、无障碍设施与人群集聚错配。2）无障碍环境建设系统不足：以点状硬件无障碍设施为重点，缺乏城市建设层面的宏观统筹和计划，建设碎片化、建设不闭环，后期管理维护不足、信息化支撑不足。

针对以上问题，实施基于“需求”的“精准施策”，规划策略包括：1）“残障友好”公共服务设施体系规划。2）“天津特色”无障碍城市空间建设规划。3）“顶层架构”实施保障机制设计。2025 年规划目标是：完善公共服务设施体系和示范建设，残疾人等弱势居民群体生活水平和质量显著提升。2035 年规划目标是：全面改造和建成，形成空间建设、文化理念、制度机制三位一体的无障碍环境。目前，该规划已完成公开意见征求。

3. 深圳市无障碍城市总体规划（2020—2035 年）

深圳市无障碍城市总体规划首先对城市无障碍环境建设问题与发展基础进行了总结，指出了城市无障碍环境建设中理念、文化意识不强；无障碍设施建设和管理系统集成不够；城市信息无障碍服务和软件支撑落后；无障碍产业化程度不高；身心障碍者参与度和获得感相对不足等问题。

其次，对指导原则与发展目标进行了梳理与展望，指导原则方面除以人为本、深化改革、系统推进等基本原则外，还突出了公众参与、规划先行，政策保障等科学性原则。规划目标上，到2025年深圳创建宜居宜业宜游的国际无障碍城市制度成效初显；到2030年深圳全面达成《联合国2030可持续发展议程》中的无障碍目标；到2035年创建中国特色社会主义现代化无障碍城市范例，宜居宜业宜游的国际一流无障碍城市全面建成（图3-9）。[136]

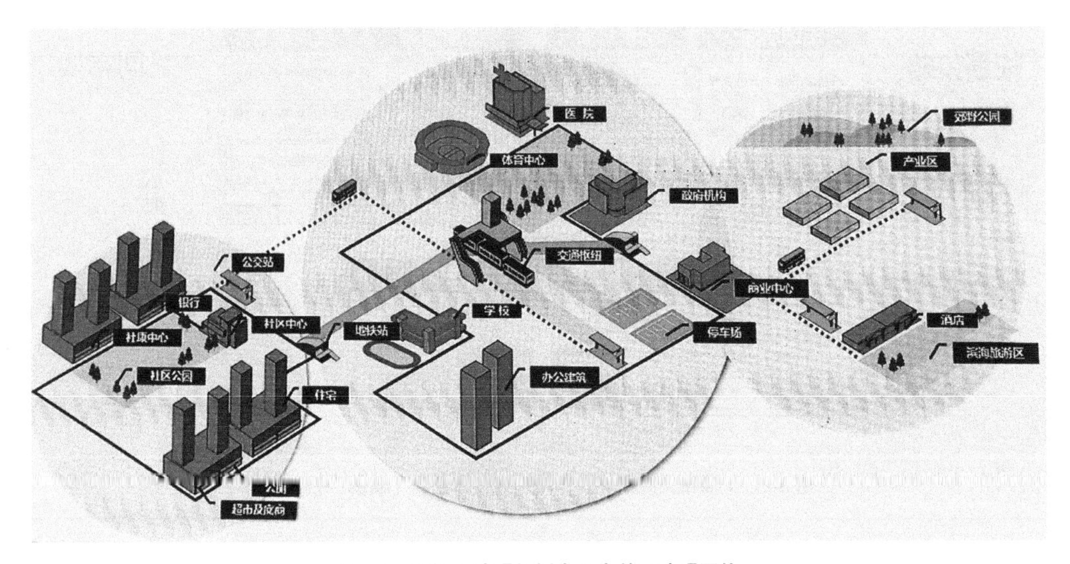

图3-9　深圳无障碍规划全民全龄无障碍网络

最后，从无障碍城市环境建设的主要任务与保障机制方面对规划进行了完善，在主要任务上主要突出无障碍文化、教育无障碍、标准法规、信息无障碍、建筑无障碍、交通无障碍和无障碍辅助器具产业发展等任务。对于改革开放特区的深圳，无障碍城市环境的建设任务可以看出，深圳市无障碍环境建设已经度过无障碍设施建设阶段。在保障机制上，深圳市无障碍环境建设规划主要强调需要深化治理体制改革、完善法律规范、统筹政策和标准体系以及协调和完善评估机制等方面，再次突出了深圳市无障碍环境建设中规划先行、政策制度保障的基本指导原则。

3.4　与世界先进水平的差距及存在的短板

3.4.1　无障碍服务体系

国内既有无障碍服务体系研究对其内涵外延分析论证为数不少，但由于我国残疾人口数目庞大，相关社会学调研数据支撑不够充分，更鲜见与冬残奥会等国际大型赛事活动这类国家重大需求密切相关的学术研究文献。

无障碍服务体系不完善，没有形成分层级、网络化的服务体系，尤其是面向残障人群的社区和基层公共服务供给不足。实践层面主要表现在服务供给总量不足；服务供给存在非均衡性，完全依靠政府和大型机构远远不能达成方便残障人群的效果；服务供给方式缺乏创新，服务供给主体单一化。

目前，信息化服务在学术研究和实践方面还没有找到特别适合残障人群的模式。信息时代服务方式由机械化向信息化、智能化更新，残障人士在使用信息技术产品和服务上比健全人有更大困难，我国的远程医疗康复技术也还相对落后，在此方向的研究实践发展还不够充分。

3.4.2　无障碍城市规划

我国无障碍城市规划的短板，主要体现在无障碍环境建设的实际效果上与发达国家有较大差距。

规划取向上：重建设、轻管理。由于我国无障碍环境建设起步较晚，所以先弥补无障碍设施的缺失是我们过去城市无障碍环境建设的重点。随着我国进入建设中国特色社会主义的新时期，无障碍环境建设也应当从解决“有没有”发展到重视“好不好”的阶段。未来的无障碍环境建设要提出更高的质量要求，并且对既有的无障碍设施进行升级改造、重视管理维护，使其发挥最大化的效用。

建设方式上：重局部、轻整体。我国过去的无障碍设计标准规范往往是针对特定的建筑类型，无障碍环境建设也是着重完成了一批重要工程项目，但是这些已建成的设施，却不能形成一个完整的链条和闭环，在无障碍城市规划和整体管理方面相对薄弱。随着我国社会的主要矛盾已经转变为人民日益增长的美好生活需要与不平衡不充分的发展之间的矛盾，未来需要解决的就是无障碍环境的系统性、整体性问题。

社会参与上：重政府、轻民间。我国的无障碍环境建设，目前还是着重由政府部门以及残联来推动的，其他残疾人团体组织、社会企业、残障人士个体还没有积极参与进来，尤其是没有充分发挥市场和社会慈善资本的作用。未来无障碍的城市规划一定是充分发挥公众参与和民间资金、社会力量的支持，以市场和慈善手段大力推动企事业单位融入无障碍事业，无障碍城市规划才能够得以充分发展。

3.5 未来发展方向

3.5.1 无障碍服务体系

3.5.1.1 无障碍服务体系研究

在无障碍服务体系方面，其本身的研究方向包括：

1）无障碍服务体系的内容与构建研究。无障碍服务体系是一个比较新的研究对象，其目的是为全社会有需要的群体提供各种便捷智慧的生活服务，涉及社会生活的方方面面，因此其内涵外延及其系统的构架需要深入持续地进行研究探索。

2）无障碍服务体系建设机制理论研究。无障碍服务体系的内容非常庞大，牵涉到全社会各个部门和所有公民，因此无障碍服务体系的建设与完善，既需要国家顶层的战略规划、高瞻远瞩的布局，也需要政府各个管理部门携手合作、建立联席机制，更需要相关民间团体、所有社会大众的积极参与，还需要最新的信息技术和管理平台的技术支撑。

3.5.1.2 无障碍服务体系分项

1. 居住社区

在居住社区无障碍服务体系方面，未来主要的发展趋势和方向包括：

1）残疾人的日常社区生活圈设计研究。有效整合住宅、道路、景观、服务设施等要素，为残疾人日常生活的身边环境提供完善的城市设计。应针对残障人群需求，继续完善提升我国居住区、社区和生活圈规划设计及评价的理论体系和标准体系。

2）新时期卫生防疫要求下，保障残障人群社区支持的环境规划技术和体制机制建设策略。在新冠肺炎防控常态化条件下，如何保障残疾人的生活质量不受影响，如何通过建筑环境设计手段和跨专业技术，结合社区管理组织、各方有效联动的方式改善提升残障人士生活质量。

3）完善面向残疾人需求的社区治理和社区服务体系研究。坚持以人为本，注重残疾人需求；街镇、社区居委会或村委会要打造专业化的残疾人社区公共服务队伍；构建社区与残疾人之间的“桥梁”，完善残疾人利益诉求表达渠道。

2. 残障群体服务设施规划

在残障群体服务设施服务体系方面，未来主要的发展趋势和方向是：

1）基于机器学习和图像识别技术的存量无障碍环境大数据分析决策工具。利用多种机器学习模型对现实环境的地图街景图像、实地调查拍摄照片数据中的无障碍建设现状条件进行训练，智能化地分析识别既有城市和乡村中的环境障碍，从而获取无障碍物理环境的盲点、痛点，也即其建设需求。

2）基于残疾人地理信息数据的服务设施精准适配规划设计技术和策略。主要以残疾人为服务对象的康复、托养、教育、就业等各类公共服务设施，通过统计局、残联官方统计或以大数据方式采集残疾人信息，基于残疾人口实际地理分布情况，按照省、市、区县、街道乡镇、社区（村）分级别进行精准适配规划。

3. 其他分项无障碍服务研究

其他无障碍服务，如住宿餐饮、文化体育、培训教育、赛事服务、民生政务，每一项本身也是一个复杂的体系，未来主要的发展趋势和方向是：

1）无障碍服务需求数据采集与综合分析技术。提升无障碍服务的质量，关键一点要厘清服务的需求。而目前的观察走访、问卷量表、监控录像、大数据收集、区块链和物联网等需求数据采集手段需要有机整合，因此，还应及早布局综合性的无障碍服务需求数据采集与分析综合技术或平台研究。

2）基于大数据需求导向的残疾人社区服务优化配置技术研究。无障碍服务向社区化、基层化发展，离不开对残疾人地理信息和健康信息的精确把握，需要采用适当的信息通信技术、提供适合的服务。

3）无障碍服务多学科整合、跨专业合作策略研究。每一个领域的无障碍服务都是一个综合的体系，随着社会分工愈加精细化，未来各分项无障碍服务，提出了各专业组织机构和人才有效配合的要求，需要最大化地发挥团队作用。应深化建筑环境、辅具、信息技术、服务机制等软硬件有效融合的技术策略。

3.5.2　无障碍城市规划

在无障碍城市规划方面，未来主要的发展趋势和方向是：

1）基于残疾人大数据和智慧城市的无障碍城市规划及示范。智慧城市利用各种信息技术，将城市的服务体系和各类设施联通集成，能够提升资源运行效率，优化城市管理，改善市民生活质量，是当前城市规划领域的热门研究方向之一。其中，集成无障碍服务、规划的综合平台管理系统，囊括残疾人和无障碍设施、无障碍服务等数据，以优化提升城市无障碍环境建设和无障碍服务水平，是无障碍城市规划最重要的研究方向。

2）国土空间规划体系下的城市无障碍规划体制机制研究。通过规范管理和倡导市民维护，共同构建无障碍环境；从城市各个方面入手，注重相互之间的衔接，形成无障碍体系；规范化具体的无障碍设施法定国土空间点位和建设要求，提高可实施性，有序推进构建无障碍公共服务设施系统、以模块化改造注重实施落地。

参考文献

[1] 何侃，胡仲明 .ICF 理念下我国残疾人服务体系建设的趋向分析 [J]. 残疾人研究，2011（04）：35-40.

[2] 于莲 . 以可行能力视角看待障碍：对现有残障模式的反思与探索 [J]. 社会，2018，38（04）：160-179.

[3] （英）迈克尔·奥利弗（英），鲍勃·萨佩 . 残疾人社会工作 [M]. 北京：中国人民大学出版社，2009.

[4] Barbara Darimont. Social Security for Disabled Persons in Germany[J].Social Security Studies，2009.

[5] 李莉，邓猛 . 近现代西方残疾人社会福利保障的价值理念及实践启示 [J]. 中国特殊教育，2007（06）：3-9.

[6] ARC. Accessible Design，Global Media Policy and Human Rights[EB/OL]. [2021-07-11]. purl.org 网站 .

[7] United Nations. World Programme of Action Concerning Disabled Persons[EB/OL]. [2021-09-20]. 联合国网站 .

[8] United Nations. Convention on the Rights of Persons with Disabilities（CRPD）[EB/OL]. [2021-09-20]. 联合国网站 .

[9] 联合国 . 可持续发展目标 [EB/OL]. [2021-09-20]. 联合国网站 .

[10] Medicaid.gov. Home & Community-based Services 1915（c）[EB/OL]. [2022-03-20]. medicaid.gov 网站 .

[11] Governor's Committee on Disability Issues and Employment. Accessible Communities [EB/OL]. [2021-08-25]. accessiblecommunities.wa.gov 网站 .

[12] NARIC. Empowerment for People with Disabilities：A Study of Civic Participation in Community Life [EB/OL]. [2021-10-05].naric.com 网站 .

[13] NARIC. Rehabilitation Research and Training Center on Disability in Rural Communities [EB/OL]. [2021-08-25]. naric.com 网站 .

[14] NARIC. Temple University Rehabilitation Research and Training Center on Community Living and Participation of Individuals with Psychiatric Disabilities [EB/OL]. [2021-08-25]. naric.com 网站 .

[15] NARIC. Rehabilitation Research and Training Center on Promoting Interventions for Community Living [EB/OL]. [2021-08-25]. naric.com 网站 .

[16] NARIC. Rehabilitation Research and Training Center（RRTC）on Community Living and Participation [EB/OL]. [2021-08-25]. naric.com 网站 .

[17] NARIC. LiveWell RERC—Rehabilitation Engineering Research Center for Community Living，Health，and Function [EB/OL]. [2021-08-25]. naric.com 网站 .

[18] NARIC. LiveWell RERC—Rehabilitation Engineering Research Center for Community Living，Health，and Function [EB/OL]. [2021-08-25]. naric.com 网站 .

[19] NARIC. National Center for Parents with Disabilities and Their Families [EB/OL]. [2021-08-25]. naric.com 网站 .

[20]　National Science Foundation. Doctoral Dissertation Research：The Social Production of Space for Individuals with Disabilities Who Are Residing in Communities[EB/OL]. [2021-09-28]. 美国国家科学基金网 .

[21]　Engineering and Physical Sciences Research Council. Street Mobility and Accessibility：Developing Tools for Overcoming Older People's Barriers to Walking [EB/OL]. [2021-09-28]. gtr.rcuk.ac.uk 网站 .

[22]　伊丽莎白・伯顿 . 包容性的城市设计 [M]. 北京：中国建筑工业出版社，2009.

[23]　张露璐 . 基于扬・盖尔交往与空间理论的居住区交往空间设计研究 [D]. 吉林农业大学，2019.

[24]　邱卓英 .《国际功能、残疾和健康分类》研究总论 [J]. 中国康复理论与实践，2003（01）: 7-10.

[25]　R Page，Silburn. British Social Welfare in the Twentieth Century[M]. Macmillan International Higher Education，1999.

[26]　唐斌尧，丛晓峰 . 国内社区康复事业发展的现状、问题及其对策研究 [J]. 德州学院学报（哲学社会科学版），2003（1）: 16-20，24.

[27]　中央政府门户网站 . 什么是社区康复？ [EB/OL]. [2021-10-05]. 中央政府网站 .

[28]　WHO. Community-based Rehabilitation：CBR Guidelines[EB/OL]. [2021-10-05]. 世界卫生组织网站 .

[29]　NARIC. Functional Outcome Analysis in Community-based Rehabilitation Programs for Individuals with Physical Disabilities [EB/OL]. [2021-10-05]. naric.com 网站 .

[30]　Rubin S E，Chan F，Thomas D. Assessing Changes in Life Skills and Quality of Life Resulting from Rehabilitation Services[J]. Joumal of Rehabilitation，2003，69：4-9.

[31]　Wade D T. Community Rehabilitation，or Rehabilitation in the Community[J]. Disabilrehabil，2003，25（15）: 875-881.

[32]　Wood A J，Schuurs S B，Amsters D I. Evaluating New Roles for the Support Workforce in Community Rehabilitation Set-tings in Queensland[J]. Australian Health Review，2011，35（1）: 86—91.

[33]　NARIC. Rehabilitation Engineering Research Center on Telerehabilitation [EB/OL]. [2021-08-25]. naric.com 网站 .

[34]　NARIC. Interactive Exercise Technologies and Exercise Physiology for People with Disabilities [EB/OL]. [2021-08-25]. naric.com 网站 .

[35]　Bauer U E，Briss P A，Goodman R A，et al. Prevention of Chronic Disease in the 21st Century：Elimination of the Leading Preventable Causes of Premature Death and Disability in the USA[J]. The Lancet，2014，384（9937）: 45-52.

[36]　NARIC. Improving the Health Care Encounter for Persons Who Have Developmental Disabilities [EB/OL]. [2021-08-25]. naric.com 网站 .

[37]　Dimensions. Understanding the Rehabilitation Needs of Persons with Disabilities：Community-based Participatory Research to Improve Services in Lusaka，Zambia[EB/OL]. [2021-10-12]. app.dimensions.ai 网站 .

[38]　Grangaard S. Towards Universal Design Hotels in Denmark[M]. Universal Design 2016：Learning from the Past，Designing for the Future. IOS Press，2016：260-262.

[39]　Tutuncu O. Investigating the Accessibility Factors Affecting Hotel Satisfaction of People with Physical

Disabilities[J]. International Journal of Hospitality Management，2017，65：29-36.

[40] Kim W G，Lim H，Brymer R A. The Effectiveness of Managing Social Media on Hotel Performance[J]. International Journal of Hospitality Management，2015，44：165-171.

[41] Navarro S，Garzon D，Roig-Tierno N. Co-creation in Hotel-disable Customer Interactions[J]. Journal of Business Research，2015，68（7）：1630-1634.

[42] Williams R，Rattray R，Grimes A. Meeting the On-line Needs of Disabled Tourists：An Assessment of UK-based Hotel Websites[J]. International Journal of Tourism Research，2006，8（1）：59-73.

[43] Darcy S. Developing Sustainable Approaches to Accessible Accommodation Information Provision：A Foundation for Strategic Knowledge Management[J]. Tourism Recreation Research，2011，36（2）：141-157.

[44] 石颖 . 美国科技报告制度的经验和启示 [J]. 科技管理研究，2014（10）：34-37.

[45] 李传颖 . 英国图书馆特殊群体服务及其对我国的启示 [J]. 情报理论与实践，2016，39（10）：140-144+139.

[46] NLS Collection Building Policy（revised 12/31/2009）. [EB/OL]. [2021-08-25]. loc.gov 网站 .

[47] 张熹 . 中美图书馆信息无障碍服务的研究 [J]. 图书馆，2014（3）：91-94.

[48] Bureau of Olympic and Paralympic Games Tokyo 2020 Preparation. Tokyo 2020 Accessibility Guidelines[EB/OL]. [2021-08-25].2020 东京奥运会官网 .

[49] Simon Darcy et al. Managing the Paralympics[M]. Palgrave Macmillan UK，2017.

[50] Enock K E，Jacobs J. The Olympic and Paralympic Games 2012：Literature Review of the Logistical Planning and Operational Challenges for Public Health[J]. Public Health，2008，122（11）：1229-1238.

[51] Misener L，Darcy S，Legg D，et al. Beyond Olympic Legacy：Understanding Paralympic Legacy through a Thematic Analysis[J]. Journal of Sport Management，2013，27（4）：329-341.

[52] Fernandez-Diaz E. Portuguese and Spanish DMOs' Accessibility Apps and Websites[J]. Journal of Theoretical and Applied Electronic Commerce Research，2021，16（4）：874-889.

[53] cordis. One-stop-shop for Accessible Tourism in Europe [EB/OL]. [2021-08-25]. cordis.europa.eu 网站 .

[54] Die Bunderegierung. [EB/OL]. [2021-08-25]. 德国联邦经济事务和气候行动部网站 .

[55] NARIC. National Center on Accessible Information Technology in Education[EB/OL]. [2021-08-25]. naric.com 网站 .

[56] トヨタ財団 . アジア障害者自立生活支援ネットワークの構築 [EB/OL]. [2021-10-12]. 丰田基金会网站 .

[57] トヨタ財団 . 体験を通して学ぶ地域のつながり——児童にひろめる心のバリアフリー [EB/OL]. [2021-10-12]. 丰田基金会网站 .

[58] National Science Foundation. National Standards-based Science Materials for Parents of Students with Disabilities[EB/OL]. [2021-11-01]. 美国国家科学基金网 .

[59] De Macedo C M S，Ulbricht V R. Accessibility Guidelines for the Development of Learning Objects[J]. Procedia Computer Science，2012，14：155-162.

[60] National Science Foundation. Accessible Design Curriculum and Educational Materials [EB/OL].

[2021-11-01]. 美国国家科学基金网 .

[61] National Science Foundation. Developing Experiential Laboratories for Computing Accessibility Education [EB/OL]. [2021-11-01]. 美国国家科学基金网 .

[62] NARIC. Community Planning and Education to Further Implementation of the Americans with Disabilities Act [EB/OL]. [2021-08-25]. naric.com 网站 .

[63] NARIC. Advanced Training in Translational and Engaged-scholarship to Improve Community Living and Participation of People with Disabilities [EB/OL]. [2021-08-25]. naric.com 网站 .

[64] トヨタ财团 .「アジアの障がい児の社会的自立支援」に向けた日中二国間での運動による障がい児の社会的自立支援プログラムの構築 [EB/OL]. [2021-10-12]. 丰田基金会网站 .

[65] トヨタ财团 . 障害者の就労機会の創出による社会参加の促進　—アジアの障害当事者による就労支援と生計創出の先駆的な実践と経験の交流 [EB/OL]. [2021-10-12]. 丰田基金会网站 .

[66] 贾巍杨，王小荣 . 中美日无障碍设计法规发展比较研究 [J]. 现代城市研究，2014，29（4）: 116-120.

[67] European Commission. Access City Award[EB/OL]. [2021-12-12]. 欧盟委员会网站 .

[68] 人民网 . 冬季残奥会综述：细微之处尽显人文关怀 [EB/OL]. [2021-12-12]. 人民网 .

[69] CORDIS. Perception–action Based Design for Urban Accessibility：Principles for Inclusive Design Grounded in an Understanding of First-person Control of Locomotion in the Urban Setting[EB/OL]. [2021-12-12]. cordis.europa.eu 网站 .

[70] 知领 . Process Model for Open and Accessible Sustainable Cities[EB/OL]. [2021-12-12]. 知领网站 .

[71] 中华人民共和国国务院新闻办公室 . 平等、参与、共享：新中国残疾人权益保障 70 年 [EB/OL]. [2021-8-25]. 新华网 .

[72] 佚名 . 国务院办公厅转发中国残联等部门和单位关于加快推进残疾人社会保障体系和服务体系建设指导意见的通知国办发 [2010]19 号 [J]. 中国残疾人，2010（4）: 10-13.

[73] 李友民 . 我国残疾人服务体系的问题与对策 [J]. 成都行政学院学报，2010（1）: 77-81.

[74] 籍凤英，蒋柠，郭婷 . 我国残疾人基本公共服务标准体系研究 [J]. 残疾人研究，2017（3）:3-12.

[75] 凌亢主编 . 无障碍环境蓝皮书：中国无障碍环境发展报告（2021）[M]. 北京：社会科学文献出版社，2021.

[76] 何侃，胡仲明 .ICF 理念下我国残疾人服务体系建设的趋向分析 [J]. 残疾人研究，2011（4）: 35-40.

[77] 徐宏 . 老龄化背景下我国残疾人养老服务社会支持体系研究 [M]. 经济科学出版社：北京市养老状况分析系列丛书，201801.608.

[78] 肖雪 . 公共供求理论视角下的残疾人基本公共服务体系建设——以 H 省为例 [J]. 社会建设研究，2019（1）: 109-121.

[79] 薛峰 . 广义无障碍环境建设导论 [J]. 城市住宅，2018，25(11）:10-15. [7] 凌苏扬，薛峰 . 未来・畅行城市・广义无障碍 [J]. 建设科技，2019，(13）: 49-53.

[80] 周林刚 . 残疾人社会保障体系与公共服务体系建设研究 [J]. 中国人口科学，2011（2）: 93-101，112.

[81] 周林刚．残疾人政治参与及制约因素分析——基于深圳、南昌和兰州的问卷调查 [J]. 政治学研究，2013（5）：103-113.

[82] 张金峰．中国老年残疾人社会保障供需研究 [D]. 北京：中国人民大学，2009.

[83] 赵梅菊，邓猛，雷江华．综合干预对提高自闭症儿童社会适应能力的研究 [J]. 郑州师范教育，2012，1（5）：17-22.

[84] 中央政府门户网站．两部门明确“阳光家园计划”资助范围、标准和条件 [EB/OL]. [2021-12-12]. 中央政府网站．

[85] 蒋源．后疫情时代健康社区的规划和治理 [J]. 建筑与文化，2022（3）：152-153.

[86] 国务院办公厅．国务院办公厅转发卫生部等部门关于进一步加强残疾人康复工作意见的通知 [EB/OL]. [2021-12-12]. 中央政府网站．

[87] 邱卓英，李欣，李沁燚，等．中国残疾人康复需求与发展研究 [J]. 中国康复理论与实践，2017，23（8）：869-874.

[88] 鲁心灵，李欣，邱卓英，等．视力残疾人康复需求和康复服务发展状况 Logistic 回归分析研究 [J]. 中国康复理论与实践，2020，26（5）：513-517.

[89] 程子玮，陈佳妮，邱卓英，等．听力残疾人康复需求与康复服务发展状况 Logistic 回归分析研究 [J]. 中国康复理论与实践，2020，26（5）：518-522.

[90] 陈迪，邱卓英，王国祥，等．极重度听力残疾人康复需求与康复服务发展状况结构方程模型 [J]. 中国康复理论与实践，2020，26（5）：528-533.

[91] 田红梅，邱卓英，李欣，等．肢体残疾人康复需求与康复服务发展状况 Logistic 回归分析研究 [J]. 中国康复理论与实践，2020，26（5）：508-512.

[92] 李安巧，申兆慧，邱卓英，等．智力残疾人康复需求与康复服务发展状况 Logistic 回归分析研究 [J]. 中国康复理论与实践，2020，26（5）：523-527.

[93] 陈佳妮，李安巧，李伦，等．极重度和重度成年智力残疾人护理需求与护理服务结构方程模型 [J]. 中国康复理论与实践，2020，26（5）：534-538.

[94] 鲁心灵，李欣，邱卓英，等．精神残疾人康复需求与康复服务发展状况研究 [J]. 中国康复理论与实践，2018，24（11）：1252-1256.

[95] 盛威威，李欣，邱卓英，等．残疾儿童康复需求与康复服务发展研究 [J]. 中国康复理论与实践，2020，26（5）：502-507.

[96] 汪永涛．残疾青少年的康复发展状况研究 [J]. 中国青年研究，2015（4）：5-9，17.

[97] 刘冯铂，吴铭，邱卓英，等．成年残疾人康复需求与康复服务发展研究 [J]. 中国康复理论与实践，2020，26（5）：497-501.

[98] 仇雨临，梁金刚．我国老年残疾人口生活护理及康复体系构建研究 [J]. 西北大学学报（哲学社会科学版），2011，41（6）：21-26.

[99] 国家发展改革委．关于印发《国家基本公共服务标准（2021 年版）》的通知 [EB/OL]. [2021-08-25]. 发改委网站．

[100] 傅青兰，方玉飞，俞德鹏，余俊武．残疾人社区康复管理的问题与对策研究 [J]. 中国康复医学杂志，2014，29（6）：563-567.

[101]　徐阳 . 彭州市构建残疾人精准康复服务体系的案例研究 [D]. 电子科技大学，2020.

[102]　卫健委网站 . 中共中央、国务院关于卫生改革与发展的决定 [EB/OL]. [2021-10-22]. 卫健委网站 .

[103]　严妮 . 我国农村残疾人医疗服务现状、问题及对策研究——由东北三省实地调研引发的思考 [J]. 武汉理工大学学报（社会科学版），2015，28（5）：909-914.

[104]　邢睿博 . 包头市残疾人社区康复服务体系建设研究 [J]. 社会与公益，2020，11（10）：30-31+42.

[105]　曲绍旭 . 资源协同视角下精神残疾人社区康复服务优化研究 [J]. 黑河学刊，2021（2）：112-116.

[106]　屠其雷，刘锡华，张华义，等 . 日本老龄残疾人康复服务发展及对我国的启示 [J]. 残疾人研究，2016（4）：71-74.

[107]　朱勇 . 智能养老 [M]. 北京：社会科学文献出版社，2014：100.

[108]　郭源生，王树强，吕晶 . 智慧医疗在养老产业中的创新应用 [M]. 北京：电子工业出版社：2016.

[109]　董理权，李晞，徐进，等 ."互联网 +"智能化辅助器具评估与适配服务体系构建研究 [J]. 中国康复理论与实践，2019，25（6）：724-728.

[110]　杨琼静，张延 . 酒店无障碍硬软件服务与管理的可视化综述研究 [J]. 旅游研究，2020，12（5）：84-98.

[111]　张向东 . 世界名城视野下杭州饭店业无障碍环境建设提升策略研究 [J]. 荆楚理工学院学报，2018，33（5）：5-9.

[112]　张熹 . 中美图书馆信息无障碍服务的研究 [J]. 图书馆，2014（3）：91-94.

[113]　袁丽华 . 东部地区地市级公共图书馆无障碍阅读服务研究 [J]. 新世纪图书馆，2021（3）：91-96.

[114]　马英 . 公共图书馆特殊儿童阅读服务研究 [J]. 图书馆学刊，2020，42（9）：30-34.

[115]　余娟 . 融合教育视角下残疾人公共文化服务体系建设——评《中国残疾人文化权利保障研究》[J]. 热带作物学报，2021，42（4）：1253-1254.

[116]　李波，朱琳琳，杨晨，等 . 全纳教育理念下高校适应性体育教学形式及教学策略研究 [J]. 南京体育学院学报，2020，19（6）：21-30，35，2.

[117]　陈曙星 . 民生视域下残疾人体育健身服务体系的构建与完善 [J]. 当代体育科技，2015，5（28）：22-23.

[118]　朱海霞 . 苏州市社区残疾人健身站点公共服务体系的研究 [J]. 大众标准化，2020（22）：103-104.

[119]　人民网 .《北京 2022 年冬奥会和冬残奥会遗产报告集（2022）》发布 [EB/OL]. [2021-10-22]. 人民网 .

[120]　杨国斌，包权 . 残疾学习者远程学习支持服务体系探析——以国家开放大学残疾人教育内蒙古学院为例 [J]. 中国远程教育，2017（8）：72-78，80.

[121]　许正刚 . 远程高等教育残疾学习者学习支持服务体系的构建——以国家开放大学残疾人教育内蒙古学院为例 [J]. 内蒙古电大学刊，2019（3）：14-18.

[122]　朱莉，笪薇，张廷亮 . 转化学习视角下开放教育成年残障学员学习支持服务策略探析 [J]. 高教论坛，2021（2）：69-73.

[123]　姚登峰，滕祥东，鲁彦娟，等 . 无障碍理念下聋人高等教育课程建设的研究 [J]. 绥化学院学报，2014，34（10）：27-31.

[124] 何海燕，鲁彦娟，郭楠 . 基于通用理念的导视设计研究 [J]. 科技视界，2015（34）：44-45.

[125] 姚延波，侯平平 . 老年友好型旅游目的地服务体系研究 [J]. 北华大学学报（社会科学版），2019，20（3）：104-109.

[126] 潘洋刘，曾进，文野，等 . 森林康养基地建设适宜性评价指标体系研究 [J]. 林业资源管理，2017（5）：101-107.

[127] 中建设计集团 . 衢州市城市环境无障碍设计导则 [Z]. 中建设计集团，2021.

[128] 樊行 . 国内外无障碍设施规划建设情况的比较及启示 [A]. 中国城市规划学会、南京市政府 . 转型与重构——2011 中国城市规划年会论文集 [C]. 中国城市规划学会、南京市政府：中国城市规划学会，2011：11.

[129] 李峰清，黄璜 . 我国迈向老龄社会的两次结构变化及城市规划对策的若干探讨 [J]. 现代城市研究，2010，25（7）：85-92.

[130] 丛喜静，王兴平 . 大都市适老型整体环境规划应对研究——以武汉市为例 [J]. 现代城市研究，2012，27（8）：5-12.

[131] 中广网 . 北京残奥会无障碍服务精细得让人"惊诧"[EB/OL]. [2021-10-22]. 中广网 .

[132] 中央政府门户网站 . 李克强宣布广州 2010 年亚洲残疾人运动会开幕 [EB/OL]. [2021-10-22]. 中央政府网站 .

[133] 中国新闻网 . 广州亚残运会火种在北京中华世纪坛点燃 [EB/OL]. [2021-10-22]. 中国新闻网 .

[134] 广东省假肢康复中心 .2010 年广州亚残运会轮椅、义肢维修服务团队 [EB/OL]. [2021-10-22]. 广东省假肢康复中心网站 .

[135] 新浪网 . 亚残运会 18 个培训基地挂牌 [EB/OL]. [2021-10-22]. 新浪网 .

[136] 深圳新闻网 . 无障碍建筑不达标将一票否决，深圳发布无障碍城市战略 [EB/OL]. [2021-10-22]. 深圳新闻网 .

第 4 章
交通出行无障碍

4.1 国际科技发展状况和趋势

交通出行无障碍是无障碍科学研究的重要内容，国际交通出行无障碍正在交通综合解决方案、交通服务、交通设施、交通装备等各个领域，深化人性化服务与设计研究，并不断开拓新的方向。

4.1.1 交通无障碍综合解决方案

发达国家大多较早出台了交通无障碍法规标准。日本早在2000年就颁布了《交通无障碍法》，提出了轨道交通、公交车、出租车、道路的无障碍设计要求。2005年，日本政府将《爱心建筑法》和《交通无障碍法》进行合并，修订为《关于促进高龄者、残疾者等的移动无障碍化的法律》(简称《无障碍新法》)，提出了对停车场、福利出租车的无障碍要求。[1]美国残疾人法案（ADA）及其标准作出了很多交通无障碍的详细规定，并提出了服务区域、服务时间、票价、响应时间、旅行目的等辅助客运服务最低要求。[2]美国原建筑和交通无障碍委员会（现无障碍委员会）2010年发布了ADA《运输车辆无障碍指南》，提议修订并更新其关于公共汽车、城市公交车以及面包车的无障碍指南，以确保公共运输车辆对残疾人适用且便于独立搭乘。[3]

国际上对交通无障碍领域的研究都非常重视，欧盟和美国大多形成了一揽子的交通无障碍综合解决方案，包括交通无障碍的评估、设计、信息化、交通系统接驳技术以及案例示范、面向残奥会的无障碍交通服务体系等，本领域的很多研究与城市规划学科密切相关，并已经融入越来越多的信息技术。欧盟委员会和美国都资助了很多交通无障碍研究项目。

交通规划本身就是城市规划的重要内容之一。欧盟委员会2005年发起了一项“公共交通通用无障碍系统设计”协调行动，目的是促进和支持综合利益相关者群体（最终用户、设计者、制造商、运营商、政府）之间公共交通无障碍系统通用设计领域的研究和创新活动的联网和协调，以实现欧盟公共交通的质量和平等。[4]美国交通部的《基础设施和无障碍设施的关系》(2013—2015）通过案例研究分析来探索、确定美国交通部门采用的成功战略，以解决阻碍残疾人使用交通设施的基础设施障碍。[5]

在交通无障碍评估方面，欧盟委员会资助的“欧洲交通可达性描述方法”(2008—2010）建立了一种通用的方法来评估、描述和衡量交通可达性。[6]

在交通无障碍信息化研究领域，尤为重要的是提供信息化的综合解决方案。例如欧盟委员会资助的“满足弱势群体需求的交通创新”项目（2020—2023）就是一个数字化交通解决方案。该项目将由一个欧洲用户、交通组织、辅助技术专家和市政当局组成的联盟在七个试点城市实施：里斯本、萨格勒布、博洛尼亚、卡利亚里、布鲁塞尔、索非亚和斯德哥尔摩。项目评估现有的无障碍交通服务，阐述相关的数字和辅助技术，设计一个衡量移动性的指数，并提供示范案例研究，最终表明残疾用户参与设计的方案提供了包容性的城市交通。[7]

很多交通无障碍信息化研究兼顾多学科技术和信息技术的综合应用，在此方向形成了众多集成项目。美国 NIDILRR 资助的“国家无障碍公共交通中心”项目（2003—2008）是为解决公共交通无障碍需求，重点是航空、铁路和巴士的城际旅行，涉及两个研究领域，即密闭空间内轮椅通行生物力学以及用户对现有无障碍措施的看法。综合调查群体包括残疾旅客、非残疾旅客以及工作人员，研究成果重点关注四个主题：登机技术、实时旅客信息通信系统、无障碍厕所、乘客辅助训练工具和技术。[8] NIDILRR 资助的“无障碍与交通康复工程研究中心”（RERC on Physical Access and Transportation，2013—2018）旨在研究和开发新的工具、学术成果、指导方针和产品，以推进交通领域和“最后一英里”问题。该研究含三个项目：了解实时出行信息和社区对话，增强出行便利性；通过对大型交通工具的坡道和内部设计深入研究，拓展上下车方式和产品设计依据；研究准公交的使用和“最后一英里”的可用性。这三个项目利用现有技术实现软件系统，帮助乘客实现多模式出行。另外与公共汽车制造商、服务提供商和运输机构合作，制定标准和法规、设计参考和汽车内饰概念，为商业化作好准备。[9]

在交通无障碍示范方面，欧盟委员会资助的“为欧洲优先地区提供更便捷包容的交通解决方案”项目（2017—2020）主要目的是了解、评估欧洲优先区域交通解决方案的可达性和包容性，确定差距和未满足的需求，提出和试验一系列创新和可推广的解决方案，包括信息通信元素。涉及背景环境各不相同的比利时、德国、匈牙利、意大利、西班牙和英国，通过大量案例研究产生了提供菜单式选项的无障碍交通方案。[11]

在奥运会和残奥会无障碍交通出行服务体系方面，里克特（Richter）等人提出了整合智能交通系统（ITS）的策略，并以伦敦奥运会为实例[12]；金（Kim Y.J.）等使用虚拟仿真方法研究了平昌冬奥和残奥会的交通状况，为制定有效运输计划提供了依据。[13] 许多国家都成功举办了奥运会和残奥会，其赛事期间的交通出行组织规划方法、具体的设施规范和应急手段等颇具价值（表 4-1）。

残奥会相关文件对于交通无障碍的指南　　表 4-1

地区	时间	指南	无障碍规划设计相关内容
索契	2014	《Accessibility Guide》	分别说明了面向游客和赛事相关人员的无障碍交通网络链条的构成及标准
	2014	《Barrier-free Emvironment at the Sochi 2014 Oplympic and Paralypoic Games》	具体阐释了索契境内的交通枢纽与主要场馆、景点等区域的无障碍环境细节，和其之间的无障碍交通方式
	2014	《Sochi 2014 Paralymic Winter Games Transportation Kit for NPCs》	详细说明了赛区及周边交通与出行的组织规划方式
里约	2016	《Rio 2016 Accessibility Technical Guidelines》	详细说明无障碍交通组织体系的构成及相应标准与规范
	2016	《Accessibility Rio》	详细解说里约各区域在衣食住行方面的无障碍设施现状，及使用方式
平昌	2018	《Pyeongchang 2018 Paralympic Family Guide》	详细说明赛事相关的残障人士在平昌地区的无障碍交通出行方式规划
	2018	《Spectator Transport Guide》	说明了平昌针对赛事整体的交通及观赛方式和路线的规划与运用
东京	2020	《Tokyo 2020 Accessibility Guidelines》	详细说明了整体无障碍交通组织构成方式及其所涉及的无障碍设施的细节规范和标准
	2020	《Traffic Measures》	针对观众和赛事人员分别说明了赛事期间的具体交通规划方式及交通规划策略

来源：作者整理。

在交通出行无障碍领域，没有使用英文文献计量分析呈现热点研究主题，原因是交通工程领域重要的研究热点术语“可达性”与“无障碍”英文是同一个词“accessibility”，然而其含义并不相同。

4.1.2　交通设施

交通设施无障碍设计主要涵盖两个领域，即交通场站设施和道路设施。交通场站设施包括机场、高铁站、汽车站、地铁站、公交站等，道路设施包括道路系统和交叉口、公路服务区、停车区和其他道路设施等。

交通场站设施无障碍与建筑学科密不可分，当前发达国家的相关研究也大量综合采用了各种新技术。欧盟委员会资助的“未来安全无障碍的火车站”项目（Future Secure and Accessible Rail Stations，2017—2019），旨在开发解决方案，以改善车站内和站台的交通。项目以客户满意度及安保及安全为中心，优化车站客流算法，以满足安全、行李处理和无障碍等运营设计要求，考虑的关键设计因素是安保、安全、行李处理、票务、无障碍设计、信息、标识以及气候学。该项目联盟将包括学术机构、铁路运营商、基础设施经理、工程中小企业、建筑公司和乘客。[14] 国际铁路联盟颁布实施的《UIC 140-200：Accessibility to Stations in Europe》[15] 对铁路车站的无障碍设计作了较为详细的规定。

道路设施的无障碍设计研究也是重要的领域，无障碍的慢行系统或步行道路系统，以及交叉路口的无障碍设计对残障人群的安全尤为关键。欧盟委员会资助的“可持续、无障碍、安全韧性的智慧城市道路”项目（2018—2022）为城市提供创新解决方案，打造未来的城市道路环境并培养人才，涉及智能化、可回收材料等很多领域，其中重要的一项就是为弱势用户（如老年人和残疾人）提供无障碍和安全性。[10] 美国国家眼科研究院资助的“复杂交叉口盲道”（2000—2007）利用多学科团队的优势（合作伙伴来自西密歇根大学、北卡罗来纳大学公路安全研究中心、范德比尔特大学、波士顿学院和马里兰盲人学校），研究了视障群体在复杂交叉路口的感知和认知要求，设计和测试了工程解决方案。[17] 交通部资助的“盲人和视障行人无障碍交通信号”（Accessible Traffic Signals for Blind and Visually Impaired Pedestrians，2009—2010）力图整合全球定位系统（GPS）、文本到语音（TTS）和手机技术来研究和开发无障碍行人信号系统 [18]；在此基础上还开展了“第二代无障碍步行系统”研发。

无障碍的交通信号设施面向视障、听障群体传达交通安全信息，当前的研究趋势是利用红外技术、网络技术、物联网技术等各种智能信息技术提升信息传递有效性。美国交通部资助“远程红外音响标识”项目（2006—2011）研发的 RIAS 是一个红外发射和接收器系统，旨在帮助视觉和认知障碍者导航。RIAS 系统安装在特定地点的特定环境中，例如机场中转站、公交车站、渡轮站和铁路站台、信息亭、售票机、街道交叉口的行人信号以及公交和火车等车辆。[19]“基于网络的无障碍行人信号的闭环运行”（2009—2011）是为解决交叉路口残疾行人的安全和无障碍问题，该研究采用智能信号技术将交叉口转变为能够进行高级检测和通信网络控制中心来帮助所有用户。“第二代无障碍步行系统”（2012—2014）旨在以清晰和易于理解的方式为行人提供方向并警告潜在危险，适合身体和认知能力有障碍的行人使用。[20] 研发的行人按钮不再是向交通管制员指示有人要过马路的简单机械开关，而是语言和振动触觉的交通信号，还可以帮助交通技术人员使用高级定制操作（图 4-1）。[21]

盲道也是重要的道路无障碍设施，是视障人士安全出行的关键性依靠手段，它是由日本工程师三宅精一（Seiichi Miyake，1926—1982）在 1965 年发明的。三宅精一为一位视力障碍的友人发明了盲道砖，使用凸起的圆点表示接近危险，凸起的长条起到指向作用，并于 1967 年 3 月 18 日首次将其铺设在日本冈山盲人学校周边的街道。此后很快被推广到日本各地，并在日本火车站得到了强制使用。美国和加拿大等国家也在 20 世纪 90 年代开始效法日本。盲道砖的材质主要有水泥混凝土、瓷砖、塑胶橡胶、金属类 4 种。日本要求 2000m^2 以上建筑设置盲道。[22] 盲道比较重要的设计指标是盲道砖的凸起尺寸。从国外标准看，美国《残疾人法案无障碍标准》[23]、日本 JIS T9251《盲人用立体地面指示器凸出部分的尺寸和形态》规定的盲道凸起均为 5mm。[24] ISO 无障碍标准（《Building Construction—Accessibility and Usability of the Built Environment》）

要求盲道凸起的尺寸为4—5mm。[25]英国盲道凸起规定曾由6mm减到5mm，是由于引起行人不适。[26]

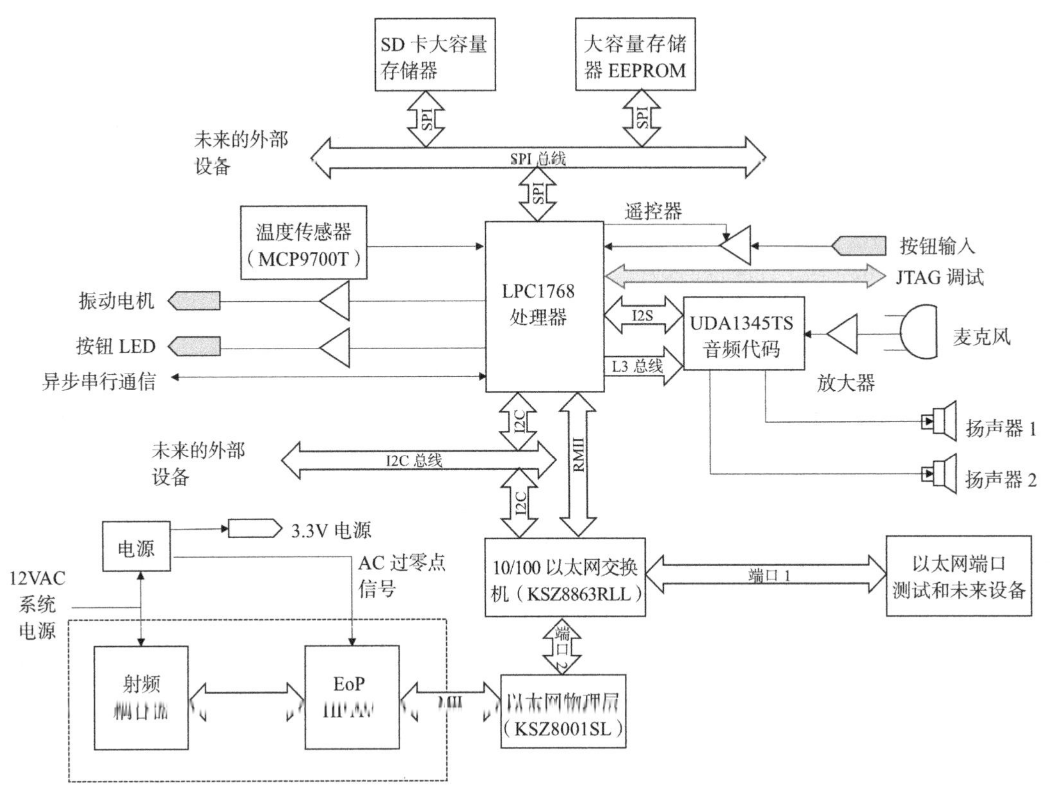

图4-1 第二代无障碍步行系统行人按钮模块示意图

（来源：徐培涛根据《Second Generation Accessible Pedestrian Systems》制图）

4.1.3 交通装备

交通装备无障碍研究有两个研发方向，包括研发新的无障碍出行交通工具，以及提升、改装现有交通工具包容性的技术。

4.1.3.1 无障碍出行交通工具

在轨道交通车辆无障碍设计领域，欧洲已建成相对系统化的标准体系。国际铁路联盟颁布实施的《2008/164/EC Concerning the Technical Specification of Interoperability Relation to "Persons with Reduced Mobility" in the Trans-European Conventional and High-speed Rail System》《UIC 565-3-2003：Indications for the Layout of Coaches Suitable for Conveying Disabled Passengers in Their Wheelchairs》和《European Union Rail System TSI "Persons with Reduced Mobility"（version 2.0）》（缩写为TSIPRM），对铁路客车的无障碍设计有较为详细的规定。[27]

欧洲在铁路客车无障碍设计研究领域产出颇丰，不少列车型号都配置了无障碍包间，如可搭载 2 位残疾旅客的意大利 UIC-XB 型铁路客车和法国 B7 Dux 型铁路客车，在车厢端部设置有 1—2 个轮椅席位的法国 VTU 型、荷兰 ICR 型、瑞士 EUIV 型、原西德 Bpm Z291.5/6 型、奥地利 Abp36-35 型铁路客车。[28] 轨道交通工具无障碍专家伦奇（Rentzsch M.）教授对车辆无障碍通过性能进行了测试研究。[29] 他设计了一个由 67 人参与测试的实验，对铁路客车的无障碍通行情况及关键参数深入分析，提出了铁路客车无障碍通行门、紧急呼叫设备和信息显示系统的优化建议，建议前述 TSIPRM 标准应对车辆的导板、台阶、扶手、无障碍卫生间等要素优化提升。[30]

在航空装备领域，轮椅登机是重要问题。轮椅应通过廊桥无障碍进入，远机位登机时，要借助具备升降平台的登机车。民用航空器机舱内的通道一般较窄，所以轮椅的无障碍通行通常要换为窄型轮椅（图 4-2）。一般只有大型宽体客机才能够提供无障碍卫生间，如波音 787 型飞机、欧洲 EasyJet 公司客机所设计的无障碍卫生间，都是通过两个小型卫生间组合，形成轮椅能够通行回转的较大无障碍空间（图 4-3、图 4-4）。

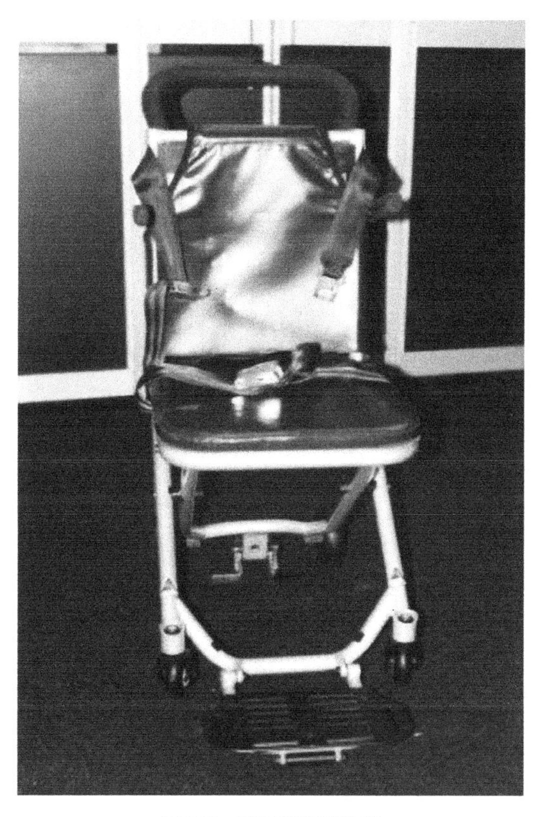

图 4-2　航空用窄型轮椅

（来源：wheelchairtravel.org）

图 4-3 波音 787 飞机的无障碍卫生间
（来源：wheelchairtravel.org）

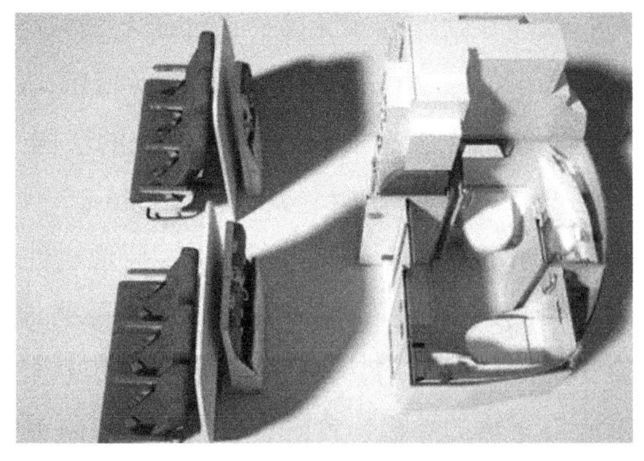

图 4-4 EasyJet 公司无障碍卫生间方案
（来源：中国民用航空网）

国际标准化组织 ISO 有少量关于船舶交通工具无障碍设计的标准，例如《船舶技术·外开单扇无障碍通道》（ISO 3796—2000）。

新研发的个人无障碍出行交通工具以电动车辆为代表，致力于提高肢体残障人士的通过性，但与普通轮椅有所不同，更侧重于中长距离出行。英国伦敦大学学院的“智能城市无障碍车辆系统”（Personal Intelligent City Accessible Vehicle System，2009—2012）项目提出了一种新的出行无障碍概念，涉及一种新的个人智能城市无障碍车辆（PICAV，图 4-5）和一个集成了 PICAV 车队的交通系统。设计的驱动力包括人体工程学、舒适性、稳定性、辅助驾驶、生态可持续性、停车和移动灵活性以及智能网络。电动汽车将呈现新的车架结构、座椅组件、高效电源模块。交通系统基于汽车共享概念，可以提供即时访问、开放式预订、单程旅行等服务；每个单元可联网通信，可与城市基础设施、周边地区的公共交通和紧急服务相结合，可实现高水平的联运集成。[31] 英国 Off-road Engineering 公司研制了“HexHog”全地形电动轮椅车，能够越过台阶、草地、沟壑甚至浅水（图 4-6）。

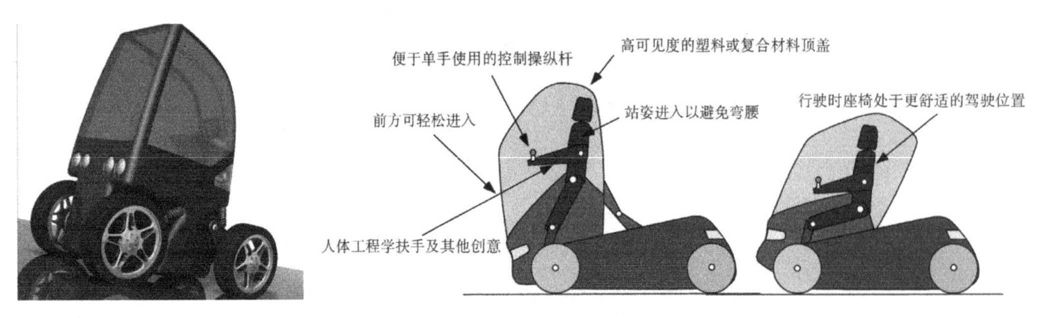

图 4-5 个人智能无障碍车辆（来源：欧盟委员会网站）

图 4-6 “HexHog”全地形电动轮椅车（来源：extrememotus 网站）

4.1.3.2 提升、改装现有交通工具包容性

残障人士远距离出行更常见的是搭乘普通交通工具，包括轨道交通、公交车、飞机，因此提升这些交通工具对于残障人士上下和乘坐的安全性、便利性就成为主要研究方向。

在轨道交通领域，欧盟资助的“全容公共交通”项目（Public Transportation — Accessibility for All，2009—2012）开发一种基于车辆的登车辅助系统原型，该系统可以安装到新的轨道车辆中或改装到现有的轨道车辆中，以提高所有人的可达性（图 4-7）。该系统可用于许多不同类型的车辆和基础设施，并且不仅仅是一个设备，而是包括很多有效辅助登上铁路车辆的要素。该项目还包括一个传播计划。[32]

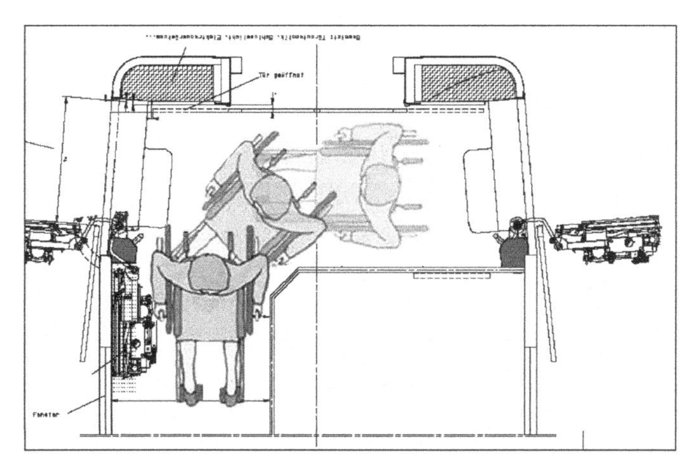

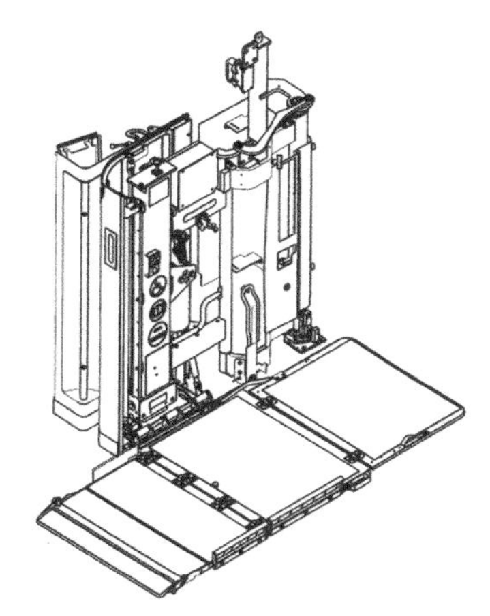

图 4-7 登车辅助系统原型（来源：CORDIS 网站）

在轮椅乘车安全方向，美国 NIDILRR 资助的“大型无障碍交通车辆前向轮椅乘客安全装置可行性评价”（2012）以及后向轮椅乘客安全装置研究项目，通过调查分析进

行改进，创建和展示新型轮椅乘客安全装置（图 4-8），提高了乘坐固定路线交通的轮椅和踏板车乘客的安全性和独立性，并通过改善车辆安全系统的无障碍性能来提高残障人士生活质量和社区参与。与现有轮椅固定约束系统相比，其主要优势在于：1）为乘坐固定路线交通的轮椅和踏板车用户提供更高独立性；2）无需公交运营商的参与；3）最大限度地减少轮椅和踏板车倾倒；4）最大限度减少乘客在公共汽车旅行期间从轮椅和踏板车上跌落的风险。[33]“优化无障碍公共交通实地研究”项目（Field Initiated Research Project on Optimizing Accessible Public Transportation，2017—2020）专注于无障碍公共交通的一个关键组成部分——轮椅安全系统。该项目评估了两种创新轮椅固定系统在实际服务中的优势和局限性：三点完全集成的前向系统和全自动后向固定系统。这两种系统之前都已在实验室环境中进行过评估，并证明比传统的四点系紧固定方法具有显著优势。[34]

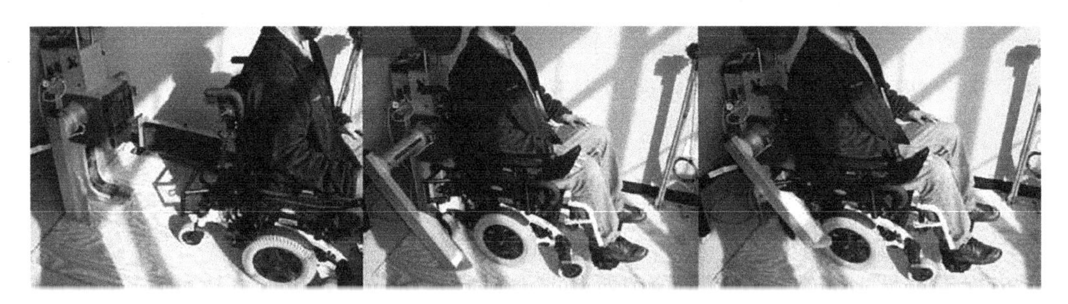

图 4-8　公交车轮椅乘客安全约束装置（来源：Linda van Roosmalen，Erik Porach《The Effect of City Bus Maneuvers on Wheelchair Movement》）

4.1.4　交通出行服务

当代交通无障碍服务体系整合了很多要素，从应用对象角度，可适用于普通用户，或者管理机构人员和行业需求方；从交通服务内容角度看，除了无障碍设施和器具信息，还包括交通信息、导航系统，以及预约、购票、检票、等候等人工服务环节。

面向普通用户的服务研究在当下多采用无障碍信息通信技术、导航技术等提升用户体验，包括提供出行信息、优化出行方案。欧盟 BMT 集团的“残疾人动员和无障碍规划”（2004—2008）以残疾人的无障碍出行需求为重点，开发了一个包含多模式路线规划器和残疾人友好的移动用户界面的系统，来为有无障碍需求的用户提供计划从任意地点到其他地点、在任意时间、使用任意交通工具（公共交通、私人车辆、轮椅或步行）的服务。[35]德国联邦经济事务和能源部资助了“为行动不便人士提供无障碍公共交通信息”项目（BAIM，2005），收集并分析站点、车辆和基础设施的无障碍属性数据，辅以时间表和建筑数据，并提供给用户。用户通过网站创建和保存他们的个人“移动配置文件”后，时间表会考虑延长换乘时间或通行障碍，从而实现无障碍路线，还可以通过语音对话系统进行查询。[36] 美国国家科学基金委（NSF）资助的"SCC 规划：迈向智能和无障碍交通枢纽"项目（2017），利用交通枢纽的现有网络基础设施设计了一个以人为本的服务系统，称为智能和无障碍交通枢纽（SAT-Hub），用户在一个应用程序的协助下，能够在复杂的建筑物和城市空间中导航，视障人士使用公共交通服务更加方便和高效，并为日常生活和社区参与开辟新的可能性。实现这一设计需要克服重大障碍。它将扩展个人的流动性，提供更大的行动自由。[37] 日本学术振兴会通过"在地铁站提供位置信息和无障碍信息的信息环境"（2008—2010）构建信息环境，将车站平面图等图像信息发送到移动信息终端，提高了残疾人的便利性。[38]

发达国家也在面向残障人群的交通无障碍服务实践方面作出了很好的引领示范。例如，加拿大政府制定的完善交通运输体系举措，特别强调消除特殊人群可能会遭遇的肢体、视觉、听觉、认知和社交障碍，提升残障人士出行的安全性和便利性：一方面，市政公交运营企业通过简化购票和检票流程，尽可能减少残障人士在出行换乘时潜在的各种障碍，让他们获得更加便捷流畅的旅途体验；另一方面，加拿大的无障碍标准明确规定机场、车站等应提供专用助行器，如适用于航站楼、车站和交通工具内的轮椅、电瓶车、手杖和助行器，有利于残障人士在不同交通工具间的接驳。[39] 又如日本政府，非常重视城市公交设施的通用设计，随处可见体现无障碍理念的城市出行设施。日本的无障碍设计领域在"无障碍新法"设身处地为残障人士着想的理念影响下，出现了以用户体验为主的设计思想，项目的设计、研发、施工全生命周期都很重视公众参与，会邀请老年人、残疾人等与设计师一同商议方案构思和实施，以保证设计方案能够方便全社会成员使用。

面向管理机构人员和行业的无障碍交通服务，主要方向是提供评估和决策工具，以及科研信息和数据库，以便未来持续提升交通无障碍的管理和研究水平。美国交通部资助的《基础设施和无障碍设施之间的关系》项目（2013—2015）通过案例研究分析，确定和探讨了美国过境机构为解决阻碍残疾人进入过境设施的基础设施障碍而采用的成功战略。成果是一份详细的报告，是向过境机构提供指导和建议，设法解决特定交通弱势群体（即残疾人）过境受到限制的问题。[40] 同是美国交通部的"使用地理空间和交通冲突数据估计行人流量"（2019—2021）目标是估算模型，提供一种决策依据。项目预测各种道路交叉口位置的行人数量，作为观察到的车辆—行人交通冲突的函数，同时还要考虑地理空间和道路设计因素。[41] 捷克交通部资助的"正确设计和实施公共交通链无障碍环境的系统资源、措施和机制"项目（2005），重点是在软件工具中应用关于行动不便等残障人员流动的现有知识资源，以支持相关人员在公共交通运输链下游系统创造无障碍环境过程中决策。[42]

4.1.5 导盲犬

导盲犬是服务犬的一种，其历史可以追溯到19世纪初，它可以带领盲人出行、传递物品、避免危险。虽然目前已有导盲机器人的研究方向，但是导盲犬与人的情感交流是机器人无法替代的。目前研究方向主要有两方面：一是导盲犬的繁育培养，二是导盲犬与人的关系。国际上以日本的导盲犬研究项目和成果最为丰富。

导盲犬的选种繁育与其基因和母体行为因素有关。东京大学的“犬性情的行动遗传学研究”系列项目（2005—2008，2009—2013）[43][44]分别以柴犬、猎犬物种为重点，分析了性情与日本导盲犬和澳大利亚侦查犬的行为实验结果之间的关系。结果表明，与导盲犬候选个体能力相关的性情都与单核苷酸多态性有相关性趋势。其“早期预测导盲犬能力的行为遗传学研究”（2008—2009）研究了影响导盲犬资质的气质特征，并寻找了“分心”和“温顺”气质相关基因。[45]自治医科大学的“母体因素对幼犬应激反应发育机制的阐明”（2014—2017）调查了母体因素对犬生长后应激反应和行为特征的影响[46]，结果发现，母犬的母性行为通过发育期的应激反应影响幼犬长大后对新环境的适应能力，也与训练能力、成长后的优越感等气质有关。

通过对导盲犬与人的互动关系的研究，也可以提升其繁育技术。东京农工大学“导盲犬功能改良繁育技术”（2008—2009）进行了三种调查，包括向犬用户询问导盲犬的用途和需求，没有使用导盲犬的视障人士对导盲犬的认知和态度，以及导盲犬用户群体的活动和情况，讨论了理想的导盲犬计划。[47]帝京科学大学“遛导盲犬的心理益处和动物辅助教育项目研发”（2011—2012）主要目的是阐明遛导盲犬者体验的心理益处，次要目的是开发动物辅助教育计划。在这项研究中，访谈了日本导盲犬协会的周末遛狗者，并分析了志愿者经历的心理益处，并与导盲犬协会专家组研讨了换犬（包括退休导盲犬）辅助教育计划的可能性。[48]“导盲犬在盲人独立生活和社会参与中的作用及导盲犬普及与训练研究”（2013—2015）指出，导盲犬的功能和作用对于盲人的独立生活和社会参与极为重要，目前训练导盲犬的议程是获得资金，中央和地方都应该尽一切努力，加大对导盲犬协会的支持力度。[49]

除日本外，其他国家也有关于导盲犬的部分研究。英国研究创新基金资助的一项“非视觉领域：导盲犬和人的关系”项目（2018—2021）正在研究探索人类与导盲犬的空间和情感关系，以及它在日常生活中的表现。[50]南非“导盲犬饲养与心理健康”（2006）使用心理量表调查分析了拥有导盲犬的盲人与其他盲人的幸福感是否存在差异，并以定性方式探讨了预期和拥有导盲犬的生活体验。[51]

4.2　我国交通无障碍科技创新的进展

为方便老年人、残疾人等残障人士使用公共交通方式出行，我国初步形成了交通基础设施的无障碍标准体系，但在交通无障碍综合解决方案领域尚无突出成果。

4.2.1　交通无障碍综合解决方案

近年来，我国国务院和交通部等部门发布了一系列交通无障碍规划文件，为交通无障碍的进步发展奠定了有利基础。

2013 年，《交通运输部关于贯彻落实〈国务院关于城市优先发展公共交通的指导意见〉的实施意见》要求积极推广应用无障碍化城市公共交通车辆，完善无障碍设施，方便残疾人乘用；对执行老年人、残疾人等优惠乘车的城市公共交通企业，建议城市公共财政给予足额补偿。[52]

2018 年，交通运输部等七部门印发《关于进一步加强和改善老年人残疾人出行服务的实施意见》，明确了到 2020 年和 2035 年交通运输无障碍环境建设的发展目标和重点任务，要求"将无障碍交通基础设施改造纳入无障碍环境建设发展规划，不断完善无障碍交通基础设施布局"。[53]

2019 年，中共中央国务院印发《交通强国建设纲要》，明确"到 2035 年，无障碍出行服务体系基本完善"[54]，并提出完善无障碍基础设施的相关重点任务。

2020 年 12 月国务院发布《中国交通的可持续发展》白皮书指出，我国不断满足不同群体的交通需求，提供无障碍交通服务，建设发展"覆盖全面、无缝衔接、安全舒适"的人性化交通出行环境。[55]

2021 年 2 月，中共中央、国务院印发《国家综合立体交通网规划纲要》，在第 5 节"推进综合交通高质量发展"中指出要"推进绿色发展和人文建设"，加强无障碍设施建设，完善无障碍装备设备，提高特殊人群出行便利程度和服务水平；健全老年人交通运输服务体系，满足老龄化社会交通需求；创新服务模式，提升运输服务人性化、精细化水平。[56]

交通无障碍需要构建无障碍的出行网络，形成无障碍出行链条的闭环，因此系统性、综合性的研究必不可少。然而，我国在无障碍交通规划和无障碍交通综合解决方案领域的研究还比较缺失。目前能查询到的如国家自然科学基金项目"城市公共交通优先发展的制度设计"（2012）成果基于无障碍城市理念视角探讨了深圳市公共交通无障碍规划体系，涵盖了常规公共交通系统、轨道交通及枢纽、公交无障碍导盲系统、无障碍出租车系统、慢行环境及公交无障碍标识等内容。[57]

此外，在应用信息技术的交通无障碍系统研究方向，我国的科研成果也还比较有限，尤其是在工程技术领域鲜有大型科研项目支撑，已有的成果大多还集中于人文社科领域的研究。城市无障碍便捷生活服务体系正在与智能技术和系统相结合，ITS智能交通系统等智能系统可以为残疾人出行提供更高效便捷的服务，对于城市的公共设施、路况、无障碍设备等进行统计，更精准高效地服务残疾人，可以在无障碍服务体系中带来人性化和智能化的便利。

利用知网对国内学术文献的研究主题分析，可以发现，目前国内学术研究在交通无障碍领域居前的热点主题是“无障碍”“设计研究”等无障碍设计本身的关键词，交通领域直接相关的主要包括“城市道路”“城市道路设计”“无障碍设施”，反而不及“公共空间”“建筑设计”这样建筑领域的关键词出现频次高（图4-9）。

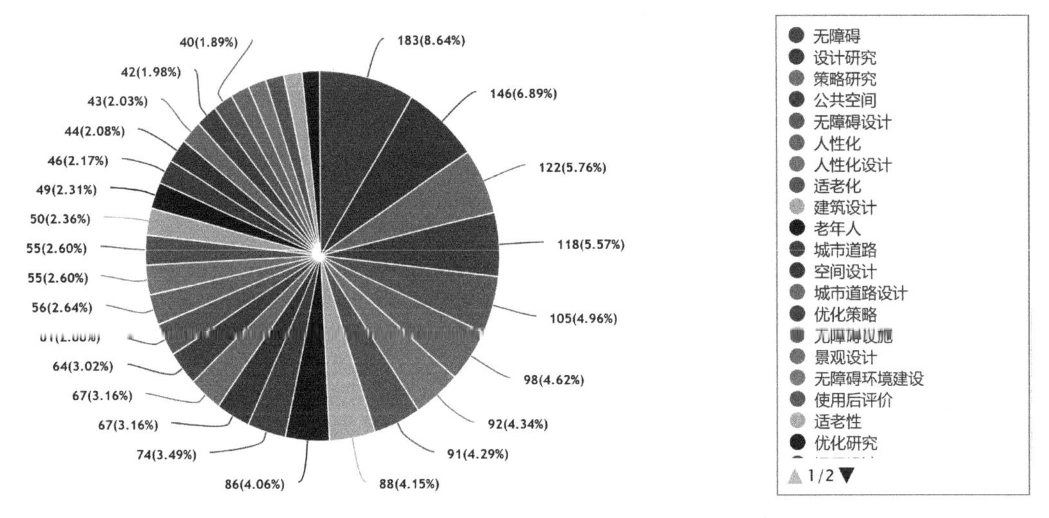

图4-9 “交通无障碍”国内文献研究主题分布（制图：贾巍杨）

4.2.2 交通设施

为方便残障人群使用公共交通方式出行，我国初步形成了各类交通基础设施的无障碍设计标准体系，包括：机场、高铁站、汽车站、地铁站、公交站、公路服务区及停车区等（表4-2）。

涉及无障碍设计内容的交通设施设计标准　　表4-2

序号	标准名称	标准编号	相关内容
1	《城市公用交通设施无障碍设计指南》	GB/T 33660—2017	规定了交通标志、交通信号灯、人行道、人行天桥、停车场等交通设施的无障碍设计要求
2	《民用机场旅客航站区无障碍设施设备配置技术标准》	Mh/T 5047—2020	提出了民用机场旅客航站区的停车场、室外通路、航站楼、站坪等区域的无障碍设施设备配置要求

续表

序号	标准名称	标准编号	相关内容
3	《人文机场建设指南》	MH/T 5048—2020	规定了人文机场的建设目标和任务、建设要点、实施步骤
4	《铁路旅客车站设计规范》	TB 10100—2018	较前一版规范增加了“无障碍设施”章节
5	《汽车客运站级别划分和建设要求》	JT/T 200—2020	三级以上汽车客运站应为老、弱、病、残、孕等人群配置重点旅客候车室、无障碍通道及残疾人服务设施
6	《高速公路交通工程及沿线设施设计通用规范》	JTG D80—2006	规定了无障碍卫生间、无障碍通道、无障碍停车位、无障碍席位等设施的设计要求
7	《汽车客运站服务星级划分及评定》	JT/T 1158—2017	客运站星级评定的必备项目包括重点旅客候车室、残疾人无障碍设施，评价内容包括公共系统的无障碍要求及其指标项
8	《海港总体设计》	JTS 165—2013	提出了海港客运码头的无障碍通道及设施设计要求
9	《游艇码头设计规范》	JTS 165—7—2014	提出了游艇码头的无障碍通道及设施设计要求
10	《邮轮码头设计规范》	JTS 170—2015	提出了邮轮码头的无障碍通道及设施设计要求
11	《地铁设计规范》	GB 50157—2013	增加了强制性条款“地铁工程应设置无障碍乘行和使用设施”
12	《城市轨道交通试运营基本条件》	GB/T 30013—2013	提出了轨道交通站、列车内的安全标识、引导标识、无障碍设施等的建设配置要求
13	《城市综合交通体系规划标准》	GB/T 51328—2018	以人为本，遵循安全、绿色、公平、高效、经济可行和协调的原则，保障城市的宜居与可持续发展，规范城市综合交通体系规划的编制与实施

来源：作者根据陈朝《交通强国背景下我国无障碍出行标准的发展现状与需求》补充整理。

在人行交通系统方面，上海市规划和国土资源管理局发布的《上海市街道设计导则》提出了“从道路到街道”的建设模式转变，包括“从主要重视机动车通行”向“全面关注人的交流和生活方式”转变、从“道路红线管控”向“街道空间管控”、从“工程性设计”向“整体空间环境设计”转变、从“强调交通功能”向“促进城市街区发展”转变。导则重点对街道空间内与人活动相关的要素进行设计引导，主要划分为交通功能设施、步行与活动空间、附属功能设施与沿街建筑界面四大要素。导则综合考虑沿街活动、街道空间，以及残障人群的需求。

在无障碍停车设施方面，国家自然科学基金项目“老龄化社会下残疾人、老年人可预留停车位设计及应用基础研究——以杭州市为例”（2016—2018）通过对可预留停车位的设计、试验，为在老龄化社会下保障残疾人、老年人等交通弱者停车安全、满足其停车需求，奠定理论和技术基础。具体研究内容包括：1）可预留停车位设计理论分析研究；2）以杭州为例，建立可预留停车位使用模拟模型；3）以残疾人和老年人为对象的可预留车位尺寸试验；4）可预留停车位标志标示对普通机动车驾驶员的心理影响试验；5）大型商场应用实践。[58]

在盲道相关研究领域，国内有部分成果。我国现行规范仅要求在盲人使用较多的建筑环境铺设盲道。国家重点研发计划项目“既有城市工业区功能提升与改造规划设计方法研究”从参与城市道路步行空间盲道的各方探讨影响城市道路步行空间盲道评价体系的影响因素，构建了多因素影响下的盲道评价指标体系，能够用于对城市道路步行空间盲道作评价。[59] 王宇龙等探讨了基于人因工程学的智能盲道辅助系统设计，并建议采用互联网和物联网技术。[60] 杨淞斌等对盲道与公共设施的连接程度进行了重点调研，通过实地测量法、问卷调查法、GIS 分析法等方法进行研究，力求对盲道的现状与存在问题有更为清晰的认识，并基于 ArcGIS 分析生成视障人士外出至不同目的地的最佳路径，便于视障人士的出行。[61]

4.2.3 交通装备

交通装备的研发是减少老年人、残疾人等残障人群出行障碍的重要手段。我国交通装备无障碍标准，主要包括公路及城市公共交通无障碍装备标准、铁路运输无障碍装备标准、航空运输无障碍装备标准及客运船舶无障碍装备标准等[62]，见表 4-3。

涉及无障碍设计内容的交通装备标准　　表 4-3

序号	标准名称	标准号	相关内容
1	《无障碍低地板、低入口城市客车技术要求》	CJ 207—2005	规定了无障碍低地板、低入口城市客车的要求
2	《铁道客车及动车组无障碍设施通用技术条件》	GB/T 37333—2019	明确了铁路客车及动车组的轮椅坐席、无障碍卫生间、无障碍座椅、无障碍卧铺、扶手、呼叫装置等无障碍设施的技术要求
3	《公共汽车类型划分及等级评定》	JT/T 888—2014	规定了所有公共汽车均应安装优先座椅，大型、特大型公共汽车应具备残疾人轮椅通道和轮椅固定装置，并对低地板后桥和一级踏步提出要求
4	《无障碍客车的轮椅车及乘坐者限位系统 第 1 部分：后向式轮椅车乘坐者系统》	GB/T 40887.1—2021	无障碍客车的轮椅车及乘坐者限位系统安全性设计要求

来源：根据陈朝《交通强国背景下我国无障碍出行标准的发展现状与需求》补充整理。

我国在交通装备无障碍实践领域取得了众多成果，包括轨道交通、公交车、电瓶车、民航班机等。铁路和轨道列车无障碍设计近几年也取得了飞速进展，在普速列车和高铁列车上都设置了无障碍席位和无障碍卫生间（图 4-10 ~ 图 4-13）。

图 4-10　普快列车无障碍卧铺席位（来源：贾巍杨拍摄）

图 4-11　普快列车无障碍卫生间（来源：贾巍杨拍摄）

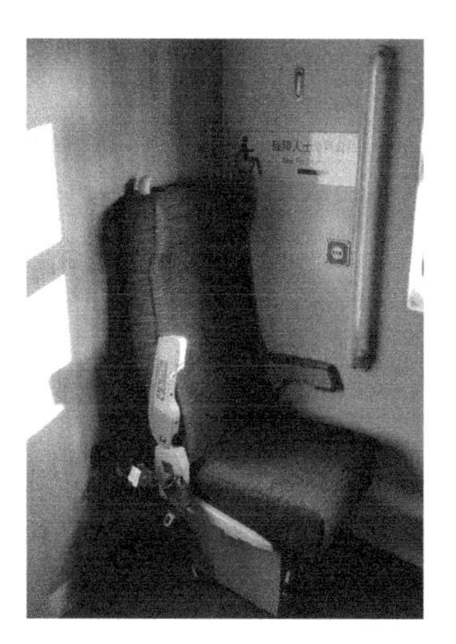
图 4-12　高铁列车无障碍席位（来源：搜狐网）

图 4-13　高铁列车无障碍卫生间（来源：贾巍杨拍摄）

我国现有的无障碍公交车等地面车辆一般采用无障碍坡道和升降平台两种方式（图 4-14、图 4-15），其中坡道又分为手动与电动两种，自动操作的升降平台或坡道对于司乘人员更为有利。山东华瑞驰达电动车有限公司生产的残疾人无障碍改装车采用了液压可升降的车厢地面（图 4-16）。从举办北京夏季奥运会时，国内就引进了一批无障碍出租车。当前国内很多城市提出了无障碍出租车规划指标，深圳市 2020 年启用一批无障碍出租车（图 4-17），型号是比亚迪 M3 改装的纯电动车，并对经营企业按 500 元 / 月 · 车的标准给予无障碍运营服务补贴。[63]

图 4-14　坡道式无障碍公交车
（来源：搜狐网）

图 4-15　升降平台式无障碍公交车
（来源：智能制造网）

图 4-16　无障碍改装车
（来源：山东华瑞驰达电动车有限公司网站）

图 4-17　深圳市新投入的无障碍出租车
（来源：刘晓菲等《深圳城市交通无障碍环境建设的经验启示》）

在航空班机上，我国长龙航空公司的一架空客 320 飞机也提供了无障碍卫生间服务。[64] 实现方式是将两个洗手间合二为一，提供轮椅能够使用的更大空间（图 4-18）。

图 4-18　空客 320 无障碍卫生间（来源：杭州网）

4.2.4　交通出行服务

我国已实施的交通运输服务标准有不少包括无障碍服务相关内容，为残障人士的出行提供了安全便捷保障，大大提高了交通运输人性化服务的水平。现有标准中涉及交通出行服务无障碍的相关内容见表 4-4。

现有标准中关于运输服务无障碍的内容　　表 4-4

序号	标准名称	标准号	相关内容
1	《城市轨道交通运营管理服务》	GB/T 30012—2013	提出应确保站点无障碍设施设备完好，设置规范易读的标识；列车内配备完整的安全标识、引导标识、无障碍设施、广播设施和灭火器
2	《城市轨道交通客运服务规范》	GB/T 22486—2008	规定应为残障乘客提供必要的服务。无障碍服务设施应完好并能正常使用；列车上的特殊旅客优先座椅应有醒目标识
3	《城市公共汽电车客运服务规范》	GB/T 22484—2016	提出公交车站台、站牌、运营车辆等无障碍基础设施的配置标准，并要求对车厢内的老年人、残疾人等旅客提供无障碍服务
4	《汽车客运站服务星级划分及评定》	JT/T 1158—2017	客运站星级评定的评价内容包括公共系统的无障碍要求指标项
5	《出租汽车运营服务规范》	GB/T 22485—2013	提出了无障碍出租汽车的配置要求：鼓励出租汽车经营者使用无障碍车辆；要求其升降机、厢门搭扣等专用装置功能正常，轮椅、拐杖安放空间充足，固定牢靠无松动
6	《民用运输机场服务质量》	MH/T 5104—2013	明确了民用机场的无障碍配置要求，包括航站楼前道路交通无障碍设施标准、停车场库无障碍标准、无障碍标识系统配置标准、残障人士专用座位标准，无障碍洗手间标准、特殊旅客服务标准等
7	《综合客运枢纽服务规范》	JT/T 1113—2017	便民服务宜包含辅助器具，应对残障、母婴等特殊旅客提供必要的协助服务
8	《公交乘务人员敬老助残服务规范》	—	公交车无障碍服务规范

来源：根据陈朝《交通强国背景下我国无障碍出行标准的发展现状与需求》补充整理。

铁路交通方面，中国铁路总公司科技研究开发计划课题“面向铁路旅客无障碍出行服务研究”在分析国内外发展现状的基础上，构建了铁路旅客无障碍服务体系框架（图 4-19）与智能化服务框架（图 4-20），面对无障碍出行服务中信息技术应用不足、各铁路局和客运站服务水平差距较大的问题，探讨了智能化无障碍服务系统的应用方式，以提升各类设施的信息化水平，满足全体旅客尤其是残障人士需求，提高铁路交通的无障碍服务质量。[65]

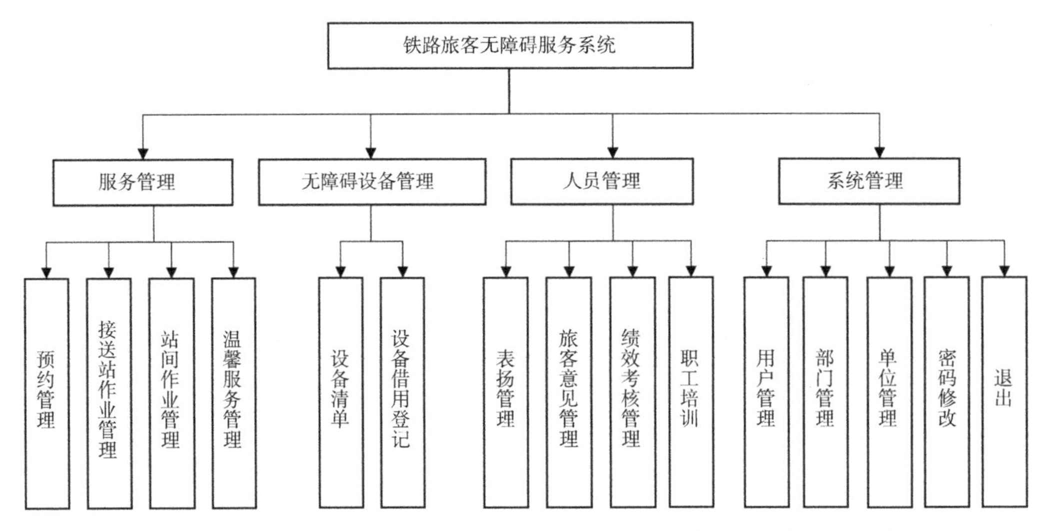

图 4-19　铁路旅客无障碍服务系统功能结构图（来源：沈海燕，铁路旅客无障碍出行服务体系研究）

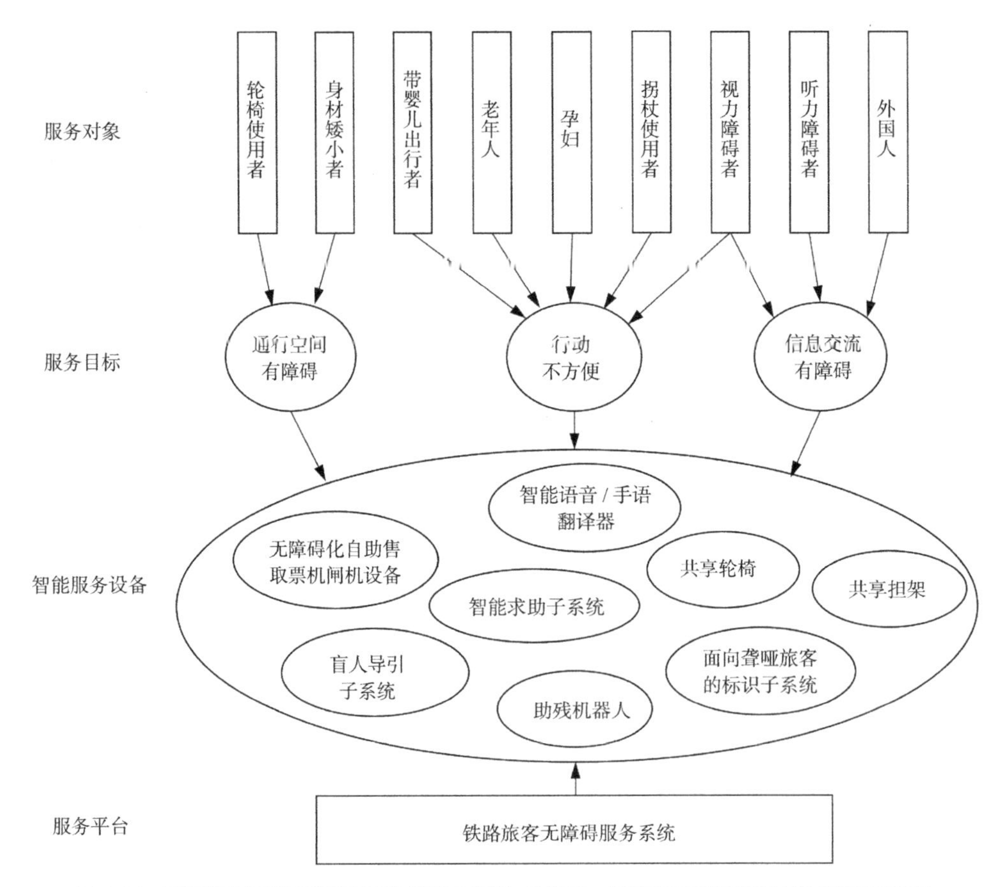

图 4-20　铁路旅客无障碍智能化服务框架（来源：沈海燕，铁路旅客无障碍出行服务体系研究）

城市公共交通方面，中央级公益性科研院所基本科研业务费项目《“十四五”时期我国城市交通无障碍发展需求和政策建议》提出，“十四五”时期，我国城市交通无障碍发展将面临人口老龄化、新型城镇化、需求品质化、交通智能化的多重趋势叠加，需坚持新发展理念，加快供给侧改革和需求侧管理双向发力[66]，从完善顶层制度设计、推广普及通用设计、完善慢行交通体系、推动无障碍公交认证、加强日常维护管理、提升出行服务水平、加大资金用地保障和传播无障碍出行文化等方面采取对策，促进交通无障碍建设高质量发展。关于交通服务无障碍，一要推进服务模式创新，加大对行动不便乘客的服务力度；二要加强信息无障碍通用产品和技术的推广应用；三要扩大无障碍服务宣传，利用“公交出行宣传周”等特色活动，广泛传播无障碍服务理念，打造更多交通无障碍服务品牌。

4.2.5　导盲犬

我国专业的导盲犬研究机构目前仅有大连医科大学一家。他们承担了国家自然科学基金“拉布拉多犬神经类型早期鉴定的分子遗传标记体系的建立”（2013—2016）导盲犬培育成功与犬的遗传特性有关。目前导盲犬的选育主要是靠行为测试方法，但该方法具有一定的主观性和不确定性，选育效率低，使导盲犬的培训成功率处于较低水平（约 30%），成本居高不下（15 万—20 万元 / 只）、供不应求。神经类型是决定导盲犬选育成功与否的重要遗传因素，已知 MAO、COMT 及 5- 羟色胺能和多巴胺能系统相关基因与神经类型密切相关，如果能找到与上述基因相关的分子标记，通过这些遗传标记筛选备选导盲犬，将大大提升导盲犬的培育成功率。[67] 本研究以课题组已培训成功和未成功的拉布拉多犬为研究对象，用候选基因法对上述基因及其连锁 DNA 片段进行单核苷酸和微卫星多态性分析，找到拉布拉多犬四种神经类型的分子遗传标记并进行优化组合。在对幼犬进行选育的复核验证和优化基础上，初步建立快捷、有效的早期分子遗传标记选育体系。该体系的建立将极大提高导盲犬的选育效率和培训成功率，并为行为遗传学理论研究提供实验数据。[68]

4.3　重大标志性成果

4.3.1　大型机场无障碍规划设计

以北京大兴国际机场为杰出代表，我国掀起了包括萧山机场、天府机场等一系列大型机场的无障碍规划设计和建设高潮。

北京大兴国际机场作为国家重点工程，设立了“平安机场、绿色机场、智慧机场、人文机场”的建设目标（图 4-20），项目的无障碍环境建设是该目标特别是建设人文机场的重要组成部分。该项目以各类人群需求为导向，通过专项研究得到了“国际领先，国内一流，世界眼光，高点定位”的无障碍系统设计导则。机场无障碍系统分为八大系统，包括：停车系统、通道系统、公共交通运输系统、专用检查通道系统、服务设施系统、登机桥系统、标识信息系统、人工服务系统。[69]针对肢体障碍、听力障碍、视力障碍等残障人群多样化、差异化的需求，进行了充分的无障碍设计探讨和论证，对八大无障碍系统提出新的研究路径和设计方法。

图 4-21 大兴机场效果图（来源：搜狐网）

停车系统在航站楼出入口就近设置无障碍落客区，除停车位侧面轮椅通道，还增设车尾轮椅通道（图 4-21）。通道系统从落客平台衔接航站楼地面，对于视障群体配备盲道系统可到达入口召援电话；入楼后有连续盲道引导至内部综合问询柜台。公共交通运输系统通过收集三类人群的不同需求定制特有电梯设施，如一体化的连续扶手带与低位横向操控面板、外部脚踏按钮等。专用检查系统均设置满足轮椅通行的专用检查通道，同时配备私密检查间保障残障人士隐私。服务设施系统包括：低位柜台、低位电话、登机口轮椅、专用停靠区、爱心座椅、公共卫生间、无障碍卫生间、母婴室、无高差行李托运设施。[69]例如无障碍卫生间，在符合国内无障碍设计标准的基础上，增配了母婴用具，并首次在国内引进人工造瘘清洗器，达到了国际较高标准（图 4-22、图 4-23）。另一项创新是无障碍托运称重设备，在国内首次设计定制了托运称重系统，大件行李也能够省力地推上行李称重机（图 4-24），除残障人士也惠及普通旅客。登机廊桥地面满足无障碍通行坡度，同时设置双层扶手提升老年人、乘轮椅旅客、儿童等群体的安全性。标识信息系统提供无障碍导向标识和无障碍设施标识。人工服务系统形成无障碍硬件设施的良好辅助和补充，帮助所有旅客都能获得全出行链优秀的人性化服务体验（图 4-25）。

图 4-22　入口无障碍停车位

（来源：刘琮，胡霄雯《北京大兴国际机场无障碍设计》）

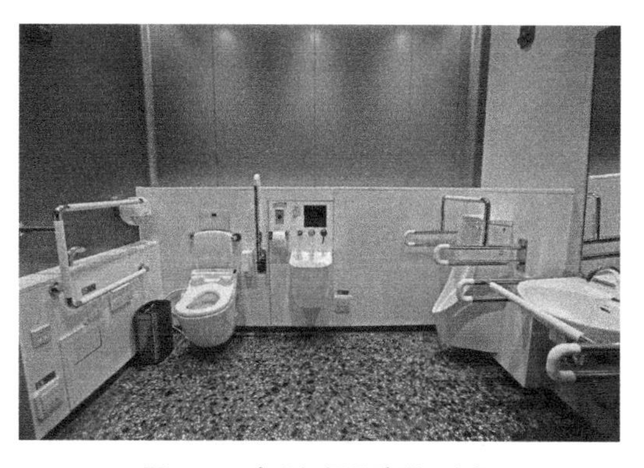

图 4-23　大兴机场无障碍卫生间

（来源：刘琮，胡霄雯《北京大兴国际机场无障碍设计》）

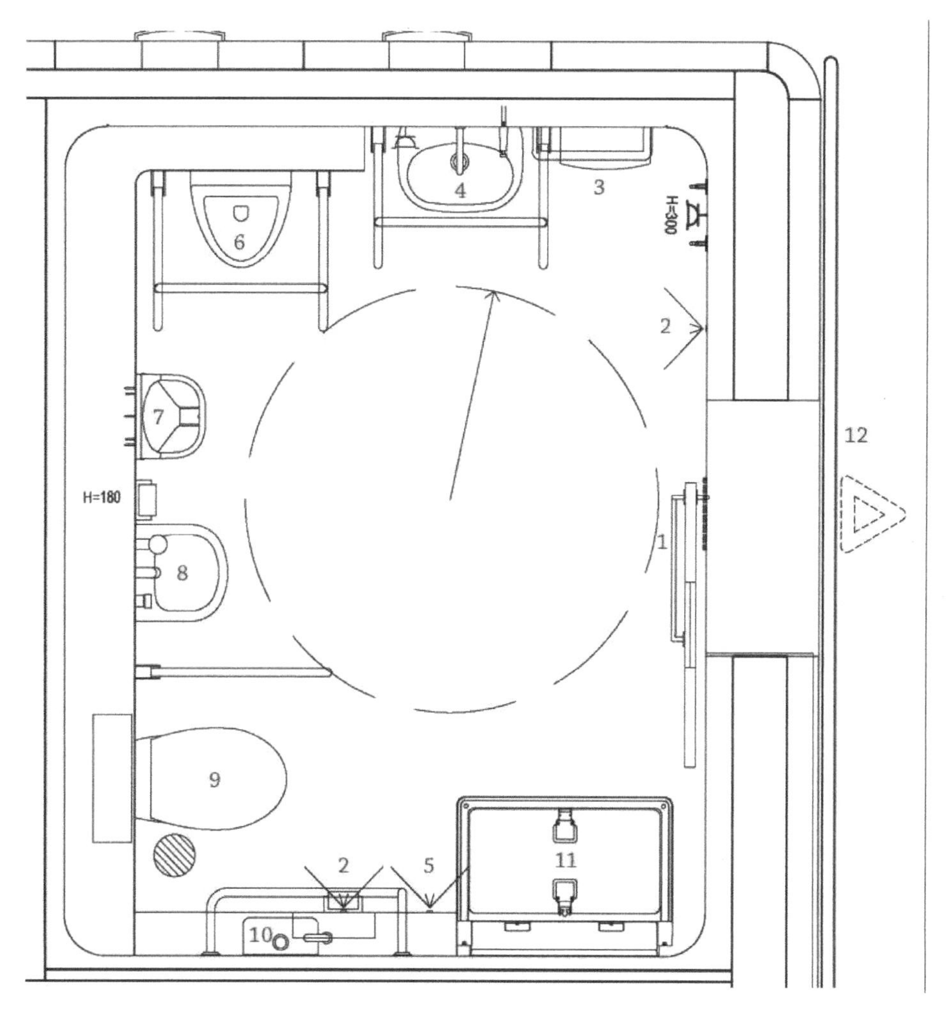

图 4-24　无障碍卫生间平面

1- 自动门 2- 紧急呼叫器 3- 挂衣钩 4- 洗手盆 5- 低位呼叫器 6- 小便斗

7- 婴儿挂斗（可折叠）8- 人工造瘘清洗器 9- 成人坐便器 10- 清洗手盆

11- 婴儿打理台（可折叠）12- 声光报警器（来源：刘琮，胡霄雯《北京大兴国际机场无障碍设计》）

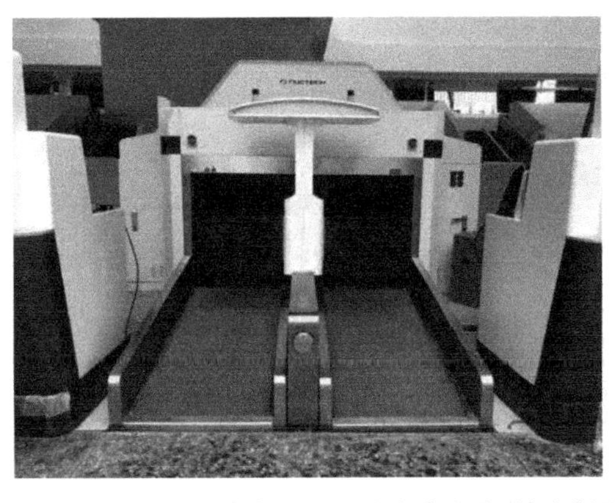

图 4-25　北京大兴国际机场行李称重系统（来源：刘琮，胡霄雯《北京大兴国际机场无障碍设计》）

4.3.2　中国导盲犬大连培训基地

中国导盲犬大连培训基地成立于 2006 年，是经中国残疾人联合会批准成立的，非营利的导盲犬培训机构，2006 年 5 月 15 日正式挂牌，是中国大陆首家导盲犬培训基地。基地位于大连医科大学校内，拥有工作人员 25 人。中国导盲犬大连培训基地以服务视力障碍人群为宗旨，以安全第一为原则，借鉴国际先进经验，结合中国实际开展导盲犬的繁育、训练工作。历经 15 年的努力，基地已免费交付视力残疾人使用的导盲犬共计 239 只，分布在全国 25 个省市。[70]

4.4　与世界先进水平的差距及存在的短板

无障碍交通规划与无障碍交通综合解决方案缺失。国内目前的交通无障碍研究成果大多集中于交通场站设施，系统性、综合性交通无障碍研究和实践项目的缺位将会影响无障碍交通网络系统的全局。

信息化、智能化交通无障碍研究项目罕见。我国的信息产业迅速发展，达到世界先进水平；近年来，智慧城市也得到越来越广泛的应用。目前亟待将信息技术有效运用到交通无障碍研究之中。

交通装备多个领域的研究成果数量不足，鲜少成熟系统的研究成果，且成本较高，距离市场化运营较远。例如车辆用轮椅约束系统，国内缺少安全性能更高的设备；航空用无障碍登机车装备的价格十分昂贵，对于需要市场化运营的机场来说成本比较高。

导盲犬繁育难度较高，我国拥有世界最为庞大的残疾人口总数和盲人视障群体总数，因此导盲犬的绝对供给，距离满足视障群体的需求还有巨大差距。

4.5　未来发展方向

通过前述分析可以得出，我国交通出行无障碍领域在下列主要科学问题方面还有待取得重大进展或突破：

1. 支撑广义无障碍、平等包容、可持续发展的交通出行无障碍综合解决方案和系统研究。

2. 适应我国人口形势和出行结构差异化需求与多元交通运输供给的无障碍技术标准体系研究。

3. 基于智慧城市平台的全龄友好型交通运输系统规划与设计关键技术研究与应用示范。

4. 交通设施、装备、服务复合全出行链无障碍智慧交通出行体系关键技术与成套装备研发。

4.5.1　交通无障碍综合解决方案

1. 完善交通出行无障碍综合法规标准体系。无障碍出行是一个极其庞大的综合体系，涉及市政工程、公共交通、社区服务等诸多领域及其接驳，相关标准的编制修订及归口管理分别属于不同的管理部门和行业委员会。为更好地完成无障碍交通出行标准相关工作，仍需持续完善无障碍出行标准体系，加强不同部门之间的统筹协调，同时研究无障碍出行标准的管理机制、运行机制、协调机制，探索建立无障碍出行标准的长效工作机制。[63] 还需要梳理既有标准，对无障碍交通出行的接驳和链接问题开展系统化研究，形成无障碍全出行链条的闭环。

2. 开展现代化交通基础设施无障碍体系构建研究。研究方向包括优规划、调结构、补短板、抓综合、重枢纽，构建现代综合立体无障碍交通基础设施网络系统。优规划，是指基于残疾人大数据在科学预测未来无障碍客运需求基础上，因地制宜优化基础设施空间布局；调结构，是指城市无障碍交通干线有条件时宜构建以轨道交通为骨架的运输体系，无条件时构建以公交车为骨架的无障碍运输体系，城际交通构建以铁路干线为骨架的无障碍运输体系；补短板，是指加强西部地区、乡村无障碍交通基础设施建设；抓综合，就是构建铁、公、水、航互联互通、优势互补、有机融合的无障碍运输网络；重枢纽，就是推动各种无障碍出行方式相互融合，实现“零距离换乘”“无缝衔接”。

3. 加快智慧城市无障碍交通出行综合管理平台研发。无障碍建设在每一个领域都是一项系统工程，因此需要开发综合性无障碍交通管理系统平台，将交通枢纽等设施、交通装备、交通服务、交通信息全部整合入智慧城市，并且方便所有相关利益群体的使用，包括规划者、管理者、工作人员、残疾人和所有出行的人，最终达到为残障人士出行提供一揽子解决方案、一站式便利服务。

4.5.2 交通设施

在道路、交通场站、交通枢纽、过街设施等交通设施领域，未来无障碍研究的发展方向包括：

1. 大型交通场站和综合枢纽的无障碍规划设计技术。大型交通枢纽包括机场、高铁站、地铁轨道枢纽、公路客运枢纽以及交通枢纽综合体，都承担着复杂的进出客流和交通接驳等庞杂的功能需求，应总结我国已有大型交通枢纽无障碍建设经验，提出系统性的无障碍规划设计技术与策略。

2. 无障碍慢行交通体系综合规划设计。无障碍慢行交通体系如何在城市交通体系规划中呈现，保证残障人群和广大市民的安全性、便利性和公平正义空间。包括人行道、盲道材料的无障碍安全性研究，步行空间休憩设施，道路交叉口信号系统和精细化设计技术。

3. 盲道人体工学设计指标研究。盲道相比智能设备、信息导航，仍然是不可或缺的无障碍实体物质手段。盲道砖的凸起高度、间隙、色彩、防滑系数等人体工学设计指标都有待更深入的研究、测试和验证。同时，这些指标的设计还要考虑尽最大可能降低对其他残障人士如乘轮椅者造成的不利影响。

4.5.3 交通装备

在交通工具、无障碍性能提升改装等交通装备领域，未来无障碍研究的发展方向包括：

1. 无障碍航空客舱与登机装备技术研发。航空客运装备在无障碍设计和服务方面面临一些难题：飞机内部的航空客运空间，由于种种原因和限制往往难以满足无障碍的尺度空间标准；远机位登机条件下，也很难使轮椅登上飞机客舱。为应对这种需求，应布局研发具有高度可靠性、同时兼备经济性的无障碍航空客舱飞机以及登机装备。

2. 灵活性、经济型交通装备研发。在举办残奥会、残运会等有大量残障人士聚集出行的活动时，会有承载多名残障人士的交通装备需求。应以广义无障碍设计理论为指导，采用可翻折式座椅等手段，研发特需情况能够承载多名残障人士、一般情况承载健全人乘客的、具有高度包容性的大巴车等交通运输装备。

3. 肢体残障人士安全限位约束系统深度研发。在现有地面交通工具上，为肢体残障人士提供安全、适用的限位约束系统是交通装备突破的方向之一。

4. 经济适用型无障碍车辆研发。从广义无障碍、通用无障碍的视角研发适合乘轮椅者、肢残人士的经济型无障碍车辆设计和制造技术。

参考文献

[1] 贾巍杨，王小荣．中美日无障碍设计法规发展比较研究 [J]. 现代城市研究，2014，29（4）：116-120.

[2] ADA National Network. The ADA & Accessible Ground Transportation[EB/OL]. [2021-11-21].adata.org 网站．

[3] 张晓，牛元莎，宋敏．基于社会公平的无障碍交通发展模式 [J]. 建设科技，2015（24）：88-90.

[4] Cordis. Design of Universal Accessibility Systems for Public Transport [EB/OL]. [2021-08-25]. cordis.europa.eu 网站．

[5] CUTR. The Nexus between Infrastructure & Accessibility：Case Study Support[EB/OL]. [2021-12-20]. CUTR 网站．

[6] CORDIS. Methodology for Describing the Accessibility of Transport in Europe[EB/OL]. [2021-10-12]. cordis.europa.eu 网站．

[7] CORDIS. Transport Innovation for Vulnerable-to-exclusion People Needs Satisfactionl[EB/OL]. [2021-10-12].cordis.europa.eu 网站．

[8] NARIC. National Center for Accessible Public Transportation [EB/OL]. [2021-12-10].naric.com 网站．

[9] NARIC. RERC on Physical Access and Transportation [EB/OL]. [2021-12-10].naric.com 网站．

[10] Cordis. Sustainable，Accessible，Safe，Resilient and Smart Urban Pavements [EB/OL]. [2021-11-22]. cordis.europa.eu 网站．

[11] CORDIS. Towards More Accessible and Inclusive Mobility Solutions for European Prioritised Areas[EB/OL]. [2021-10-12]. cordis.europa.eu 网站．

[12] Richter T，Ruhl S. The Integration of Intelligent Transport Systems in Urban Transport[J]. WIT Transactions on The Built Environment，2013，130：229-240.

[13] Kim Y J，Sohn K M，Kim T J. Simulating Traffic for the Proposed 2014 PyeongChang Winter Olympic and Paralympic Games[J]. 인하대학교정석물류통상연구원학술대회，2008：181-200.

[14] CORDIS. Future Secure and Accessible Rail Stations [EB/OL]. [2021-10-12]. cordis.europa.eu 网站．

[15] International Union of Railways（UIC）.UIC 140-2008 Accessibility to Stations in Europe[S]. Paris：UIC，2008.

[16] CORDIS. Personal Intelligent City Accessible Vehicle System [EB/OL]. [2021-10-12].cordis.europa.eu 网站．

[17] NIH. Blind Pedestrians' Access to Complex Intersections[EB/OL]. [2021-10-12]. 美国国立卫生研究院网站．

[18] Dimensions. [EB/OL]. [2021-10-12].app.dimensional.ai 网站．

[19] Dimensions.07 Remote Infrared Audible Signage .[EB/OL]. [2021-10-12].app.dimensional.ai 网站．

[20] Dimensions. Closed Loop Operation of Network Based Accessible Pedestrian Signals[EB/OL]. [2021-

12-20]. app.dimensional.ai 网站 .

[21] Rosap. Second Generation Accessible Pedestrian Systems [EB/OL]. [2021-12-20]. 美国交通部网站 .

[22] 日本建设省 . 高龄者、身体障害者等が円滑に利用できる特定建築物の建築の促進に関する法律施行令 [S]. 日本建设省 .1994.

[23] U.S. ATBCB. 2010 ADA Standards for Accessible Design [S]. Washington：ATBCB，2010.

[24] Jiangyan Lu，Kin Wai Michael Siu，Ping Xu. A Comparative Study of Tactile Paving Design Standards in Different Countries[C]. International Conference on Computer-aided Industrial Design & Conceptual Design. 2008.

[25] ISO. Building Construction—Accessibility and Usability of the Built Environment：ISO 21542-2011[S]. ISO，2011.

[26] Transport D F . Guidance on the Use of Tactile Paving Surfaces[R]. Department of the Environment U K，1998.

[27] 向泽锐，徐伯初，支锦亦，董石羽，郭小锋，章勇 . 中国铁路客车无障碍设计研究 [J]. 西南交通大学学报，2014，49（3）：485-493.

[28] 王淑琴，葛连德，孟令江，等. 浅述残疾人旅客列车的开发 [J]. 铁道车辆，2002，40（9）：26-27.

[29] Arndt W H. Barrier Free Mobility in Asia and Europe[C]//Asia-Pacific Weeks 2007，Urban Sustainability Conference. Berlin，Germany：Technische Universitat，Fachgebiet Integrierte Verkehrsplanung，Sekretariat S G. 4，2007：5-68.

[30] Rentzsch M，Selige D，Meissner T，et al. Barrier Free Accessibility to Trains for all[J]. International Journal of Railway，2008，1（4）：143-148.

[31] European Commission. Personal Intelligent City Accessible Vehicle System[EB/OL]. [2021-12-10]. 欧盟委员会网站 .

[32] CORDIS. Public Transportation—Accessibility for All [EB/OL]. [2021-10-12]. cordis.europa.eu 网站 .

[33] NARIC. Feasibility Evaluation of a Forward Facing Wheelchair Passenger Safety Station for Use in Large Accessible Transit Vehicles [EB/OL]. [2021-12-10].naric.com 网站 .

[34] NARIC. Field Initiated Research Project on Optimizing Accessible Public Transportation [EB/OL]. [2021-12-10].naric.com 网站 .

[35] CORDIS. Mobilisation and Accessibility Planning for People with Disabilities [EB/OL]. [2021-10-12]. cordis.europa.eu 网站 .

[36] Die Bunderegierung. Verbundprojekt：BAIM - Barrierefreie ÖV-Information für Mobilität sein Geschränkte Personen；Teilvorhaben：IVU [EB/OL]. [2021-11-04]. 德国联邦经济事务和气候行动部网站 .

[37] NSF.SCC-Planning：Towards Smart and Accessible Transportation Hub—Research Capacity Building and Community Engagement[EB/OL]. [2021-11-04]. 美国国家科学基金网 .

[38] KAKEN. 地下鉄駅における位置情報とバリアフリー情報を提供する情報環境の検討 [EB/OL]. [2021-12-10].kaken.nii.ac.jp 网站 .

[39] 高畅，路熙，陈徐梅 . 改善城市公交无障碍出行服务的国际经验及启示 [J]. 交通运输研究，

2021，7（3）：54-61.

[40]　知领 .The Nexus between Infrastructure and Accessibility [EB/OL]. [2021-12-10]. 知领网站 .

[41]　Dimensions. Estimation of Pedestrian Volume Using Geospatial and Traffic Conflict Data [EB/OL]. [2021-10-12]. app.dimensions.ai 网站 .

[42]　INFORMAČNÍ SYSTÉM VÝZKUMU，VÝVOJE A INOVACÍ. 1F54E/039/520 - SYSTÉMOVÉ PROSTŘEDKY，OPATŘENÍ A MECHANISMY PRO SPRÁVNÉ NAVRHOVÁNÍ A REALIZACI BEZBARIÉROVÉHO PROSTŘEDÍ V DOPRAVNÍCH ŘETĚZCÍCH VEŘEJNÉ DOPRAVY[EB/OL]. [2021-12-10].isvavai.cz 网站

[43]　KAKEN. 犬の気質に関する行動遺伝学的研究 [EB/OL]. [2021-12-10]. kaken.nii.ac.jp 网站 .

[44]　KAKEN. 犬の気質に関する行動遺伝学的研究 [EB/OL]. [2021-12-10]. kaken.nii.ac.jp 网站 .

[45]　KAKEN. 盲導犬の早期適性予測に関する行動遺伝学的研究 [EB/OL]. [2021-12-10]. kaken.nii.ac.jp 网站 .

[46]　KAKEN. 母性因子による仔イヌのストレス応答性発達メカニズムの解明 [EB/OL]. [2021-12-10]. kaken.nii.ac.jp 网站 .

[47]　东京农工大学 . 科学研究費助成事業 [EB/OL]. [2021-12-10]. 东京农工大学网站 .

[48]　KAKEN. パピーウォーカー経験による心理的効果と介在教育プログラムの検討 [EB/OL]. [2021-12-10]. kaken.nii.ac.jp 网站 .

[49]　KAKEN. 障害者の自立生活と社会参加に果たす身体障害者補助犬の役割と普及・育成に関する研究 [EB/OL]. [2021-12-10].kaken.nii.ac.jp 网站 .

[50]　UKRI. Doing Non-visual Geographies：the Guide-dog Human Relationship[EB/OL]. [2021-12-10]. gtr.rcuk.ac.uk 网站 .

[51]　NRF. Guide Dog Ownership and Psychological Well-being[EB/OL]. [2021-12-10]. 南非国家研究基金网站 .

[52]　中国政府网 . 交通运输部关于贯彻落实《国务院关于城市优先发展公共交通的指导意见》的实施意见 [EB/OL]. [2021-08-15]. 中国政府网 .

[53]　中国政府网 . 七部门联合发文加强改善老年人残疾人出行服务 [EB/OL]. [2021-08-15]. 中国政府网 .

[54]　中国政府网 . 中共中央国务院印发《交通强国建设纲要》[EB/OL]. [2021-08-15]. 中国政府网 .

[55]　《中国交通的可持续发展》白皮书发布 [J]. 中国建设信息化，2020（24）：3.

[56]　中国政府网 . 中共中央国务院印发国家综合立体交通网规划纲要 [EB/OL]. [2021-08-15]. 中国政府网 .

[57]　林群，赵再先，林涛 . 城市公共交通优先发展制度设计 [J]. 城市交通，2013，11（2）：47-51+59.DOI：10.13813/j.cn11-5141/u.2013.02.011.

[58]　NSFC. 老龄化社会下残疾人、老年人可预留停车位设计及应用基础研究——以杭州市为例 [EB/OL]. [2021-09-28]. 国家自然科学基金大数据知识管理门户网站 .

[59]　洪小春，刘亚楠，季翔 . 多因素影响下的城市道路步行空间盲道评价体系构建 [J]. 交通信息与安全，2020，38（1）：107-117.

[60]　王宇龙，黄正炜，冯太杰，严贤钊 . 探讨基于人因工程学的智能盲道辅助系统设计 [J]. 美与时

代（城市版），2019（1）：57-59.

[61] 杨淞斌，陈佳惠，王雪晶，杨泓哲，郑郁善，叶菁．基于 ArcGIS 空间分析下盲人安全出行路径研究 [J]. 中外建筑，2020（6）：111-116.

[62] 陈朝，聂婷婷，韩笑宓，郑维清．交通强国背景下我国无障碍出行标准的发展现状与需求 [J]. 交通运输研究，2021，7（3）：28-33.

[63] 刘晓菲，陈徐梅，高畅，路熙．深圳城市交通无障碍环境建设的经验启示 [J]. 交通建设与管理，2020（5）：88-91

[64] 浙江在线．设计贴心的第二架空客 320 加盟"浙字号"长龙航空 [EB/OL]. [2021-09-28]. 浙江在线．

[65] 沈海燕，端嘉盈，陈咏梅，许世玉．智能车站无障碍服务体系研究 [J]. 铁路计算机应用，2018，27（7）：25-29.

[66] 刘晓菲，高畅，陈朝．"十四五"期我国城市交通无障碍发展需求和政策建议 [J]. 交通运输研究，2021，7（3）：34-44.

[67] 赵明媛．拉布拉多犬髋关节发育不良和神经类型相关基因 SNP 位点的检测 [D]. 大连医科大学，2016.

[68] NSFC. 拉布拉多犬神经类型早期鉴定的分子遗传标记体系的建立 [EB/OL]. [2021-09-28]. 国家自然科学基金大数据知识管理门户．

[69] 刘琮，胡霄雯．北京大兴国际机场无障碍设计，北京，中国 [J]. 世界建筑，2019（10）：48-53，124.

[70] 中国导盲犬大连培训基地．基地简介 [EB/OL]. [2021-09-28]. chinaguidedog.org 网站．

第5章 无障碍部品和无障碍服装

5.1 国际科技发展状况和趋势

无障碍工业设计领域以无障碍建筑部品和无障碍服装为代表，这些产品的适用性设计和研究大大提升了残障人群的日常生活质量。无障碍产品的基本设计理念与工业设计的核心理念一致，因此国际上的研究发展已经比较成熟，并且形成了相对产业化的市场应用。

5.1.1 工业无障碍设计理念与标准

无障碍产品和服装的基本设计理念同工业设计是一致的，包括“以用户为中心”“以需求为导向”“以人为本的设计”等，当下的“服务设计”“用户体验设计”思想同样适用于产品的无障碍设计。

“以用户为中心的设计”（User-centered Design）理念起源于德国包豪斯学院，要求产品的使用流程、产品的信息架构、人机交互方式等，深刻考量用户的使用习惯、预期的交互方式、视觉感受等方面。产品设计、开发、维护均从用户的需求和用户的感受出发，围绕用户为中心进行产品设计、开发及维护。[1]“以用户需求为导向的设计”是从“以用户为中心的设计”发展转变而来，它更注重产品设计的实践策略，力求满足用户的特定需求或者解决用户的使用难题。[2]

唐纳德·诺曼在其著作《设计心理学》中指出,“以人为本的设计”（Human-centered Design）核心是构建用户、设计师、产品系统三位一体的概念模型，如果设计师的概念模型与用户的概念模型不匹配将导致设计方案的失败。[3]因此，必须运用科学有效的设计工具了解残障用户的需求。常用的方法包括：用户参与型设计法、移情设计法、情境化描述法等。[4]

“用户体验设计”（User Experience Design）理念的本意是通过产品在特定使用环境下为特定用户用于特定用途时所具有的可用性、可实施性、动作连续性、人机优化、通用性与特殊性、心理设计效率、用户主观满意度、用户在“体验”产品前后的整体心理感受等衡量一个“用户体验设计”[5]的水平。随着信息技术快速发展，“用户体验设计”受到前所未有的重视，“用户体验”渗透在所有互联网和智能产品的设计与创新过程中。“体验经济”带来的“用户体验设计”的变化巨大。

“服务设计”（Service Design）是指为了提高服务质量以及服务供给方与客户之间的互动，对服务人员、基础设施、信息交流和材料构成进行规划和组织的活动。服务设计可以是对现有服务的修订，也可以是创建全新的服务方式。其原则包括：以人为中心、协作、迭代、有序、真实、整体。[6]

产品无障碍设计的另外一类重要理念来自于建筑学科的“通用设计”“包容性设计”“全容设计”等思潮，前文第 2 章已有相关介绍，而与产品设计相关性最大的则是“包容性设计”。剑桥大学的凯特和克莱森提出了“排斥性理论”包容性设计模型。该理论模型指出，包容性设计的核心是以用户中心的方法，将目标用户的规模和构成界定为协调独立、可磋商的“最大化普适人群”，进而延伸到特殊残疾人群和健全行动人群（图 5-1）。[7] 英国的工程和物理科学研究理事会（EPSRC）通过“拓展优质生活”计划，资助了 34 个交叉学科研究项目和 5 个跨学科合作联盟，旨在激励跨学科、多专业和以用户为导向的研究。[9] 其中诞生了很多包容性设计研究成果，例如包容性设计工具包，涵盖了从公司战略层面到项目等级建议的指导，并且包含了许多设计资源，如视觉障碍模拟器和一个可以用来评估和量化“排斥性”的工具。

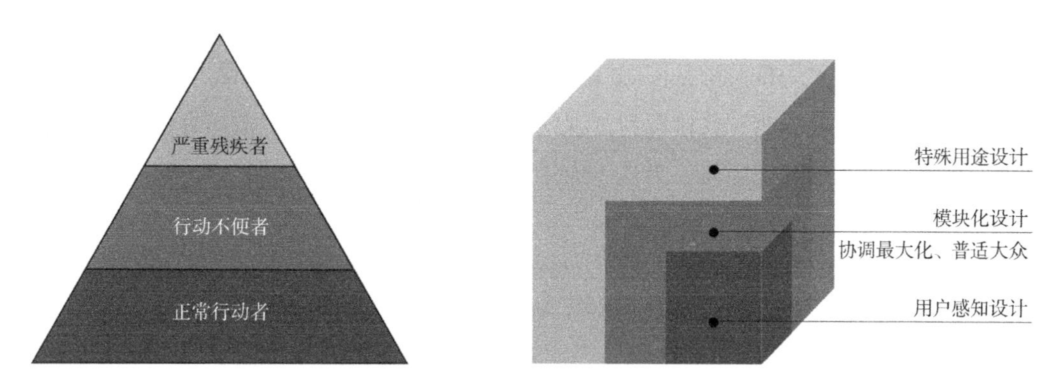

图 5-1　包容性设计用户排斥性模型（**来源**：John Clarkson，Simeon Keates，Roger Coleman 等 *Inclusive design: design for the whole population*）

真正让设计师或研究者切身体会到残障人群的生活状态，可以使用模拟设备或仿真技术。美国麻省理工学院衰老实验室（AgeLab）研制出“衰老即时移情系统”（Age Gain Now Empathy System，缩写为 AGNES），目的是帮助非老年人的研究人员模拟老年人的行为能力，如头盔用绑带与颈部和腰部护具相连接，限制颈部和腰部的活动，模拟 75 岁以上的老人的肌体灵活性、力量和平衡能力。主要用于让年轻的设计人员对老年消费群体的身体状况和需求有更深的体会，从而研究老年人行为和消费心理。[8]

此外，当代的无障碍产品设计也十分重视美学和心理感受。这是原本的“通用设计”7 个设计原则在后来的研究和实践中发现缺失的一些内容。产品的商业价值和市场销售也应得到重视，因此其带给消费者的艺术享受和心理满足感理应得到重视。

国际上已形成不少产品无障碍设计标准，一些常见的无障碍设计标准见表 5-1。很多标准由国际标准化组织 ISO 汇聚各国专家研究制定，之后由各国批准为国家标准，我国新近批准的部分产品无障碍设计标准也是引入的 ISO 标准。

国际产品无障碍设计标准　　表 5-1

序号	标准名称	标准编号
1	《包装无障碍设计一般要求》	ISO 11156—2011
2	《人体工效学·无障碍设计·年龄相关的彩色光亮度对比规范》	ISO 24502—2010
3	《人类工效学·无障碍设计·顾客产品的听觉信号声压级》	ISO 24501—2010
4	《人类工程学·无障碍设计·消费品上的触点与触条》	ISO 24503—2011
5	《无障碍产品设计》	DIN-Fachbericht 124—2002
6	《包容性设计管理指南》	BS 7000—6：2005

来源：作者整理。

对“无障碍设计”（包括 Accessibility，Accessible design，Universal design，Inclusive design，Design for all，Barrier free）与“工业设计”（包括 Industrial design，Mechanical design，Product design，Apparel design，Fashion design，Package design，Service design，User-centered Design，Human-centered design，Experience Design 等）截至 2022 年的国际学术文献进行主题分析，共检索到文献超过 1200 个，其中最热门的研究主题词包括：人类、女性、卫生服务无障碍、男性、成年人、老年人等（图 5-2）。

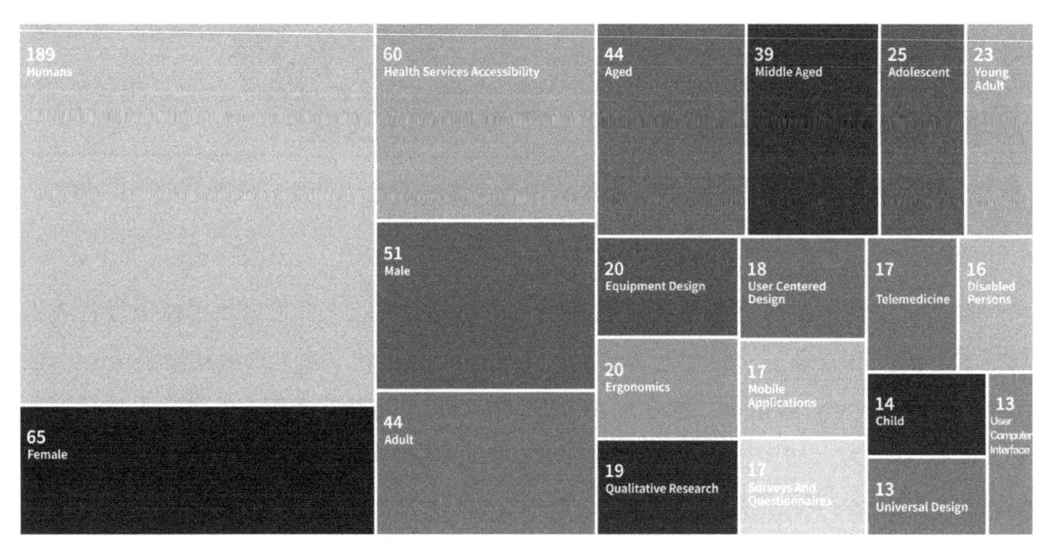

图 5-2　主题：“Accessible design”或“Universal design”或“Inclusive design”及“Industrail design”的研究主题词分布（制图：贾巍杨）

5.1.2　残障人体工学

人体工学又称人机工程学、人类工效学、人因工程学等，涉及工业设计、建筑设计、信息设计等学科。残障人体工学数据的采集难度比较大，这是由于邀请残障人士到人体工学实验室进行精确测量或实验相对健全人要困难得多。目前已有的人体工学数据大多是从健全未成年人、成年人获得，部分国家有老年人的人体工学数据。

亨利·德雷福斯事务所作为一家工业设计咨询机构，1960 年出版了具有里程碑意义的《人体尺度》（*The Measure of Man*）一书，为工业设计师、建筑师、工程师提供了人体工学数据信息，这是国际上最早由设计师开发的人类测量学成果。1993 年又出版了《设计中的男女尺度》（*The Measure of Man and Woman*），汇集了设计师创造产品与环境所需的更丰富的人体工学数据。其中的人体工学数据来自于美国卫生与公共服务部的民用人类测量学数据以及美国军队的人体数据。[10] 早期的《人体尺度》在统计学上使用第 5、第 50 和第 95 百分位的人体数据作为标准，但是这显然不能代表很高和很矮的人的需求，不适用于无障碍设计。在《设计中的男女尺度》中使用了第 1、第 50 和第 99 百分位的人体数据作为标准，这也为残障人体工学的设计数据奠定了选取标准的基础。

日本《无障碍建筑设计资料集成》提供了千叶大学以身高为基准的人体尺度估算系数法，可根据各年龄段身高估算出人体活动所需的必要尺度空间。[11] 这种计算方法在设计实践应用中比较方便（部分数据见表 5-2），例如基于身高可估算出无障碍设计所常用的眼高、坐高数据。

人体部分尺度的估算系数　　**表 5-2**

年龄		12 岁	成人	60 岁以上
身高（mm）	男	1529	1714	1589
	女	1521	1591	1468
眼高	男	0.93	0.93	0.92
	女	0.93	0.93	0.92
坐高	男	0.53	0.54	0.54
	女	0.54	0.55	0.54

当前国际上比较流行的人体工学数据软件是 PeopleSize 2020，提供了 9 个国家，包括美国、澳大利亚、比利时、英国、中国、荷兰、法国、德国、意大利、日本、瑞典的最多 291 项人体数据。

专门针对残疾人体尺度较早的研究有 1965 年弗洛伊特（W. F. Floyd）等人在 Stoke Mandeville 医院对 91 名男性和 36 名女性截瘫患者的测量（图 5-3）[12]，提供了身高、眼高、肩高等共 9 组数据。英国的史蒂芬·范森特 1998 年出版了《人体空间——人类测量学，人类工效学与设计》一书，其中的残障人体工学数据来自于他在英国及其他地区的系列调查。

进入新世纪以来，国际上残障人体工程学的研究逐步增多。美国国家残疾自立与康复研究院（NIDILRR）资助了布法罗大学“通用设计和建筑环境康复工程研究中心”（1999—2004）残障人体测量数据库项目，可服务于创新的通用设计产品原型开发、评估和测试，以及商业化。[13] 美国国家职业安全与健康研究所资助了“无障碍人体工程学实验室工作台开发”，研发出可商业化使用的高度可调的实验室工作台，可供轮椅使用，且符合人体工程学原理，适用于拥有科学或工程实验室的学校和大学、工业研究实验室、电子装配场景的雇主和雇员，并为雇员提供安全、健康的工作环境。[14] 捷克劳动和社会事务部资助了“符合人体工程学的残疾人工作场所解决方案”（Ergonomic workplace solution for people with disabilities，2009）项目，目标是根据人体工程学领域的专家知识和经验，制定残疾人工作场所解决方案的要求。研究结果向雇主和劳工办公室提供符合残疾人体工程学的工作场所解决方案和工具。[15] 波兰科学和高教部“残疾人和老年人辅助技术设备的人类工效学”项目（2015）的测试和分析结果提供了有关老年人和残疾人技术设备要求的信息，所呈现的结果可以帮助家具设计师和建筑师在塑造人类环境方面寻找新方向的灵感。[16]

图 5-3　残障人体测量（来源：W. F. Floyd **等，***A Study of The Space Requirements of Wheelchair Users***）**

5.1.3　部品

“部品”一词来源于日语，是产品配件的意思。本研究以建筑无障碍部品研究为主，主要品类包括电梯、升降平台、卫浴产品、家具和厨房用品。

5.1.3.1　电梯、升降平台

国际上发达国家的无障碍标准都对无障碍电梯的基础尺寸、性能等要求作了相应规定，例如电梯厅和电梯轿厢的空间、门开启尺寸、按钮尺寸和高度（图 5-4）、盲文、音响信号、报警系统等。在产品标准中，还有更详细的要求。例如电梯门的防夹性能、电梯内的双向通信交流设施、脚部操作按钮等。[17]

在无障碍电梯的研究方面，主要包括电梯性能、紧急疏散功能、小型轻型电梯、信息化研究等内容。

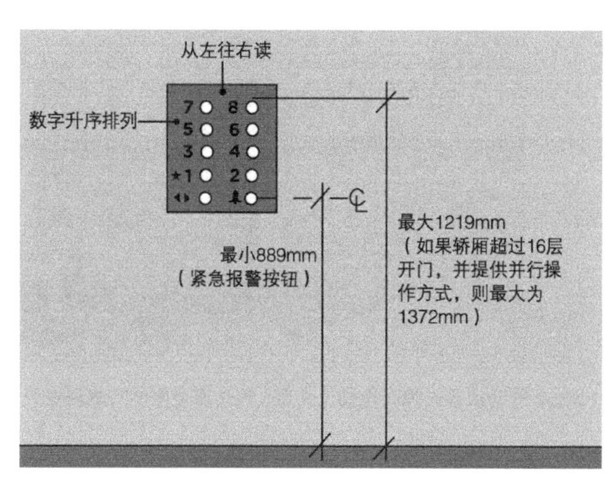

图 5-4　美国残疾人法案对无障碍电梯按钮的规定（来源：美国残疾人法案标准）

日本在无障碍电梯研究方面成果丰富，并针对地震紧急状况展开研究。在提升无障碍电梯性能方面，日本“恒载弹簧抗震安全家用电梯研发”（2006）开发了一种使用恒载弹簧提升安全性的家用电梯，停电时不会坠落、地震时不会因锁定而发生被困事故。[18] 在疏散电梯研究方面，涉及残障人士采用电梯紧急疏散，日本“避难电梯的驾驶方式和运输能力研究”（2005—2006），研发了停电时疏散电梯电源及运行方法和轮椅使用者图像识别技术，并开发了一种疏散仿真模型。[19]

对于残障人士家用无障碍电梯，研发的趋势是在满足轮椅通行的基础上小型化、轻型化、去机房基坑和环保节能。气动真空电梯有限责任公司（Pneumatic Vacuum Elevators，LLC manufactures）是世界上唯一能够生产气动家用电梯的厂家。为了满足人们对轮椅无障碍家庭电梯的需求，PVE 开发了 PVE52，外径为 52+11/16 英寸（约 1338mm），总起重能力为 525 磅（约 240 千克）。由于没有竖井、基坑或机房，这种独立的家用电梯比大多数传统的家用电梯占用更少的空间和更小的占地面积（图 5-5）。通过使用真空泵在滚筒升降通道内产生高气压和低气压区域，该装置在楼层之间平稳移动，同时比其他家用电梯使用更少的能源。[20]

在无障碍电梯的信息化方面，残障人士依赖电梯并且对信息有很高的需求，但是目前有关电梯运行数据的研究稀缺。德国政府资助非营利组织 Sozialhelden e.V. 和 UBIRCH 的“使用免费电梯数据为行动不便的人提供无障碍路线”（Elevate Delta，2017—2018）项目作出了努力，该项目试图创建一个全国性的数据网络来接收电梯实时故障信息，并开发一种交换数据格式，可以作为今后技术接口的先决条件。在经济附加值方面具有潜力，也能够实现更多的包容性（图 5-6）。[21]

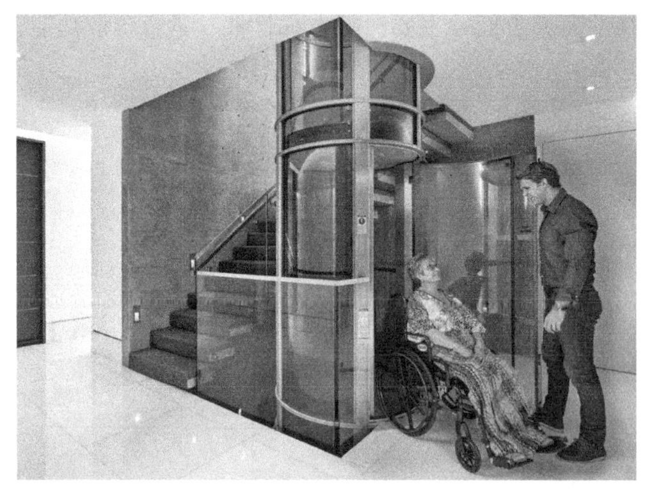

图 5-5　PVE52 气动家用无障碍电梯（来源：气动真空电梯有限责任公司网站）

图 5-6　Elevate Delta 电梯（来源：www.bmvi.de 网站）

升降平台主要的类型有垂直轮椅升降平台、斜向轮椅升降平台、座椅式升降平台三种（图 5-7）。升降平台的研究目前是以提升其性能和效率为主要方向。加拿大不列颠哥伦比亚理工学院“一体式楼梯升降机设计”项目（An integrated staircase lift design，2012—2013）开发了一种新型集成楼梯升降平台的原型（图 5-8），缩短了上升运行时间，并且无需电源即可操作。[22]

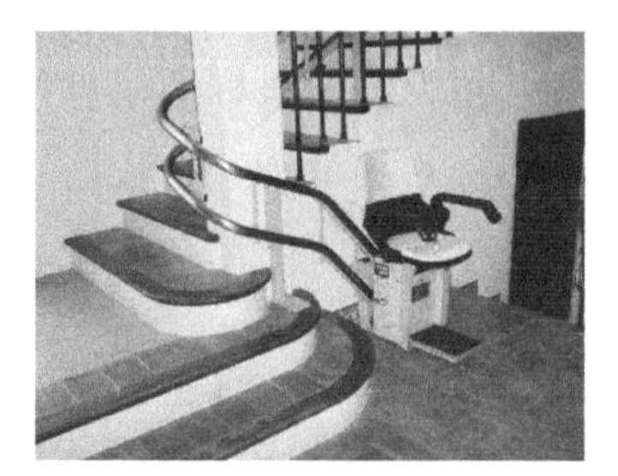

图 5-7　升降平台的三种类型（来源：湖南海诺电梯有限公司官网）

图 5-8　一体式楼梯升降机设计（来源：NSERC's Awards Database 网站）

5.1.3.2　卫浴产品

卫浴产品不仅是生活日常用具，它对残障人士的护理、康复也具有重要价值。无障碍卫浴产品主要包括：整体和模块化的无障碍卫浴，公共及居家卫生间内部洗手台、大小便池、清洁设施等。部品的设计尺度、材料、调节能力等应适应残障人群的需求，营造便利、舒适、清洁的卫浴环境。

整体和模块化的无障碍卫浴便于产品集成应用，具有广阔前景。德国的移动城市公厕设计研发处于领先地位，实践案例也较为多见。德国政府规定，城市中心区域每隔 500m 应配置一座公厕；常规道路每隔 1000m 应有一座公厕；其他地区每平方千米应设 2—3 座公厕；城市整体的公厕配置比例应为每 500—1000 人一座。[23] WallAG 公司专注于街头家具和户外广告，该公司为柏林提供了大约 200 个移动城市公厕，称为“City-Toilette”[24]，均为无障碍公厕。如“城市厕所 2+1”利用两个厕位联合实现了轮椅回转空间，设置了无障碍标识，平时亦可分割为两间独立厕所（图 5-9）。英国“通用无障碍卫生间模块”（UAT，2013—2014）项目由英国领先的室内环境和铁路运输设备制造商 Birley Manufacturing Limited 研发。[25] 项目顺应了英国和欧洲立法要求：到 2020 年必须在所有铁路车厢中提供符合“行动不便人士”标准的厕所模块（图 5-10）。产品也可用于未来所有的新建筑。

单品的无障碍卫生器具研究开展得比较早，目前主要的发展方向之一是走向更高的包容性。早期美国教育部资助了“无障碍小便器”项目（1992—1993）开发出一种新的无障碍小便器，它能够满足很大比例的残障学生独立上卫生间的需求，并且适合学校洗手间的现有设计和功能。瑞典有“可调节抽水马桶”（WEC）（2018—2020）研究项目[27]，通过运用可旋转和高度可调的马桶，为用户改善浴室的功能，并为医疗保健和护理人员提供良好的工作环境。

无障碍卫生洁具在消费市场的实践也有很多成功案例。美国著名的建筑师和设计师格雷夫斯（Michal Graves）年老后也使用轮椅，他也设计了一系列专用卫浴设施，如残疾人浴椅、残疾人淋浴头等。法国设计师加尼耶（Gwenole Gasnier）设计了一款包容性洗手盆，底部有一斜角，能够通过转动拥有水平或倾斜两个盥洗角度，让健全人和低位姿势的人（如乘轮椅者、儿童）都能方便使用（图 5-11）。丹麦品牌 Ropox 生产的旋转洗脸盆配备了水龙头、灵活的连接软管以及一个手柄，考虑到卫生间内空间有限，可以进行收纳和展开，为乘坐轮椅的残障人士提供了充足的容膝空间，并且方便坐姿使用（图 5-12）。

图 5-9　柏林的移动城市公厕（来源：wall 网站）

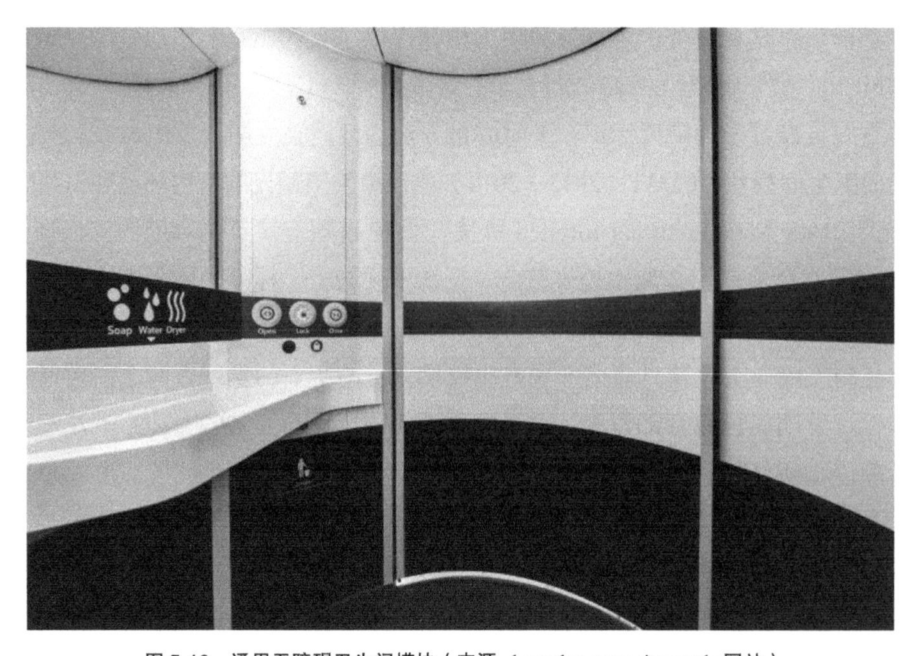

图 5-10　通用无障碍卫生间模块（来源：bespokecompositepanels 网站）

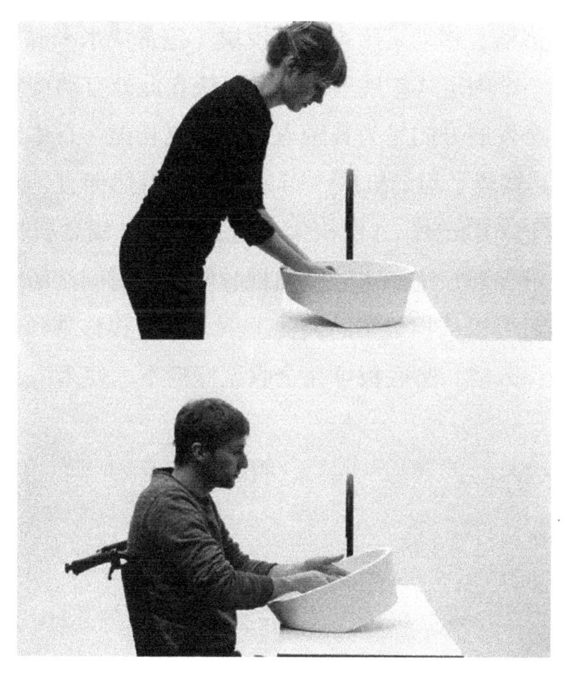

图 5-11　Gwenole Gasnier 设计的洗手盆（来源：人民网）

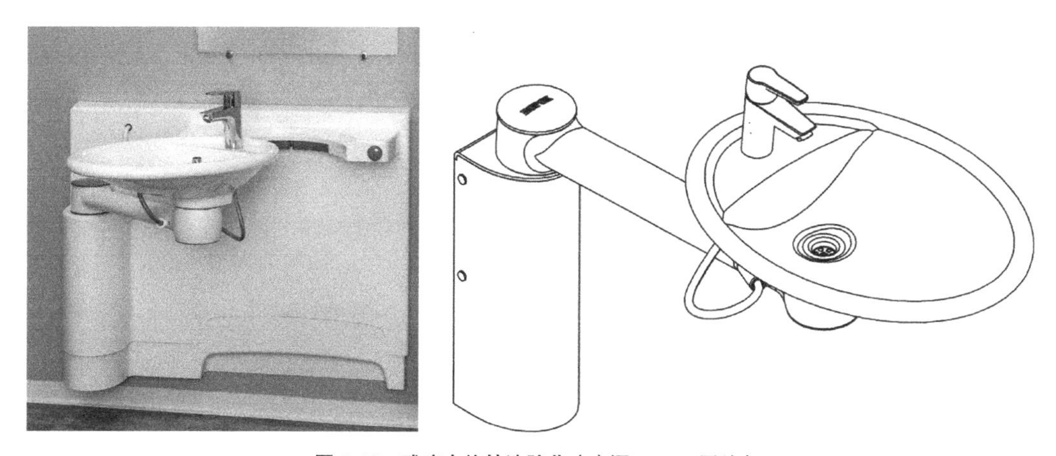

图 5-12　残疾人旋转洗脸盆（来源：ropox 网站）

卫生器具的另一个重要发展方向就是电动化、智能化趋势。日本在无障碍卫浴研究方面成果丰富，著名日本卫浴品牌 TOTO（东陶）研发了老年人电动升高马桶座以及配备坐浴盆的厕所，并在北九州市开设厕所博物馆。可升高的马桶座配合使用安全栏杆，有助于提高老年人使用卫生间的安全性和独立性（图 5-13）。为残障人士设计的全自动坐便器操作面板，以其按钮大、操作简单、字体明显、配有盲文受到广大老年人和残疾人青睐（图 5-14）。欧盟“智能残疾人和老年人卫生设备”项目（2010—2013）[26]，旨在提高老年人和卧床病人的独立性、在个人卫生最敏感领域提升尊严，并支持护理人员。该项目开发一个移动式卫生部品系统，由四个主要组件组成：移动式床边马桶、床头淋浴器、移动式床边服务模块（包含淡水来源、废水箱和电源以支持两个床边模块）和一个固定式扩展坞（服务模块在此处自动重新加载和清洁）。

卫生器具还有一个发展方向是为其融入医疗康复功能。日本欧技品牌研发的HK-812-S无障碍浴槽，其宽阔平坦的缸底，可以使腿脚自然伸直，减轻屈腿对腹部的压迫感。浴缸入口宽度达610mm，方便担架车进出浴缸，锁紧机构操作简单。其涡流喷射装置可以促进血液循环，洗澡水温度出现异常或长时间洗浴时会有报警提醒。侧面扶手可开关，入浴者可以从担架车的侧面上下，可直接移乘到轮椅。胸、腹、脚部各有一条固定带，确保入浴。脚底板可完全收至座椅下，使入浴者上下十分方便。

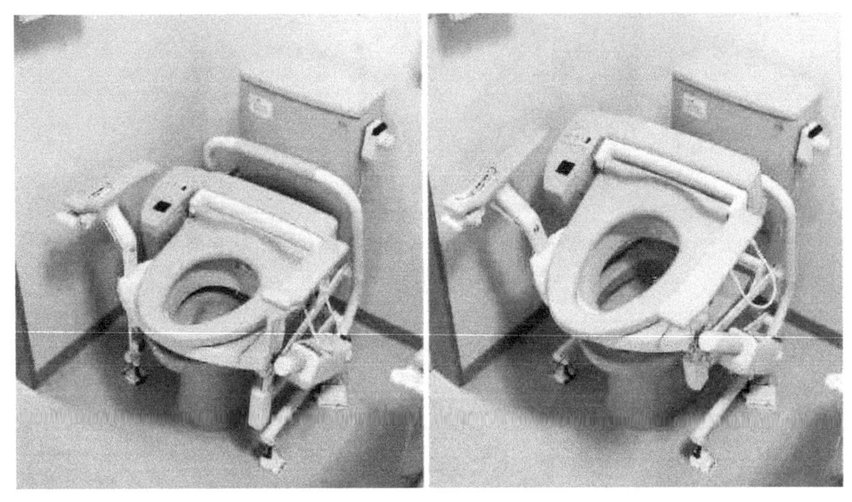

图5-13 东陶的老年人电动升高马桶座（来源：搜狐焦点家居网）

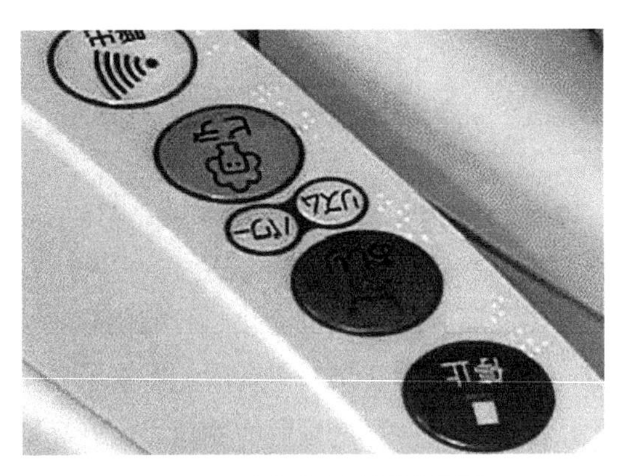

图5-14 全自动坐便器操作面板

国际市场上无障碍卫浴产品发展势头良好，各国知名的无障碍卫浴产品品牌见表5-3。

各国知名的无障碍卫浴产品品牌　表 5-3

名称	国家	标准	产品类型	备注
TOTO Total Design	日本	美国残疾人法案（ADA）	洗脸盆、座位、水龙头和淋浴、马桶、浴缸	被中国陶瓷卫浴品牌网评选为“2013 年中国卫浴十大品牌”，以 1990 年颁布的《美国残疾人法案》（ADA）为设计规范，为所有年龄和具备不同行动能力的人提供服务。无论是中国国家游泳中心、奥运会体育场馆还是上海外滩金融中心等中国各大地标建筑中都有它的身影
Axess	澳大利亚	澳大利亚建筑规范 AS1428.1—2009	扶手、马桶靠背、淋浴座椅、浴帘导轨和轨道、手持花洒系统、配件和标牌	是悉尼、墨尔本、阿德莱德、布里斯班、珀斯以及其他地方的优质老年护理和残疾产品的供应商
Saniline	意大利	斯坦卡法案	洗脸盆、座位、水龙头和淋浴、马桶、浴缸	该公司成立于 2002 年，是在安全扶手领域的领导者，在意大利和国际市场上都十分活跃。秉持着在生产浴室配件时的人文关怀和关注，确保人的安全
Freedom Showers by Accessibility Professionals	美国	美国残疾人法案（ADA）	扶手、淋浴配件、座便器、马桶圈、看护门	该公司的宗旨为关心客户，他们清楚地意识到大多数老化的房屋不能够随着时间的变化而满足随年龄增长而面临的不断变化的需求。秉持着创造一个愉快而安全的生活空间的理念，最大限度地提高弱势群体的独立性和幸福感
Barrier Free Architecturals	美国	美国残疾人法案（ADA）、ADAAG 2010 和 ANSI A117.1 指南以及 2010 年第 24 篇加州建筑标准规范	淋浴配件、淋浴座椅、扶手、轮椅坡道、步入式浴缸、浴缸淋浴、步入式淋浴间、淋浴盘	该公司拥有种类繁多的残疾人花洒、符合 ADA 标准的花洒和符合残疾人权利要求的浴室配件，专为各种能力的人而设计

5.1.3.3　家具和厨房部品

无障碍家具、厨房用品设计也是残障人士日常生活环境的重要组成部分，无障碍家具、厨房用品的研究方向主要包括设计需求和方法论、人体工学、适用性、安全性、智能化、增值特性等要素。

无障碍家具的设计方法论上，一些研究在经典的工业设计理论之上，试图建立自身的设计模型或框架。意大利教育部资助的“老年人、残疾人和无家可归者住宅的空间和家具”（2001—2003）项目开发了一个系统框架，针对老年人、残疾人和无家可归者的住宅展开研究，旨在概述建筑和家具领域的实验解决方案，方案在影响不同生活环境中个体的自主性和融合方面，形成了可靠范例。该项目的研究对象为：需要调整或新增居住设施的不同自理程度的老年人，无论是单身还是有配偶；受创伤或患有慢性、身体或心理疾病，居住在配备特殊设备和辅助设备的治疗或康复设施中；以及由于特定的政治、社会、经济和环境事件而处于临时住房劣势的回迁社区或群体。[28] 南非的“设计包容性：雇用残疾人的家具生产”（2007）项目，不仅设计家具，还鼓励残疾人参与家具生产，推动残障人群的社会融入。[29]

英国住房建设部早在 1969 年制定的《老年居住建筑分类标准》中，就对老年公寓的家具和配套设备提出了要求，并规定了老年公寓的卧室、厨房、浴室等的供暖系统、楼梯、走廊和卫生间的扶手以及防滑地板[30]，为相关产品的设计生产提出了规范。

市场上国外知名无障碍家具品牌有 Hill-Rom、Medline、Invacare 和 Drive 等，其研发范围包含升降椅、可调节高度床、为髋关节手术后设计的臀部椅、提升坐垫等产品，并配有完善的电子商务和配送平台。丹麦品牌 Ikea 在 2019 年推出的 This Ables 系列，将无障碍设计作为其产品的核心设计概念，产品包含适合乘轮椅者用的书架、用于浴帘的把手、用于灯具和沙发升降机的大型按钮、增加沙发的高度并确保残障人士坐卜和起床等产品（图 5-15），旨在改善残障人士的日常生活质量。澳大利亚 Cap 品牌家具制造商主打针对残疾儿童的家具定制服务，通过与儿科医生、残障儿童父母、政府与学校的定期交流，以准确把握残疾儿童的生活需求，其产品包括：驾驶轮椅桌、电动升降台、适应各类残疾儿童的座椅、辅助治疗家具等。

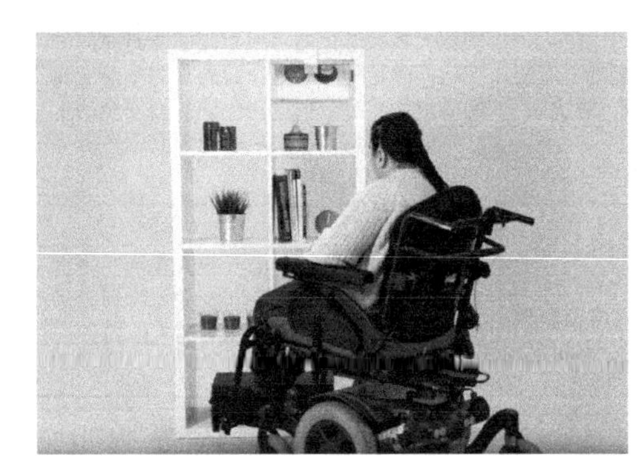
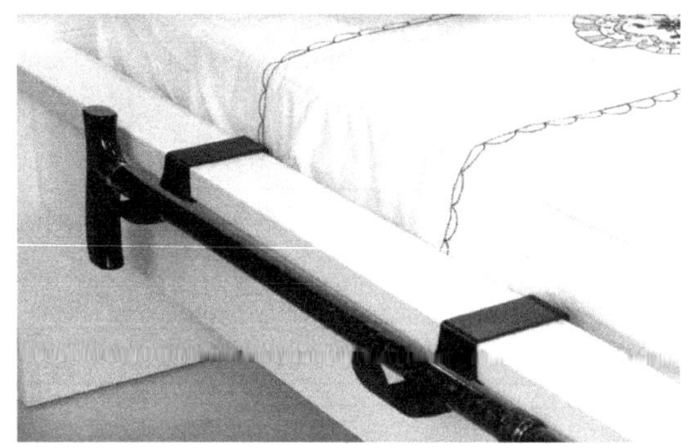

图 5-15　Ikea 推出的 This Ables 家具（来源：Ikea 官网）

目前，国际上有关无障碍厨房的研究项目还比较稀缺，学者的研究成果有一些，这可能是由于厨房产品市场化程度比较高，在市场上的无障碍厨房产品可选择范围也比较多。波兰科学与高等教育部资助的“残疾人厨房功能和空间形式构成”（2014—2015）主要的目标是在不断变化的条件下分析合理的工作过程，分析适合不同残障类型的房间和厨房设备的设计趋势。[31] 斯洛文尼亚的 Hrovatin Jasna，Sirok Kaja 等从用品本身功能性中的安全角度出发，通过对 204 位老年人进行厨房用品的调研，分析了厨房用品常见的缺点，基于此调研结果，团队提出可构建安全厨房整体化服务体系、将厨房用品进行整体化设计的方法。[32] 英国厂商设计的集约式无障碍厨房，设计非常紧凑，方便乘轮椅者小幅度转身操作，提供了轮椅容膝空间，全部采用圆角设计保证安全性（图 5-16）。日本知名厂商松下设计了很多无障碍和适老化厨房用品，采用多级抽拉的橱柜（图 5-17）、下拉式吊柜，方便乘轮椅者使用。美国 OXO 公司的“好握”（GOOD GRIPS）系列厨房和家居用品是通用设计或包容性设计理念的优秀案例，能够符合多用户群体的需求。这一系列产品设计了特殊的把手，提高了残障人士的可操作性，材料和工艺能够适合手部关节操作能力不同的各类人群；多角度易视量杯采用双刻度设计，满足不同习惯操作需求（图 5-18）。

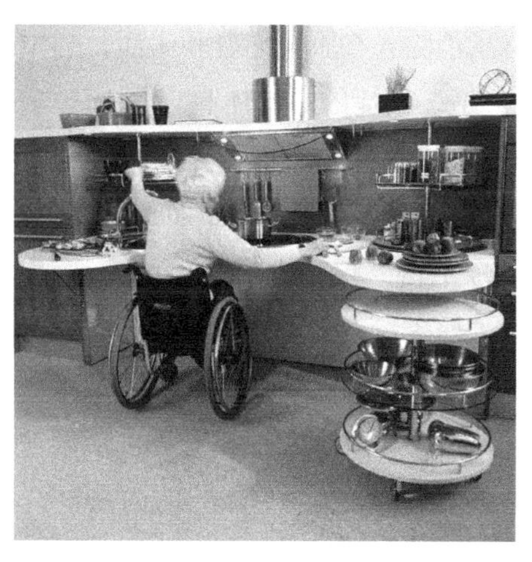

图 5-16　英国某无障碍厨房（来源：搜狐网）

图 5-17　松下多级抽拉橱柜（来源：贾巍杨拍摄）

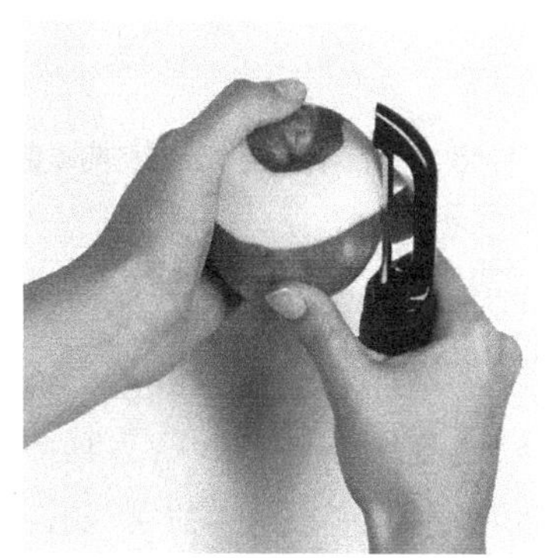
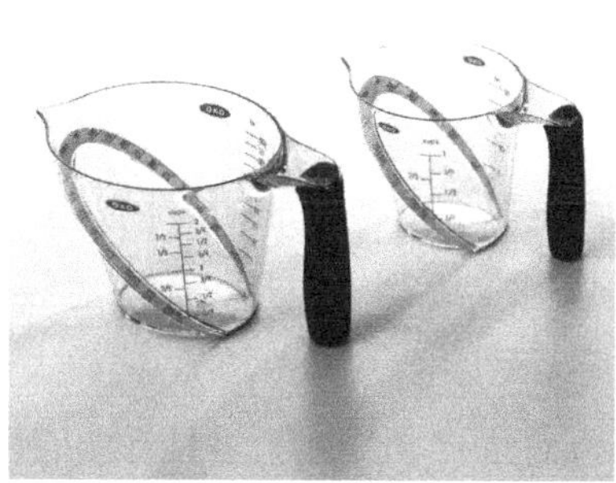

图 5-18　OXO“好握”系列产品（来源：搜狐网）

5.1.4 服装

“无障碍服装设计”是指消除人在服装穿着和生活行为中的困难和障碍。无障碍服装的目标是为使用者提供舒适、便捷的穿衣体验。[33] 相对于建筑领域，服装领域的无障碍设计起步较晚，近些年才有完整商业应用案例。

无障碍服装首要的就是符合残障人士的人体工学，重视功能性和舒适性。美国的无障碍服装设计类型和型号丰富，包括上衣、下装、运动服、睡衣、防雨服、辅助饰品等，并建有完善的电子商务交易平台和服务。在无障碍服装研究上，学术与商业机构表现踊跃。美国帕森斯设计学院开设了无障碍服装设计课程并开展相关研究，Seated Design 是鼓励为坐着的人提供功能性和舒适性的解决方案（图 5-19）。[33] 麻省理工学院 2014 年成立了开放时尚实验室（Open Style Lab），团队涵盖了科技人员、专业医疗人员、残障人士、服装设计师，通过科学实验的方法进行无障碍服装设计。[34]

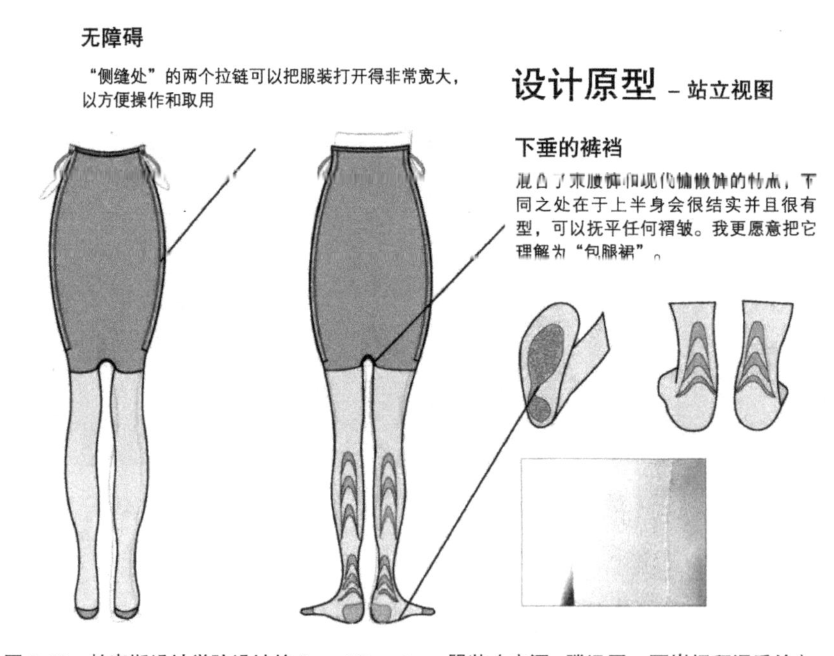

图 5-19 帕森斯设计学院设计的 Seated Pantyhose 服装（来源：腾讯网，贾巍杨翻译重绘）

无障碍服装都很重视穿脱的方便。美国品牌 Tommy Hilfiger 为残疾人群开发了 tommy-adaptive 服装系列，包括可以遮盖假肢的牛仔裤、易穿脱的裤子、领口方便穿脱的 T 恤衫等系列服装（图 5-20），残疾人可以通过网站挑选和购买其产品。美国的 rebounder wear 是面向伤残人士等具有功能性的服装品牌（图 5-21），silverts、resident essentials 是专门面向老年人包括失能老人的服装品牌（图 5-22）；FFORA 是专门服务残障人士的饰品品牌（图 5-23）。Nike 品牌为那些身患疾病行动不便的体育爱好者们专门打造了 FlyEase 系列运动鞋，定位“好穿又好脱”，色彩艳丽，比普通运动鞋穿脱更方便。[34] 韩国三星旗下 HEARTIST 出品了乘轮椅人士系列服装（图 5-24）。埃及无障碍服装品牌“裁衣为你”为无法系扣子或者系腰带的残障人士提供使用钩环扣、拉链和磁性纽扣等替代方案，让残障人士穿衣省时省力。[35]

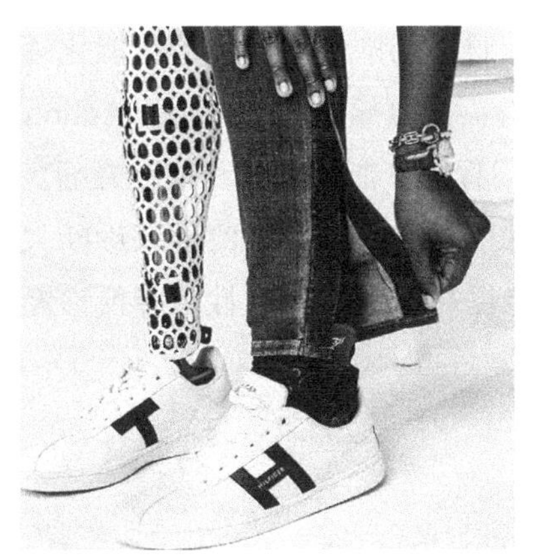
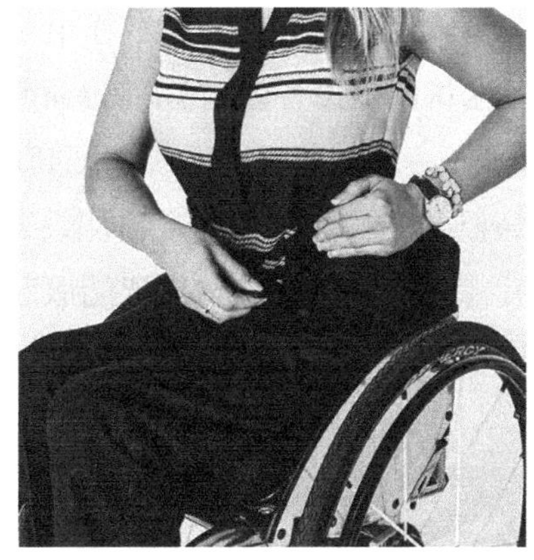

图 5-20　Tommy Hilfiger 无障碍服装（来源：Tommy Hilfiger 官网）

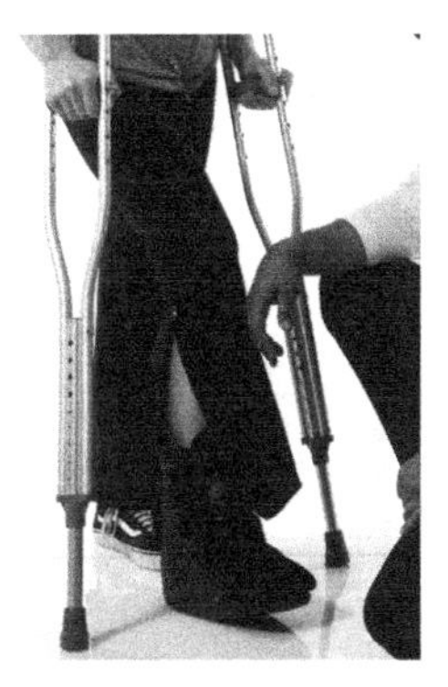

图 5-21　rebounder wear 功能型服装（来源：rebounder wear 官网）

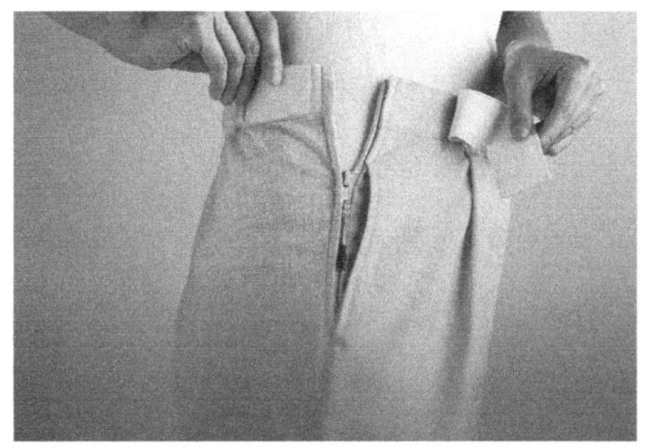

图 5-22　美国 silverts 品牌自理型服装（来源：silverts 官网）

图 5-23　FFORA 饰品（来源：FFORA 官网）

图 5-24　HEARTIST 服装（来源：HEARTIST 官网）

无障碍服装的最新研发趋势之一也是走向智能化。平昌冬奥会各类高性能的智能服饰的运用，助力运动员取得更好的成绩。例如美国官方制造商拉尔夫·劳伦，专为美国滑雪队设计了可以用手机调节强度的电池加热夹克。穿着该夹克像披着一条时尚电热毯，运动员激活保暖夹克就可以辅助加热。我国在闭幕式上为演员定制了石墨烯智能发热服饰，以保证演员在穿着较薄的演出服时，仍维持较舒适的温度且不会被冻伤。日本在无障碍服装的研发中重视残疾人的健康需求、环保性与智能设备的结合，产品不仅包括上衣、下装、鞋履、配饰等，也包括智能化穿戴设备和辅助工具。法国医疗设备公司 BioResenity 与英国癫痫组织 Epilepsy Action 共同开发了 WEMU——一个智能服装系统和配套应用程序，能够监测和诊断癫痫。解决了传统的癫痫病监测依赖于医院固定监测设备的问题。传统的监测导致诊断欠佳和缺乏适当的治疗（图 5-25）。WEMU 智能服装能提高诊断的准确性，降低诊断时间，同时帮助医护人员提供更准确的治疗方案。[33]

图 5-25　WEMU 智能服装（来源：腾讯网）

5.2　我国服装和部品无障碍研发领域科技创新的进展

5.2.1　工业无障碍设计理念和标准

近年来，我国产品无障碍设计发展迅速，从设计理念上来看，多数是学习借鉴国外设计思潮，国内尚未形成系统性的独创设计理念。当前国内无障碍工业设计已经形成了少数的标准，主要的国家和行业标准见表 5-4，其中不少也是直接引入的 ISO 标准。

我国产品无障碍设计标准　　表 5-4

序号	标准名称	标准编号
1	包装无障碍设计一般要求	GB/T 37434—2019
2	无障碍设计盲文在标志、设备和器具上的应用	GB/T 39758—2021
3	包装无障碍设计易于开启	GB/T 40306—2021
4	包装无障碍设计信息和标识	GB/T 40334—2021
5	信息无障碍第 2 部分：通信终端设备无障碍设计原则	GB/T 32632.2—2016
6	信息无障碍用于身体机能差异人群的通信终端设备设计导则	YD/T 2065—2009
7	沿斜面运行无障碍升降平台技术要求	JG/T 318—2011

来源：作者整理。

在知网中检索“无障碍”（包括通用设计、包容性设计）与“工业设计”关键词，仅有几十条结果，尚不足以进行文献计量分析。可见在本领域国内研究数量与国际学术界有较大差距。

5.2.2　残障人体工学

我国目前使用的权威人体尺寸标准仍然是 30 多年前的《中国成年人人体尺寸》GB/T 10000—1988 以及《中国未成年人人体尺寸》GB/T 26158—2010，目前还没有国家、行业、地方或团体的老年人或残障人体尺寸标准。据悉，中国标准化研究院已经开展了多年的全国第二次大规模的成年人人体尺寸测量，并采用了三维人体扫描技术，数据也更为丰富、细致和精确，但是目前尚未形成和发布新的标准。

我国残障人体工学的研究数量还比较少。蒋梦厚在 20 世纪 90 年代对我国部分地区开展了残疾人体尺度调查测量，包括西北的甘肃、青海、陕西、山西、宁夏，东南的安徽、江苏、上海、浙江，中部地区的湖南、湖北、江西、河南。被测者男子 137 人，年龄 18—50 岁；女子 58 人，年龄 18—35 岁。其中以乘轮椅者为主，小儿麻痹后遗症 185 人[36]，中部地区肢体残疾人和所有残疾人人体尺度见表 5-5、表 5-6。同时，还提供了中国残疾人人体身长与健全人的对比（表 5-7）。该成果的尺度数据较少，只有身高、坐高、上肢长、下肢长。

中国中部地区肢体残疾人体尺度　　表 5-5

性别	百分位（%）	身高（mm）	坐高（mm）	上肢长（mm）	下肢长（mm）
男子	99	1752	987	751	968
	95	1717	950	746	938
	90	1710	930	740	927
	50	1660	874	697	855

续表

性别	百分位（%）	身高（mm）	坐高（mm）	上肢长（mm）	下肢长（mm）
男子	10	1569	780	637	804
	5	1526	755	623	790
	1	1454	718	608	738
女子	99	1637	946	737	935
	95	1625	876	724	915
	90	1611	867	714	903
	50	1550	826	662	838
	10	1476	766	600	773
	5	1448	712	583	713
	1	1374	658	573	694

来源：蒋梦厚《无障碍建筑设计》，其中包括西北地区部分残疾人。

中国中部地区残疾人体尺度　　表 5-6

性别	百分位（%）	身高（mm）	坐高（mm）	上肢长（mm）	下肢长（mm）
男子	99	1772	978	778	1027
	95	1746	951	751	956
	90	1731	933	745	935
	50	1669	884	704	862
	10	1572	793	639	795
	5	1532	764	626	757
	1	1462	723	611	682
女子	99	1689	925	733	936
	95	1645	883	718	916
	90	1632	867	709	897
	50	1556	822	664	838
	10	1475	736	625	745
	5	1442	706	597	717
	1	1232	600	572	681

来源：蒋梦厚《无障碍建筑设计》，其中包括西北地区部分残疾人。

中国残疾人与健全人人体身长比较　　表 5-7

	50 百分位《中国成年人人体尺寸》GB 10000—88	肢体残疾人	残疾人
男子	1678	1660	1669
女子	1570	1550	1556

来源：蒋梦厚《无障碍建筑设计》。

中国建筑设计研究院适老建筑实验室是一个开放的研究平台，测量积累了大量老年人、残疾人的人体工学数据，承接了国家标准《老年人居住建筑设计规范》的实验委托，为标准中关键参数的确定提供了数据支持。该研究团队在国家重点研发计划项目“无障碍、便捷智慧生活服务体系构建技术与示范”（2019—2022）中对 103 位轮椅使用者的测量数据进行了平均值与中位数统计，提出中位数优先、性别均好性研究原则，结合人体尺度数据，对容膝空间、门窗把手高度、窗台高度等（图 5-26）进行基于轮椅使用者需求的尺度研究，并提出了相关设计建议。[37]

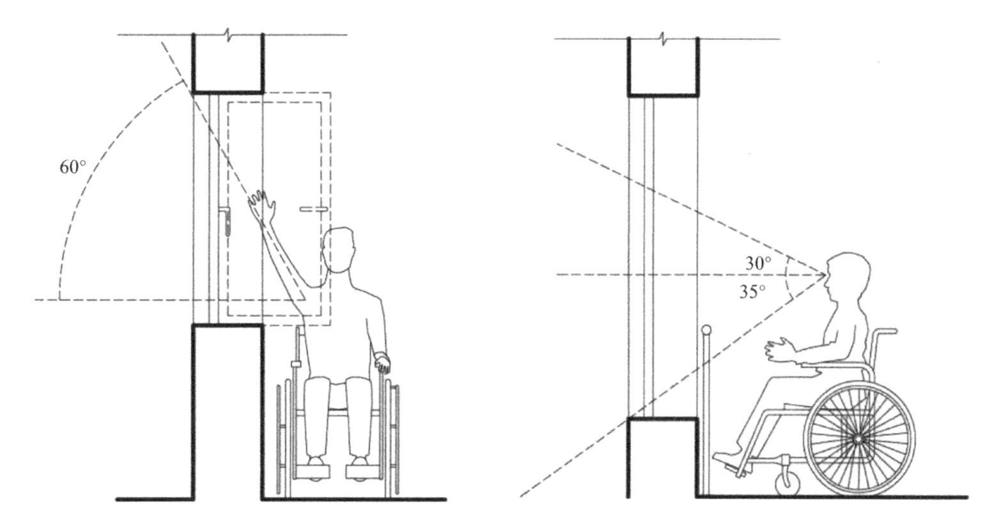

图 5-26　轮椅使用者开窗操作及窗洞口视野设计要求（来源：刘浏，王羽，张茜《轮椅使用者人体尺度测量与居住环境关键节点尺度设计研究》）

除了残障人体尺度，在针对产品力学性能的人体工学方面也有一定量研究成果。香港理工大学深圳研究院承担的国家自然科学基金项目“足踝支撑对膝关节的生物力学影响”（2013—2016）在实验研究的基础上，进一步建立人体下肢一体化生物力学有限元模型，以研究在步态不同时相及不同足底支撑条件下，足、踝和膝关节的生物力学及其相互作用。该研究将增进对人体下肢力传导的了解，量化足底支撑对膝关节的生物力学影响，为鞋子和康复辅具的科学设计提供理论基础。[38]

5.2.3　部品

对国内研究文献进行“产品”或“部品”与“无障碍”（含通用设计、包容性设计）检索，文献超过 8000 篇，研究热点术语为：住宅产业化、装配式建筑、建筑工业化等，居前的主题大多与建筑业有关，因此本研究在此领域聚焦于建筑业相关的部品和产品展开（图 5-27）。

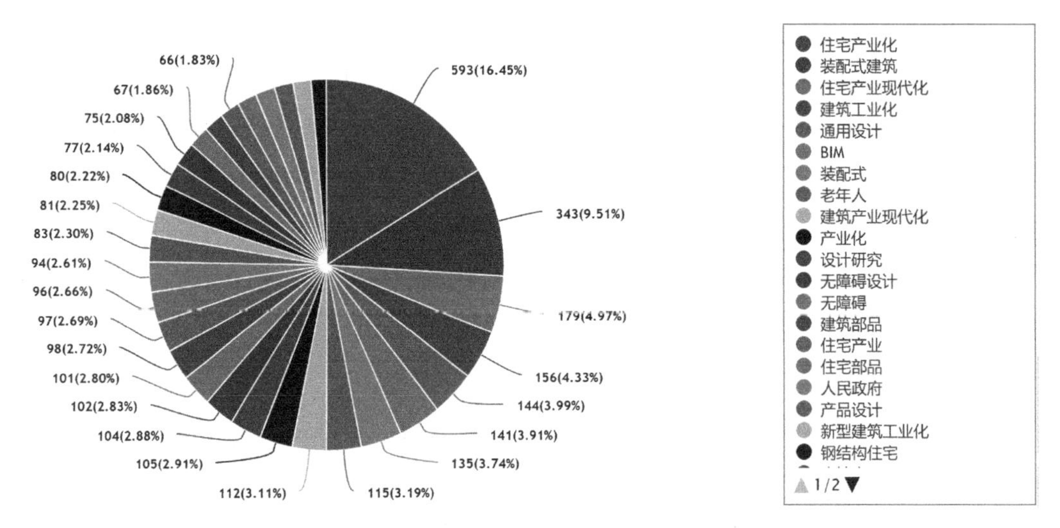

图 5-27 “无障碍”或“通用设计”或“包容性设计”与“产品”或“部品”的研究热点主题（制图：贾巍杨）

5.2.3.1 电梯、升降平台

国内无障碍电梯和升降平台研究目前还处于起步阶段，相关研究项目较少，在国家级大学生创新创业项目中，有多功能上下楼梯轮椅开发、多功能电动爬楼机、智能爬楼梯轮椅设计等课题，具有一定的研究潜力。湖南海诺电梯有限公司承担了中小企业技术创新基金“滚轮驱动无障碍电梯”项目研究，该公司引进德国技术，专业制造曳引电梯、无障碍升降设备、家用别墅电梯、自动扶梯等产品，具有丰富的无障碍电梯、升降平台设计和维护经验。

在实践中我国投入使用的无障碍电梯已经拥有比较好的性能。例如国家残疾人冰上运动比赛训练馆运动员公寓的无障碍电梯，具有以下人性化设计特征：外部按钮增设了脚部操作按钮，方便上肢残障等人士操作；电梯门通行宽度超过 1m，且设计为透明玻璃门，两边的乘客能够彼此观察到以避免相撞；轿厢内外的两个同指示方向按钮联动，内外会同时亮起给予提示（图 5-28）。[39]

通过对国内外无障碍设计标准的梳理，可以发现无障碍电梯在尺度设计要求上的一些异同之处（表 5-8）。

国内外无障碍电梯设计标准比较　　表 5-8

	美国	英国	德国	中国
等候区域	30″×48″（762mm×1219.2mm）	1500mm×1500mm	≮ 1500mm×1500mm	深度≮ 1500mm，公共建筑深度≮ 1800mm
按钮、楼层显示屏距离地面高度	≯ 48″（1219.2mm）	900 ~ 1000mm，且带有触觉识别	900 ~ 1000mm	900 ~ 1100mm，设置抵达声音
电梯使用面积	≮ 48″×54″（1219.2mm×1371.6mm）	1100mm×1400mm	≮ 1100mm×1400mm	≮ 1100mm×1400mm

续表

	美国	英国	德国	中国
门有效宽度	42″（1066.8mm）	≮ 800mm	≮ 900mm	≮ 900mm
内部是否设置扶手	——	是	是，高度约为 850mm	是，高度 850 ~ 900mm
按钮大小	≮ 0.75″ × 0.75″（19.05mm × 19.05mm）	——	≮ 50mm × 50mm	≮ 50mm × 50mm
楼层按钮距离地面高度	≯ 48″（1219.2mm）	900 ~ 1200mm，字母与数字带有触感识别和声音提示	900 ~ 1000mm，有触觉和视觉两种信号	900 ~ 1100mm，盲文置于按钮旁
是否有对门镜子	——	——	是	是，正面高 900 mm 处至顶部

来源：常慧佳整理。

在家用小型无障碍电梯领域，国内市场上也已有不少自主研发的产品投入应用。我国山东省有很多厂商能够生产家用小型电梯，其中液压式电梯无需井道即可安装（图 5-29）。

图 5-28　国家残疾人冰上运动比赛训练馆运动员公寓的无障碍电梯（来源：贾巍杨拍摄）

图 5-29　液压式家用电梯（来源：爱采购网）

5.2.3.2 卫浴产品

卫生间无障碍设施主要包括坐式便器、洗浴器和洗面器等，其具体尺度应该考虑乘轮椅人的进入和使用要求，在满足安全性要求的基础上，应保持清洁和使用的舒适性。目前，国内尚无大型无障碍卫生间设计科研项目，在国家级大学生创新创业项目中，包括：老年人智能马桶、脚踏式自动翻盖马桶座圈、智能老人便携马桶轮椅床、轮椅式厕所等项目，对老年人和残障人士适用的卫浴产品的研究在加速发展当中。

北京市建筑设计研究院无障碍通用设计研究中心研究编写了《无障碍卫生间设计要点图示图例解析》一书，针对通用设计的特点、无障碍需求者的实际、无障碍设计师的愿望，采用图示解析的有效方法，将无障碍卫生间专项设计中的每一个点线面闭环相连，以设计要点图示、图例、图解、图析的方式（图 5-30），展现给使用者。[40]

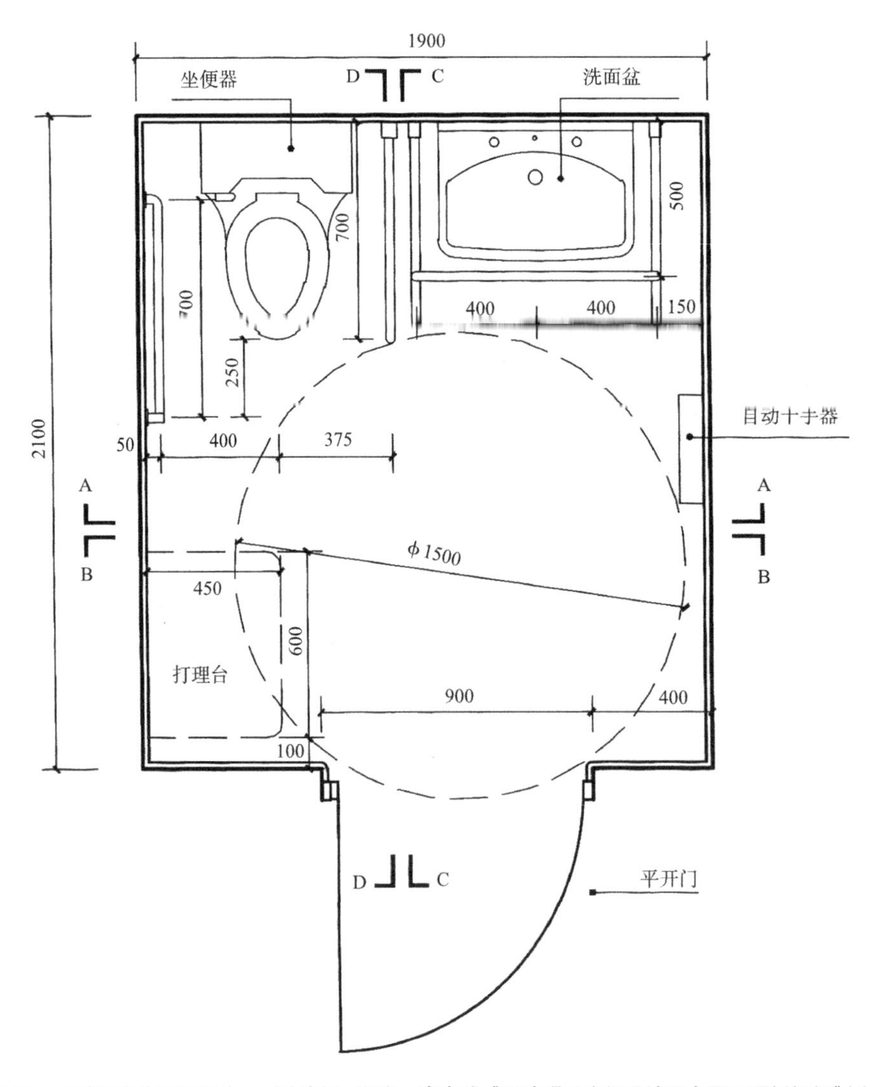

图 5-30 无障碍卫生间图示（mm）（来源：郑康，李嘉峰《无障碍卫生间设计要点图示图例解析》）（一）

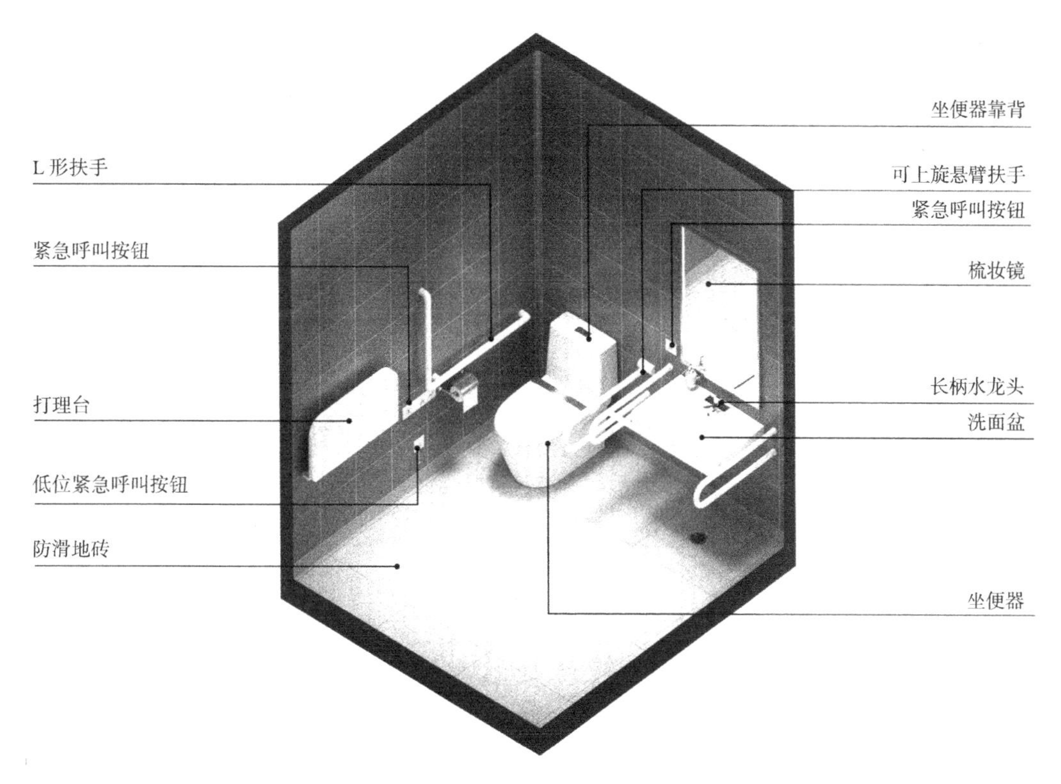

图 5-30　无障碍卫生间图示（mm）（来源：郑康，李嘉峰《无障碍卫生间设计要点图示图例解析》）（二）

我国在无障碍卫浴市场方面的发展起步晚，在市场化方面还有很大发展空间。目前自主研发的产品如九牧公司为老年人设计了一款马桶升降辅助器 PROTECTOR，采用了 12° 倾斜角帮助腿脚不便的老年人起身（图 5-31）；产品还具有智能特性，在使用者久坐时发出提醒，避免潜在风险；还可以检测使用者心率，在发生异常状况时可以一键向监护人发出求救信号。尚雷仕公司的浴缸产品研发了适合残疾人、老年人洗浴的设计方案，侧开门方便残障用户较为轻松地进入浴缸，然而其在防滑、需要等待给水方面还有待提升（图 5-32）。

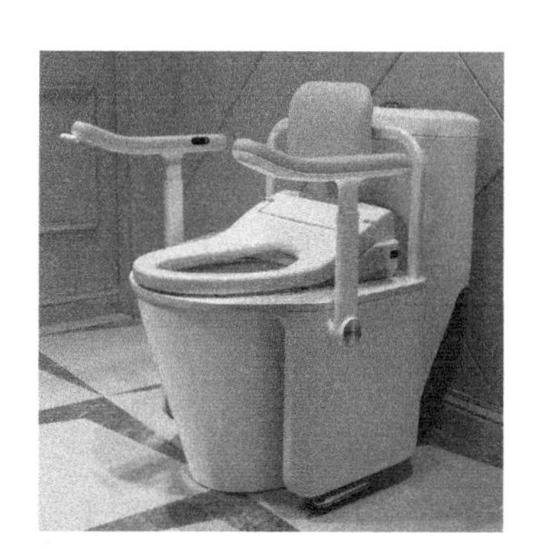

图 5-31　九牧设计的马桶升降辅助器 PROTECTOR（来源：搜狐网）

图 5-32　尚雷仕无障碍浴缸（来源：尚雷仕公司网站）

5.2.3.3　家具和厨房部品

家具是老年人和残障人士日常生活的主要设施，在设计上应充分考虑老年人和残疾人的具体生理特征，住宅内家具主要包括：符合无障碍要求的桌椅、橱柜、床品等。当前无障碍家具的设计研究的发展趋势包括功能性、健康性、智能化、体系化。

在无障碍家具设计原则、设计方向研究上，天津科技大学承担的天津市应用基础研究计划面上项目《残障人士室内家具三维特征模型构建及应用研究》（2006）分析了老年人的生理与心理特点，基于无障碍设计理论对老年人家具的设计提出了尺度性原则、安全性原则、体验性原则、人性化原则，为老年人家具设计提供参考和依据。[41]江苏省研究生“国际智慧康养家具设计与工程”项目基于文献计量可视化的研究有助于了解国内外适老家具的研究热点，从中外文数据库选取 1990—2021 年间有关适老家具的中英文文献总计 2677 篇，借助文献计量软件知识图谱作为研究切入点，深度挖掘适老家具的研究热点与未来发展趋势。[42]

国家重点研发计划项目成果《自理型老年公寓家具功能性研究》《适老家具功能需求和自理老人需求匹配分析》《康养家具行业发展现状与趋势》等形成了一系列适老家具的研究成果，对无障碍家具的功能性、智能化、体系化趋势均有涉及。项目对适老家具市场和老年公寓的调研为基础，结合有关老年人的生理、心理及行为特征的分析研究，总结了在自理型老年公寓室内家具设计中的功能设计要点[43]；总结归纳了自理老人的生理特征、心理特征、情感需求和消费模式，并对市场上适老家具的种类、材质、风格、色彩、功能进行调研分析，提出了自理老人需求理论，据此理论框架给出适老家具设计方法，以匹配自理老人需求，并针对市场上适老家具产品存在的问题提出改良方法[44]；细分康养家具类别，当前医疗、体育、旅游产业蓬勃发展，使康养家具拥有更丰富的应用潜力、更广阔的市场前景，加之智能技术应用，开创了“互联网 +”“智能 +”“康养 +”新方向。[45]

国家重点研发计划项目课题"木制品表面绿色装饰技术研究"相关成果对适老家具的健康环保要求进行了阐述，并在借鉴学习日本适老家具设计的基础上，着重分析国内现有适老家具存在的不足，通过结合日本适老家具的优点和中国传统家具的特点，提出国内适老家具设计的趋势。[46] 中国轻工业联合会资助项目成果《基于 HSB 色彩模型的适老沙发主流产品色彩分析与研究》在探究老年人的生理、心理特征以及对于沙发色彩需求的基础上，选取目前国内主流适老家具品牌的沙发颜色为典型样本，借助 HSB 色彩模型进行色相、纯度、明度的色彩定量分析，得出了适老沙发色相以橙色系的暖色为主，色彩纯度低且明度趋于中高的数据结论，并提出了总结建议。[47]

厨房无障碍设施不仅包括厨房家具，如桌椅、橱柜，还包括灯光照明、门窗、餐厨用具、厨房电器等。目前，国内对无障碍厨房部品的研究还比较少，在国家级大学生创新创业项目中有现有住宅厨房的适老化改造、多元化养老等项目。国内市场对无障碍厨房部品的研发也比较欠缺，与国外厂商有一定差距，一部分原因是很多高校和研究机构的设计成果没有转化为市场化的成熟产品。国内较成熟的厨房用品市场上，如广东康思源医养家具有限公司生产的无障碍厨房家具，操作台下有轮椅容膝空间，吊柜为下拉式设计（图 5-33）。

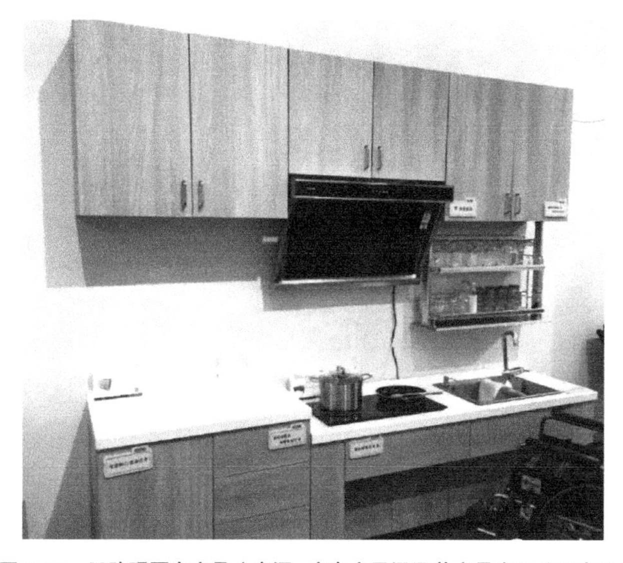

图 5-33　无障碍厨房家具（来源：广东康思源医养家具有限公司官网）

5.2.4　服装

国内无障碍服装方面的研究主要包括：无障碍服装设计、心理研究、面料评价、服装结构研究以及无障碍服饰的商业化等内容。我国学者开展了对肢体障碍者的走访和问卷调查，基于肢残人士的服装需求、生理和心理特点研究无障碍服装设计的主要原则和影响因素，如“肢体障碍形式、开襟方向、独立穿脱性、宽松度、可否单手操作、面料舒适性等”。[48] Yan Hong 等采用三维扫描技术对残疾人进行人体扫描和关键点识别，从而设计开发出三维虚拟服装原型，为利用数字化手段开展无障碍服装研究提供了参考。[49]

2008 年，我国无障碍服装的系统研究启动。为推广无障碍服装设计和人文理念，北京工业大学艺术设计学院于 2010 年，开设了“功能性服装设计课程”和“无障碍服装设计”两个研究方向，引导和提高学生对无障碍服装设计的关注度。

2018 年，北京服装学院康健中心设计团队在中国残联的支持下，成立了北京服装学院无障碍服装研究中心，取得了冬残奥会康健服装、轮椅服装系列等研究成果。开发产品包含轮椅快穿裤、无障碍轮椅夹克、L 形羽绒服、易穿脱安全鞋等，涵盖了正装、运动、休闲、礼服等类型，研究中心已搭建起无障碍服装技术研究、产品开发、生产运用平台。2019 年 12 月，北京服装学院开展了“非常美”无障碍服装展演活动（图 5-34），展出 40 多套设计制作的无障碍服装。[50]

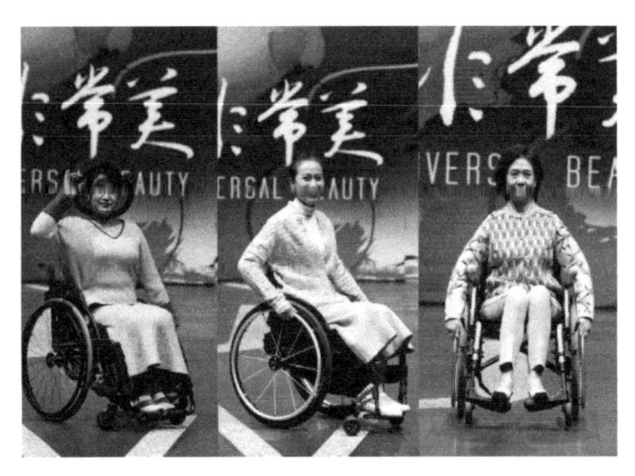

图 5-34 “非常美”无障碍服装展演活动（来源：腾讯网）

5.3 重大标志性成果

在无障碍服装领域，为 2022 冬残奥会服务的国家重点研发计划“科技冬奥”重点专项“冬季运动与训练比赛高性能服装研发关键技术”取得了重大标志性成果。该项目由北京服装学院牵头，联合 6 所高校、4 家企业攻关，研究领域涉及纺织科学与工程、服装设计与工程、机械工程、热物理、生物力学、体育科学六个学科，解决“快、护、暖、美”四个关键技术问题（图 5-35），实现竞速类项目服装、防护材料及装备、耐低温保障材料和技巧类项目服装四类产品创新。[51]

“快”瞄准冬奥竞速类项目比赛服装的综合减阻问题，解决多参数耦合条件下冬季运动竞速类比赛服装跨尺度协同减阻机制。最新款速滑竞速服，经风洞实验测试了 56 种比赛服结构、122 种减阻面料，基于运动员技战术特点为其量身定制。高山滑雪服装在 32m/s 风速时的综合阻力相比先进国家水平明显进步。

“护”专注于训练比赛过程中服装装备的保护性能。冬季运动项目的特点导致伤害风险较高，主要有冲撞和刺割两类损伤，为解决该问题开展了综合研究。目前研发的高山滑雪训练防护服采用新型的柱状阵列式抗冲击结构和新型吸能缓震材料，并贴合运动员体型，能有效减少高山滑雪运动员穿越旗门时的抽打伤害。短道速滑比赛服全身使用防切割面料，全面保护运动员身体，同时考虑肌肉压缩、服装减阻功能。

“暖”是冬季项目的通用需求。冬奥和冬残奥会项目都需要保暖，主要有提升纤维保暖率和智能主动加热技术两种实现方式。项目研发的“堡垒”综合保暖系统，具备防风、防水、透气、耐磨、高效保暖多种功能。装备由主动电加热护脸、马甲、手套、袜子、坐垫组成，给予人体全面防护，经测试在零下 30℃气温可持续作业超过 3 小时。

“美”是服装设计的永恒追求。以花样滑冰比赛服为例，任何一套方案都是源于音乐主题和舞蹈编排概念，基于人体工学定制设计。同时，服装也要表达中国传统文化和东方传统美学。

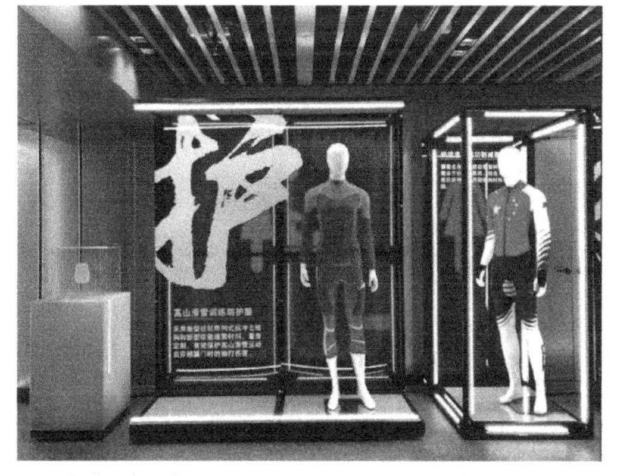

图 5-35　冬季运动与训练比赛高性能服装研发关键技术展出（来源：搜狐网）

5.4 与世界先进水平的差距及存在的短板

在工业无障碍设计理念与标准方面，尚未形成自主的设计方法论和完善的标准体系。国内无障碍产品和服装的设计理念基本都是引进国外的工业设计成熟理论，而无障碍工业设计标准大多也是直接引入 ISO 相关标准。

在残障人体工学研究方面，残障人体数据研究样本少，权威数据标准缺失。我国人口总数多，因此老年人、残疾人的绝对数量比较高，其人体工学数据包括不同类型残障的人体工学数据的缺失，对我们的无障碍工业设计包括建筑环境设计行业来说，就缺少了基础性数据支撑和设计依据。

在无障碍部品设计方面，自主研发能力弱，以引进国际产品为主。无障碍产品的市场化方面，研究机构与企业缺少深入合作，我国无障碍部品和无障碍服装的产业化发展空间还很大。

5.5 未来发展方向

未来无障碍部品和服装领域的研究方向包括：

1. 残障人体工学数据库研发。目前，我国还没有自主知识产权的老年人、残疾人等残障群体的人类工效学数据库，这导致我们的产品和环境无障碍设计一直缺乏相关的依据支撑。应加大数据调研采集力度，加快我国的大样本残障人体工学数据库研发。

2. 基于国情的无障碍工业产品设计方法论和标准研发。中国具有悠久的传统历史文化，国人也具有不同于西方人的生理特征，应基于中国国情和文化，梳理总结和研发适合我国残障人士使用、反映中华文化底蕴的各类产品的设计技术或设计策略，并形成我国自主的工业无障碍设计标准体系。

3. 基于大数据的残障需求精准适配产品设计技术。我国的残障人群绝对数量以及不同残障类型的基数都比较多，这为我们基于大数据的需求研究提供了条件。在此基础上能够研发出更具适应性的无障碍部品和服装。

4. 无障碍智能家居体系。智能化是无障碍环境和服务所有领域发展的重要方向，未来的无障碍部品，必定会与智能家居系统整合。利用最新的信息技术，为残障人群提供最大的生活便利。

5. 高性能、功能型残疾人服装和装备研发。残疾人参加重大体育赛事，代表了残疾人奋发向上的精神，体现了社会文明发展的程度。随着残疾人运动向着愈来愈专业化的趋势发展，对其所需要的服装和装备提出了更高的要求。未来的研发包括新型无障碍服装材料、提升竞赛成绩、运动员伤害防控等方向。

6. 抗疫、防疫的新型无障碍部品产品研发。新冠肺炎流行使得全球的卫生防疫形势更加严峻，在此形势下我国应及早布局研发具有抗疫、防疫功能的电梯、辅具、服装等各类产品设计和制造技术。新的外部条件为我国的无障碍工业设计发展提供了弯道超车的机遇。

7. 产业化、经济适用型无障碍部品服装研发。残障者在家庭和日常生活中的休息行为、卫生行为、饮食行为、家居行为、休闲行为、精神行为同样值得我们去关注。布局开发残障人士日常产品大量化、工业化生产的技术范式，不但是一项公益事业，也具有广阔的市场潜力。

参考文献

[1] 张嫦娥 . 工业产品的用户体验设计 [D]. 西南交通大学，2010.

[2] 游晓宇，蒋雯 . 以用户体验为核心的产品设计研究 [J]. 社会工作与管理，2011，11（3）: 66-68.

[3] 赵超 . 老龄化设计：包容性立场与批判性态度 [J]. 装饰，2012（9）: 16-21.

[4] Norman D A . The Design of Everyday Things [M]. New York：Basic Books，2002.

[5] Kuniavsky M. Observing the User Experience：A Practition-erps Guide to User Research [M]. San Francisco，USA：Morgan Kaufmann Publishers，2003.

[6] Marc Stickdorn，Markus Edgar Hormess，et al. This Is Service Design Doing[M]. O'Reilly Media：2016.

[7] John Clarkson，Simeon Keates，Roger Coleman，et al. Inclusive Design：Design for the Whole Population[M]. London：Springer，2003.

[8] MIT Agelab. Agnes（Age Gain Now Empathy System）[EB/OL]. [2022-01-20]. agelab.mit.edu.

[9] 董华 . 包容性设计：英国跨学科工程研究的新实践 [J]. 工程研究 - 跨学科视野中的工程，2011，3（1）: 19-25.

[10]（美）狄里，美国亨利 • 德雷福斯事务所编 . 设计中的男女尺度 [M]. 天津：天津大学出版社，2008.

[11] 日本建筑学会编 . 新版简明无障碍建筑设计资料集成 [M]. 北京：中国建筑工业出版社，2006.

[12] W F Floyd，et al. A Study of the Space Requirements of Wheelchalr Users[J]. PARAPLEGIA，1966，4（1）: 24-37.

[13] NARIC. Rehabilitation Engineering and Research Center（RERC）on Universal Design and the Built Environment at Buffalo [EB/OL]. [2022-01-20]. naric.com 网站 .

[14] NIH. Development of Accessible，Ergonomic Laboratory Benches[EB/OL]. [2022-01-20]. 美国国立卫生研究院网站 .

[15] INFORMAČNÍ SYSTÉM VÝZKUMU，VÝVOJE A INOVACÍ. HR184/09-ERGONOMICKÉ ŘEŠENÍ PRACOVNÍHO MÍSTA PRO OSOBY SE ZDRAVOTNÍM POSTIŽENÍM [EB/OL]. [2022-01-20]. isvavai.cz 网站 .

[16] Dimensions. Ergonomics of Devices in the Field of Assisting Techniques for Disabled People and the

Elderly[EB/OL]. [2022-01-20]. app.dimension.ai 网站 .

[17] S T Pheasant. Bodyspace：Anthropometry，Ergonomics，and the Design of Work[M]. Abingdon：Taylor and Francis，1998.

[18] JST. 定荷重バネを用いた耐地震型安全ホームエレベータの開発研究 [EB/OL]. [2021-6-25]. projectdb.jst.go.jp 网站 .

[19] KAKEN. Research on Traffic Control and Handling Capacity of Evacuation Elevator[EB/OL]. [2021-6-25]. kaken.nii.ac.jp 网站 .

[20] Pve. Wheelchair Accessible Home Elevate[EB/OL]. [2021-6-25]. vacuumelevators.com.

[21] Die Bunderegierung. Mit frei Verfügbaren Aufzugsdaten Barrierefreies Routing für Menschen Mit Mobilitätseinschränkungen Ermöglichen - Elevate[EB/OL]. [2021-6-25]. 德国联邦经济事务和气候行动部网站 .

[22] Natural Sciences and Engineering Research Council of Canada. NSERC's Awards Database[EB/OL]. [2021-6-25]. nserc-crsng.gc.ca 网站 .

[23] 马遛 . 德国的公厕 [J]. 城乡建设，2005（3）：67-68.

[24] Wall. city-toiletten [EB/OL]. [2021-6-25]. wall.de 网站 .

[25] UKRI. Universal Accessible Toilet Module（UAT）- Birley Sub2 [EB/OL]. [2021-6-25]. gtr.ukri.org 网站 .

[26] CORDIS. Intelligent Sanitary Unit for Disabled and Elderly People[EB/OL]. [2021-6-25]. cordis.europa.eu 网站 .

[27] Swedish Research Council. WEC，A Turnable Water Closet，Sets a New Standard to Accessible Bathrooms[EB/OL]. [2021-7-25]. vr.se 网站 .

[28] MIUR. Ministero Dell'istruzione，Dell'universtà e Della Ricerca Scientifica[EB/OL]. [2021-7-25]. cercauniversita.cineca.it.

[29] NRF. Inclusion by Design：Furniture Production Employing People with Disabilities[EB/OL]. [2021-7-25]. 南非国家研究基金网站 .

[30] Pride. 带你领略国外特色老年公寓 [EB/OL]. [2021-7-25]. pridecn.org 网站 .

[31] Dimensions. Forming Functional and Spatial Forms of the Kitchen of People with Disabilities[EB/OL]. [2021-7-25]. app.dimension.ai 网站 .

[32] Hrovatin J，Širok K，Jevšnik S，et al. Adaptability of Kitchen Furniture for Elderly People in Terms of Safety[J]. Drvna Industrija，2012，63（2）：113-120.

[33] 腾讯网 . 行业洞察：服装无障碍设计 Easy Dressing [EB/OL]. [2021-7-25]. 腾讯网 .

[34] 王琪峰 . 好穿好脱无障碍服装问世身障人士的时尚“便衣”[J]. 环境与生活，2018（7）：40-45.

[35] 新华社 . 时尚适合所有人埃及设计师为残障人士制作“无障碍服装”[EB/OL]. [2021-7-25]. 新华网 .

[36] 蒋孟厚 . 无障碍建筑设计 [M]. 北京：中国建筑工业出版社，1994.

[37] 刘浏，王羽，张茜 . 轮椅使用者人体尺度测量与居住环境关键节点尺度设计研究 [J]. 城市建筑，2021，18（23）：69-73.

[38] NSFC. 足踝支撑对膝关节的生物力学影响 [EB/OL]. [2022-01-20]. 国家自然科学基金大数据知识

管理门户 .

[39]　张欣，胡若谷，焦倩茹，李越阳 . 绿色场馆无障碍设计策略研究——国家残疾人冰上运动比赛训练馆 [J]. 建筑技艺，2019（10）：90-93.

[40]　郑康，李嘉锋 . 无障碍卫生间设计要点图示图例解析 [M]. 北京：中国建筑工业出版社，2021.

[41]　张琲，程俊飞 . 无障碍设计原理在老年人家具中的应用 [J]. 包装工程，2007（03）：118-120.

[42]　周橙旻，黄婷，罗欣，梁爽，Jake Kaner. 基于文献计量可视化的适老家具研究热点分析 [J]. 林产工业，2021，58（12）：73-77，83.

[43]　周焘，周橙旻 . 自理型老年公寓家具功能性研究 [J]. 家具，2018，39（2）：39-43.

[44]　周橙旻，赵晗肖，Stefano Follesa，梁爽 . 适老家具功能需求和自理老人需求匹配分析 [J]. 林产工业，2020，57（7）：50-54.

[45]　周橙旻，吴智慧，罗欣，李珂心 . 康养家具行业发展现状与趋势 [J]. 家具，2020，41（2）：1-6.

[46]　冯鑫浩，马玉香，吴智慧 . 日本适老家具对中国适老家具设计的影响与启示 [J]. 家具与室内装饰，2020（5）：26-27.

[47]　孙萌，蔺秀媛，顾颜婷 . 基于 HSB 色彩模型的适老沙发主流产品色彩分析与研究 [J]. 家具与室内装饰，2019（7）：89-91.

[48]　王琪 . 无障碍服装设计模型研究与应用 [J]. 艺术设计研究，2020（3）：37-40，114.

[49]　Yan Hong，Xianyi Zeng，Pascal Bruniaux，Kaixuan Liu. Interactive Virtual Try-on Based Three-dimensional Garment Block Design for Disabled People of Scoliosis Type[J]. Textile Research Journal，2017，2（10）：1261-1274.

[50]　中国日报网 . “北京服装学院非常美”无障碍服装展演在京举行 [EB/OL]. [2022-01-20]. 中国日报网 .

[51]　胡晨娜 . 冬奥比赛服体现“快护暖美”[N]. 中国纺织报，2021-01-27.

第6章 信息无障碍

6.1 国际科技发展状况和趋势

信息无障碍（Information Accessibility）是指通过信息化手段弥补身体机能、所处环境等存在的差异，使任何人（无论是健全人还是残疾人，无论是年轻人还是老年人）都能平等、方便、安全地获取、交互、使用信息。[1] 联合国《残疾人权利公约》第9条将信息通信技术的无障碍获取定义为无障碍获取权利的一个组成部分，与交通和物质环境同等重要。[2] 信息无障碍理念的内涵，基本的是消除肢体、感官和认知等残障导致的信息获取、信息利用障碍，更重要的是实现信息技术与无障碍设施和服务的融合。无障碍信息产品和服务包括电信、视听媒体服务、网络和新兴技术。[3]

6.1.1 国际信息无障碍发展概述

6.1.1.1 国际电联发起信息无障碍倡议

国际电信联盟（以下简称国际电联，英文缩写为ITU）是主管信息通信技术事务的联合国机构。2005年，国际电联成员在信息社会世界高峰会议上签署《突尼斯承诺》，第20条提出“我们将特别关注社会边缘化和弱势群体的特殊需要，包括移民、无家可归者、难民、失业和贫困群体、少数群体和游牧民族、老年人和残疾人”。[4] 在会议达成的《行动计划》中，提出要“鼓励设计和推出信息通信技术设备和服务，使包括老年人、残疾人、儿童和其他处境不利群体和弱势群体在内的所有人，都能方便地并以可承受的价格使用这些设备和服务”[5]，由此引申出“信息无障碍”理念并倡议各国开展相关工作。我国是信息无障碍工作的倡议国和发起国之一，我国政府高度重视并全面推进信息无障碍环境建设。

2018年国际电联代表大会通过了“残疾人和有具体需求人群无障碍地获取电信”的第175号决议，还批准了《连通目标2030议程》，其中提出了国际电联及其成员国承诺到2023年要实现的愿景、总体目标和具体指标。[6]

6.1.1.2 国际组织信息无障碍工作

国际电联致力于增加残疾人对信息和通信技术（ICT）的获取，如提高他们对获取电信权利的认识；将无障碍纳入国际电信标准制定的主流；就关键的无障碍问题提供教育和培训。国际电联秘书处提供了一个具有全球影响力的宣传平台，还监督国际电联三个部门开展无障碍工作，从而确保在这3个部门——研发（ITU-D）、无线电通信（ITU-R）和标准化（ITU-T）领域开展的活动得到有效协调。[7] 例如ITU-T开展了无障碍和人为因素联合协调活动、IEC/ISO/ITU关于标准化和无障碍的联合政策声明、视听媒体无障碍研究和相关主题活动等一系列工作，发布了文本电话等很多信息无障碍标准。

W3C（The World Wide Web Consortium，万维网联盟）是万维网（World Wide Web）领域最具影响力的主要国际性技术标准组织，也是一个讨论 Web 技术的开放论坛。W3C 已发布了在全球影响深远的网站无障碍设计标准 WCAG——《Web 内容无障碍指南》，目前最新版本是 WCAG 2.2。

国际标准化组织 ISO 也围绕信息无障碍制定了信息通信技术中的用户界面、人机交互、电子化学习和教育等标准，并为包括无障碍需求人群在内的所有用户提供标准化服务接口。

6.1.1.3　各国和地区的信息无障碍工作

美国在 1973 年通过《康复法案》（Rehabilitation Act），要求联邦政府与地方政府使用无障碍的电子信息技术与产品。对于企业则通过经济手段鼓励其在研发产品时积极纳入无障碍设计需求，有效提升了信息技术厂商对无障碍的投入和重视程度。[8] 1996 年颁布的《通信法案》（Telecommunication Act），要求包括残疾人、老年人在内的所有人都能够享受各种信息服务及平等操作使用各类机器设备。[9] 2006 年修订了《康复法案》第 508 节（也称 508 修正案），规定联邦政府在开发、采购、维护和使用信息通信产品和服务时须符合无障碍要求，包括计算机、电信设备、多功能办公设备、软件、网站、信息亭和电子文件等，确保肢体、感官、认知障碍的人都可以使用。[10] 美国的无障碍信息产品与服务设计发展迅速，社会上也形成了关爱残障人士的氛围。

欧盟 2016 年通过了《网站和移动应用无障碍指令》（Web Accessibility Directive），也称为欧盟指令 2016/2102，以确保欧盟 8000 万残疾人可以访问所有公共机构部门。[11] 2019 年 4 月欧盟提出《欧盟无障碍法案》（European Accessibility Act）正式生效，补充了《网站和移动应用无障碍指令》，可适用于私营机构。该法案最初在 2011 年提出，是为欧盟成员国间产品和服务贸易制定协调一致的无障碍要求，包括个人设备（如计算机、智能手机、电子书和电视）以及公共服务（如电视广播、ATM、售票机、公共交通服务、银行服务和电子商务网站）。[12]

日本 2018 年制定的《第四次残疾人基本计划》参考了残疾人权利条约，指出“在社会的各个场合都要从提高辅助能力的角度出发”的基本想法。并且，“各府省的信息通信设备等的采购，考虑到信息无障碍，根据国际标准、日本工业标准的相关法令实施”。[13]

主要国际性信息无障碍标准见表 6-1。此外，各国和地区的信息无障碍标准包括：美国通信法案 255 节、美国康复法案 508 节、欧盟 EN 301 549 欧洲数字无障碍标准、日本 JIS X 8431-3 Web 无障碍标准、英国 BS 8878 网络无障碍——实践守则等。其中比较重要的 3 部标准是 W3C 的 WACG、美国 508 修正案和欧洲 EN 301 549。[14]

主要国际性信息无障碍标准　　表 6-1

标准名称编号	译名	发布组织	首发年代
T.140：General Presentation Protocol for Text Conversation	文本会话的通用表示协议	ITU	1998
Web Content Accessibility Guidelines（WAI WCAG）	Web 内容无障碍指南	W3C	1999
H.323 Annex G：for text Conversation in H.323 Packet Multimedia Environment	用于 H.323 分组多媒体环境中的文本会话	ITU	2000
V.18：Harmonization of Text Telephony	文本电话的协调		2001
User Agent Accessibility Guidelines（UAAG）	用户代理无障碍指南	W3C	2002
V.151：Procedures for the End-to-end Connection of Analogue PSTN Text Telephones over an IP Network Utilizing Text Relay	通过 IP 网络使用文本中继的模拟 PSTN 文本电话的端到端连接过程	ITU	2006
F.790：Telecommunications Accessibility Guidelines for Older Persons and Persons with Disabilities	服务于老年人和残疾人的电信无障碍指南	ITU	2007
Ergonomics of Human-system Interaction. Part 20：Accessibility Guidelines for Information/Communication Technology（ICT）Equipment and Services（ISO 9241-20）	人机交互的人类工效学，第 20 部分：信息通信设备和服务的无障碍指南	ISO	2008
Ergonomics of Human-system Interaction. Part 171：Guidance on Software Accessibility（ISO 9241-171）	人机交互的人类工效学，第 171 部分：软件无障碍指南	ISO	2008
Individualized Adaptability and Accessibility in E-learning，Education and Training（ISO/IEC 24751）	电子学习、教育和培训中的个体适应性和无障碍	ISO/IEC	2008
Information Technology—User Interface Accessibility — Part 1：User Accessibility Needs（ISO29138）	信息技术——无障碍用户界面——第 1 部分：用户无障碍需求	ISO	2009
V.254：Asynchronous Serial Command Interface for Assistive and Multi-functional Communication devices	用于辅助和多功能通信设备的异步串行命令接口	ITU	2010
Web Content Accessibility Guidelines（WCAG2.0）（ISO/IEC 40500：2012）	Web 内容无障碍指南	ISO，IEC	2012
Information Technology — User Interface Component Accessibility — part 11：Guidance on text Alternatives for Images（ISO/IEC 20071-11）	信息技术——用户界面组件无障碍——第 11 部分：图像替换为文本指南	ISO	2012
H.248.2：Gateway Procedures between Text Telephony in PSTN and Real-time Text in IP and other Networks	PSTN 中的文本电话与 IP 和其他网络中的实时文本之间的网关过程	ITU	2013
Accessible Rich Internet Applications（WAI ARIA）	富互联网应用无障碍指南	W3C	2014
Authoring Tool Accessibility Guidelines（WAI ATAG）	创作工具无障碍指南	W3C	2015
Information technology — User Interface Component Accessibility — Part 21：Guidance on Audio Descriptions（ISO/IEC 20071-21）	信息技术——用户界面组件无障碍——第 21 部分：音频描述指南	ISO	2015
Information technology — User Interface Component Accessibility — Part 15：Guidance on Scanning Visual Information for Presentation as Text in Various Modalities（ISO/IEC TS 20071-15）	信息技术——用户界面组件无障碍——第 15 部分：扫描视觉信息各种方式呈现为文本的指南	ISO	2017
Information Technology — User Interface Component Accessibility — part 25：Guidance on the Audio Presentation of Text in Videos，Including Captions，Subtitles and Other On-screen Text（ISO/IEC TS 20071-25）	信息技术——用户界面组件无障碍——第 25 部分：视频中文本的音频呈现指南，包括字幕和其他屏幕文本	ISO	2017

续表

标准名称编号	译名	发布组织	首发年代
Information Technology — User Interface Component Accessibility — Part 23: Visual Presentation of Audio Information（Including Captions and Subtitles）（ISO/IEC 20071-23）	信息技术——用户界面组件无障碍——第 23 部分：音频信息可视化（字幕）	ISO	2018
F.791: Accessibility Terms and Definitions	无障碍术语和定义	ITU	2018
F.922: Requirements of Information Service Systems for Visually Impaired Persons	服务于视障者的信息服务系统要求	ITU	2020
Information technology — User Interface Component Accessibility — Part 5: Accessible User Interfaces for Accessibility Settings on Information Devices（ISO/IEC PRF 20071-5）	信息技术——用户界面组件无障碍——第 5 部分：信息设备无障碍设置的用户界面	ISO	待发布

来源：作者整理。

在学术研究方面，通过 web science 分析信息无障碍主题的国际研究文献数量（图 6-1）可以发现，排名靠前的学科是护理科学、计算机科学、心理学、行为科学以及工程学。

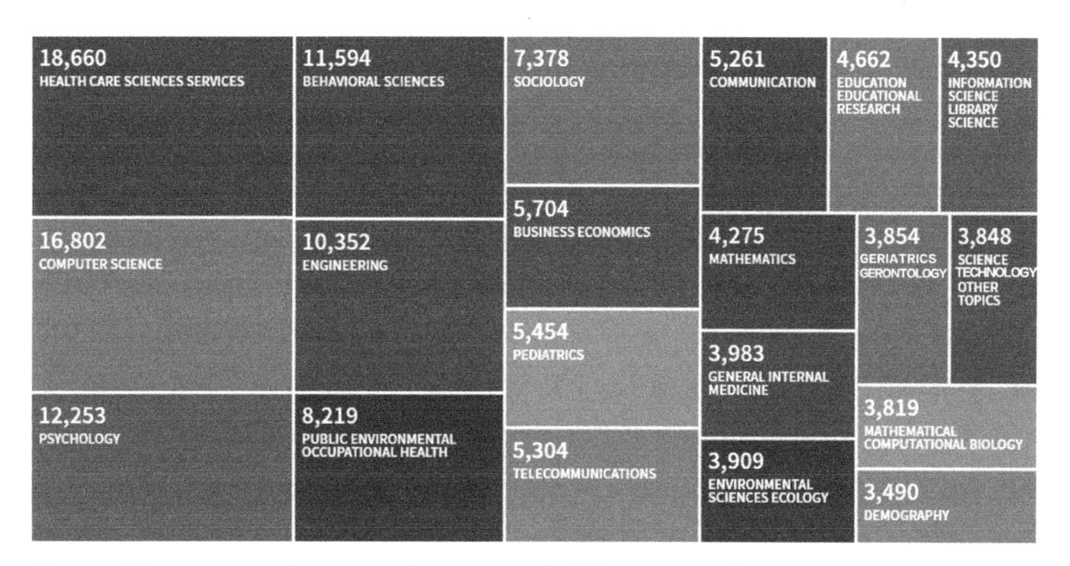

图 6-1　主题：Accessibility 或 Accessible 或 "Barrier free" 与主题：Information 或 Communication 或 web 或 ICT 或 Digital 的研究领域分布

6.1.2　网站、信息平台和综合解决方案

6.1.2.1　网站无障碍设计

网站无障碍设计主要面向广大普通用户，其无障碍的实现，需要广泛的国际合作，为残疾人制定解决方案；需要以共识为基础，以权威技术为指导，加快先进技术实施；

需要国际统一的评价方法。近年来，世界各地已经推出各种信息无障碍标准，其中网站无障碍（Web 无障碍）包括 W3C 的无障碍相关内容 WCAG、美国《残疾人康复法案》第 508 节、日本 JIS X 8431-3 标准、韩国 TTAS.OT-10.0003 等。

W3C 创建于 1994 年，成立于麻省理工学院计算机科学实验室，是万维网领域最具影响力的主要国际性技术标准组织，目前已有全球 459 个机构成员，这些机构都拥有全职员工。[15] W3C 已发布了 200 多项影响深远的 Web 技术标准及实施指南，包括 WCAG。WCAG 提出了字体、用色等技术要求，例如用色，通过在文本和背景之间提供足够的对比度，让弱视人群（不使用增强对比度的辅助技术）可以阅读该文本；对于没有色盲问题的人，通过阅读性能评估，色相和保护度对可读性的影响很小或者没有影响。WCAG1.0 是 1999 年 5 月 W3C 的推荐标准；WCAG2.0 于 2008 年发布，并于 2012 年 10 月成为 ISO 标准；WCAG 2.1 于 2018 年 6 月成为 W3C 推荐标准；2021 年 5 月，WCAG 2.2 草案公布。

2004 年，日本标准化协会研究制定了 JIS X 8431-3 标准，这是一份正式的工业标准，引入 WCAG 1.0 部分内容；该标准在 2010 年根据 WCAG 2.0 作了相应的调整更新。这份标准提出了对应性建议，为各种障碍人士（包括肢体、听力和视力障碍）提供更好的支持。多家 IT 公司根据标准创建了开发人员指南清单，如安卓无障碍开发人员指南、苹果无障碍开发人员指南和 IBM 无障碍清单。著名的微软公司还推出了专门的无障碍设计网站向公众介绍无障碍设计方法。[16]

现在广泛使用的 WCAG2.1 是基于 W3C 流程，与世界各地的个人和组织合作开发的，其目的是为满足国际上个人、组织和政府需求的 Web 内容无障碍性提供共享标准。它定义了如何使残障人士更便捷访问网站内容的准则。网络“内容”一般是指网页或网络应用程序中的信息，包括：文本、图像和声音等自然信息；定义结构、表示等的代码或标记，无障碍涉及视觉、听觉、身体、言语、认知、语言、学习和神经障碍。[17] 准则涵盖了一些共性问题，不过无法满足所有残障类型、残障程度和多重残障的需求。但这些准则的提出，可以使因衰老而能力降低的老年人更容易使用网站。WCAG 2.1 规定了替代文本、时基媒体（音频、视频、电影等）、适应性、可辨别性、键盘可访问、充足的时间、癫痫和身体反应、可导航性、输入方式、可读性、可预测性、辅助输入、兼容性、一致性等。[3] 为了满足不同群体和不同情况的需要，指南将网页内容的无障碍程度分为三个一致性级别：A（最低），AA 和 AAA（最高）。重要文本的颜色和背景颜色对比度应大于 4.5：1、指针输入的目标尺寸至少为 44 × 44 CSS 像素点等（图 6-2），已经成为网页设计师的基本常识。[18]

2021 年 5 月 W3C 组织新发布的 WCAG 2.2 涵盖了更广范围的 Web 网站无障碍设计指南。相较 WCAG 2.1，在以下方面作了更新：无障碍身份验证、拖动动作、一致性帮助、分页导航、焦点外观（最低）、焦点外观（增强）、可见控件、目标大小（最小）、

图 6-2　随机生成符合信息无障碍标准配色的网站（来源：randoma11y.com）

冗余条目。[19]

美国主要使用的信息无障碍标准就是国际化标准 WCAG 和康复法案 508 节（也称 508 修正案），以及通信法案 255 节。因此，美国政府还专门建立了 section508 网站，提供 508 修正案标准的检测工具，包括自动化工具、人工检测指南文档和混合检测方法。[20] 美国无障碍委员会（U.S. Access Board）也在网站专门开辟信息无障碍栏目公示康复法案 508 节和通信法案 255 节内容。[10]

美国国家安全局（NSA）根据康复法案 508 节、WCAG 也提出了信息无障碍设计原则，包括：易感知——信息和界面组件必须以用户可以感知的方式呈现；可操作——用户界面组件和导航必须是可操作的；可理解——信息和用户界面的操作必须是可理解的；鲁棒性——内容必须足够健壮，可以被包括辅助技术在内的各种用户代理可靠地解释。[21]

在网页配色无障碍设计方面日本也有不少基础性研究成果。日本“以实现色觉无障碍为目的，开发人性化的彩色显示技术”项目（2004—2005）设计了一个评价函数用于考察网页配色方案，使色觉缺陷的人更容易识别彩色图像数据的颜色，采用遗传算法进行优化，可以灵活处理图像中颜色数量增加带来的复杂问题。[22]“根据用户色觉特征的网页色彩显示适配系统”（2007—2008）构建基于 JAVA 小程序的系统，让用户通过交互轻松确定色觉特征类型，并通过从 Web 中检测色觉障碍者难以看到的色彩组合，将其转换为易于辨认的配色方案。[23]

除了全球性的信息标准机构 W3C，欧盟委员会也资助了很多网站无障碍研究项目，将欧洲诸多国家科研力量整合在一起，开展互联网包容性设计研究。

欧盟委员会资助了挪威阿格德学院牵头的“欧洲互联网无障碍观察站”（EIAO，2004—2007）项目，囊括来自丹麦、德国、波兰、英国的研究机构，总体目标是改善有特殊需求的人（如视力障碍者或通过手机访问网络内容的用户）对互联网内容的可访问性[24]，为所有人提供更好的网络访问服务，为欧洲互联网无障碍观察站奠定技术基础。主要内容包括：网页无障碍指标；网络机器人，可以自动频繁地收集 Web 无障碍性能以及与标准的差距；可以在线访问的数据信息库。EIAO 也是以 WCAG 为基础，力图开发一个完全无障碍的网络用户界面[25]，也提出了对网页进行无障碍评估的方法（图 6-3）。

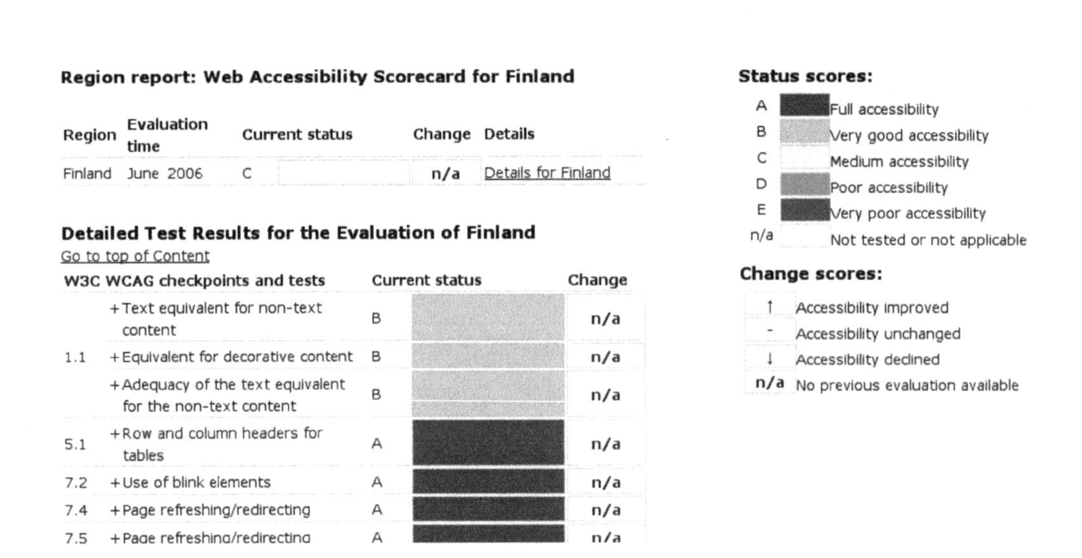

图 6-3　EIAO 对网页字母、颜色进行无障碍评估的结果示例（来源：Bertini Patrizia，*European Internet Accessibility Observatory*）

由欧盟委员会资助的项目“网络无障碍倡议——老龄化教育与协调”（2007—2010）是为应对人口老龄化带来的挑战，开发和构建万维网所需的关键技术平台。[26] 项目由法国 ERCIM（European Research Consortium for Informatics and Mathematics，欧洲信息学和数学研究联盟，是 W3C 在欧洲的主要成员）承担。后续项目“网络无障碍倡议——支持网络无障碍的高级技术、评估方法和研究议程的指导合作框架”（WAI-ACT，2011—2014）是要利用信息通信技术实现智能和个性化包容。[27] 项目仍由 ERCIM 牵头，但加入了奥地利、德国和荷兰的研究机构参与。项目基于之前网络无障碍工作的基础，采取措施来解决无障碍先进支持的关键痛点，兼容现有标准，并与欧洲和国际上的主要利益相关者协调，帮助制定与网页无障碍有关的研究议程。WAI- ACT 通过制定欧洲和国际利益相关者之间开放、扩大合作的框架、先进网络技术的技术指导来开展网络无障碍的评估方法研究以及研究议程。成果的技术指南包括网络无障碍支持数据库（axsDB15）、用于评估网页无障碍性能的 imergo® Web 合规套件 [28]（图 6-4），以及 Web 应用程序的代码示例。

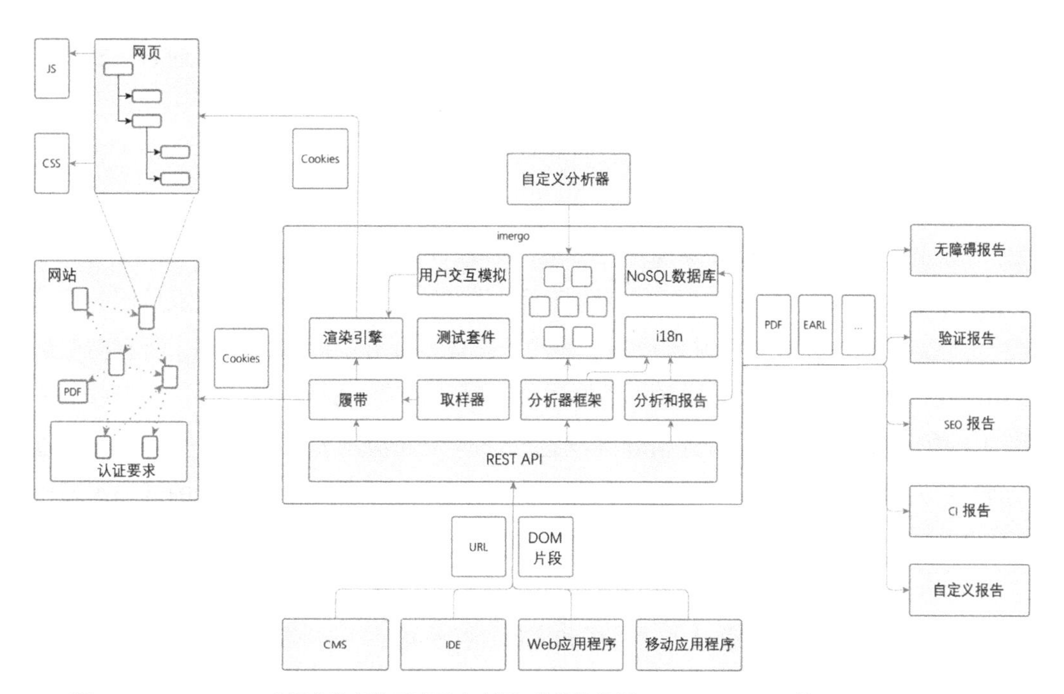

图 6-4 imergo® Web 合规套件架构示意图（来源：徐培涛根据 Philip Ackermann 的 *Developing advanced accessibility conformance tools for the ubiquitous web* 翻译重绘）

欧盟委员会还资助 ERCIM 牵头，联合丹麦、荷兰、挪威、葡萄牙多国机构，完成了“可扩展的网页无障碍特性评估高级决策支持工具”（WAI-Tools，2017—2020），这是一套先进的、可扩展的 Web 辅助评估决策支持工具 [29]，能够在整个 Web 领域推动技术创新与网络无障碍评估和修复（图 6-5）。成果包括：按照 W3C 规则格式开发了 72 条测试规则；开发用于测试报告的开放数据格式；开发遵循 W3C 无障碍性声明的权威指南；帮助建立和支持 W3C 无障碍一致性测试（ACT）工作的社区。

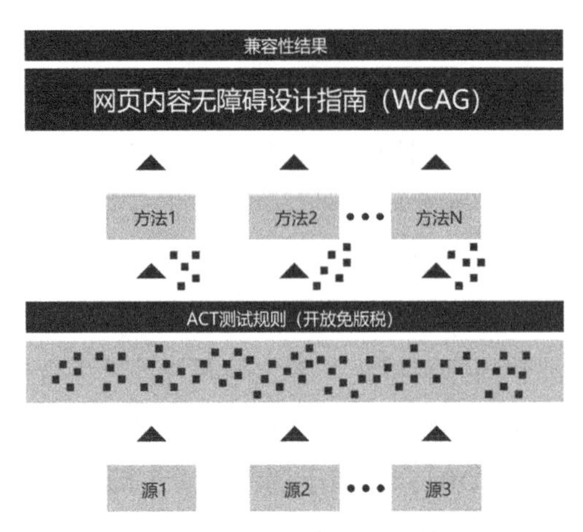

图 6-5　WAI-Tools 使用的方法（来源：徐培涛根据欧盟 cordis 网站翻译重绘）

欧盟委员会资助的“网络无障碍性指令决策支持环境”（WADcher，2018—2020）由德国弗朗霍夫应用研究基金会（FRAUNHOFER GESELLSCHAFT ZUR FORDERUNG DER ANGEWANDTEN FORSCHUNG EV）领衔，爱尔兰、意大利、塞浦路斯、奥地利、希腊多国机构参与，以正在进行的工具和工作为基础，WADcher 研究、开发和展示了用于大规模混合网络无障碍性评估服务的创新决策支持环境。[30] WADcher 通过集成、扩展和增强现有网络无障碍解决方案，并根据欧盟成员国的需求进行定制，从而构建大规模基础设施。还将分析成本和开发时间最小化，所有类型最终用户的可扩展性、无障碍性和可用性增加。具体而言，WADcher 创新基于以下方法：1）构建大规模的无障碍评估基础设施；2）开发和演示先进的决策支持工具，以帮助开发人员和设计人员创建无障碍资源；3）实现自评 / 专家评价混合的网络无障碍观察平台；4）基于 Web 无障碍一致性方法以大量试点和用户验证 WADcher 的结果；5）开发相关方法和工具，可以用来衡量测试结果的证据、准确性和质量；6）与相关标准化机构保持联络，并通过主动传播和应用产生影响；7）开发机构可以用来衡量测试结果的证据、准确性和质量的方法和工具等。WADcher 项目成果是一个大型基础设施，集成了扩展和增强现有 Web 可访问性工具，使公共部门机构以及大型组织、中小企业或个人都能够制作高度无障碍性和卓越质量的网站与移动应用程序，并提供无障碍检测报告以及协助开发人员修复的技术和工具。WADcher 成果包括广泛的服务：Observatory——主要面向 Web 专员和经理（图 6-6）；决策支持环境（DSE）——主要面向信息无障碍专家和开发人员；监控服务——主要用于 WAD 监控机构（图 6-7）；WADcher API——用于无障碍评估工具供应商。

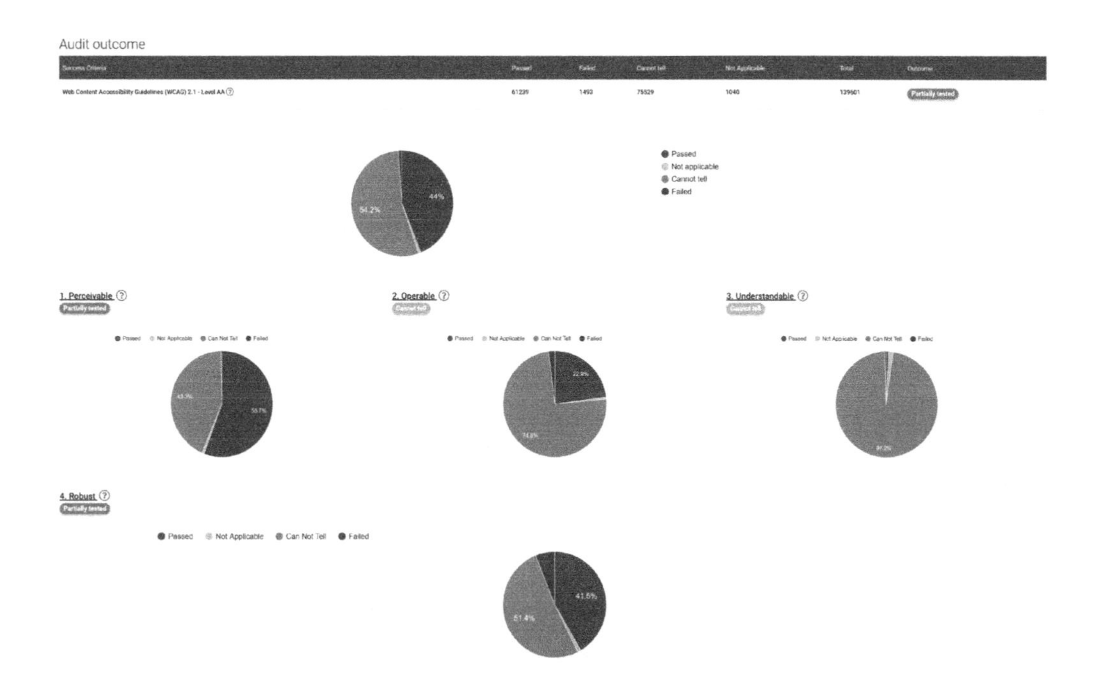

图 6-6　WADcher Observatory 显示审查结果概览（来源：https：//cordis.europa.eu/project/id/780206/reporting）

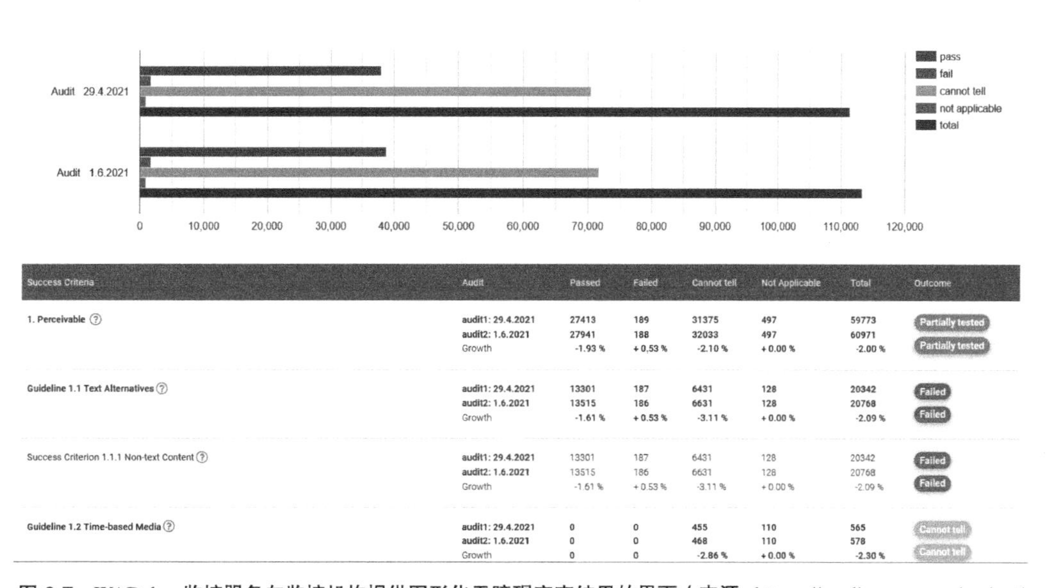

Success Criteria	Audit	Passed	Failed	Cannot tell	Not Applicable	Total	Outcome
1. Perceivable	audit1: 29.4.2021	27413	189	31375	497	59773	Partially tested
	audit2: 1.6.2021	27941	188	32033	497	60971	Partially tested
	Growth	-1.93 %	+ 0,53 %	-2.10 %	+ 0.00 %	-2.00 %	
Guideline 1.1 Text Alternatives	audit1: 29.4.2021	13301	187	6431	128	20342	Failed
	audit2: 1.6.2021	13515	186	6631	128	20768	Failed
	Growth	-1.61 %	+ 0.53 %	-3.11 %	+ 0.00 %	-2.09 %	
Success Criterion 1.1.1 Non-text Content	audit1: 29.4.2021	13301	187	6431	128	20342	Failed
	audit2: 1.6.2021	13515	186	6631	128	20768	Failed
	Growth	-1.61 %	+ 0.53 %	-3.11 %	+ 0.00 %	-2.09 %	
Guideline 1.2 Time-based Media	audit1: 29.4.2021	0	0	455	110	565	Cannot tell
	audit2: 1.6.2021	0	0	468	110	578	Cannot tell
	Growth	0	0	-2.86 %	+ 0.00 %	-2.30 %	

图 6-7　WADcher 监控服务向监控机构提供图形化无障碍审查结果的界面（来源：https：//cordis.europa.eu/project/id/780206/reporting）

综上，发达国家面向普通用户的网络无障碍研究项目大多与 W3C 组织有着密切联系，很多成果都是基于 WCAG，欧盟委员会资助的项目很多主持机构都是 W3C 的重要成员。项目面向的残障用户比较多样，涵盖了视障、老年人等群体；项目研究的类型包括网页无障碍设计指南、网站无障碍设计工具、无障碍数据库支持、无障碍性能评估等。

6.1.2.2 信息平台和综合解决方案

除了普通用户日常访问的 Web 网站，同时面向各行业、各类机构、管理部门的信息平台和综合解决方案无障碍研究也很重要。

作为世界上信息产业最先进、最发达的国家，美国也诞生了大量信息无障碍综合解决方案研究项目。NSF 资助了不少信息无障碍基础设施项目，NIDILRR 近年来资助的研究项目也已经向信息无障碍领域倾斜。

NSF 资助的“安全高效的云基础设施和无障碍服务”项目（2014—2018）在石溪大学创建了一个实验性基础设施研究云计算。云计算是组织和管理在线服务器的主要方法，该基础设施将用于开发和部署基于云的无障碍服务模型，用于向残疾人提供无障碍数字内容。[31]

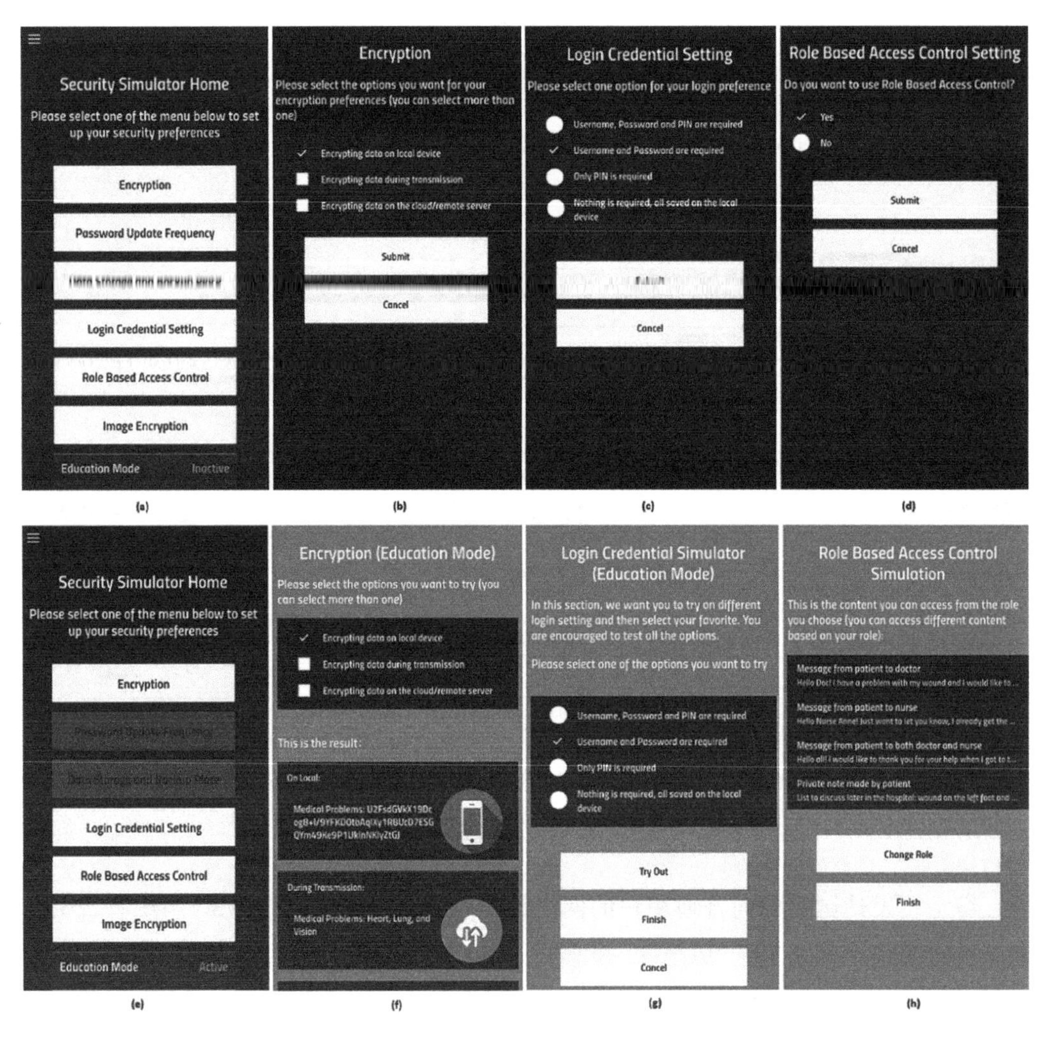

图 6-8　帮助用户在安全设置中作出明智选择以保护个人健康数据的移动应用程序（来源：mhealth.jmir.org）

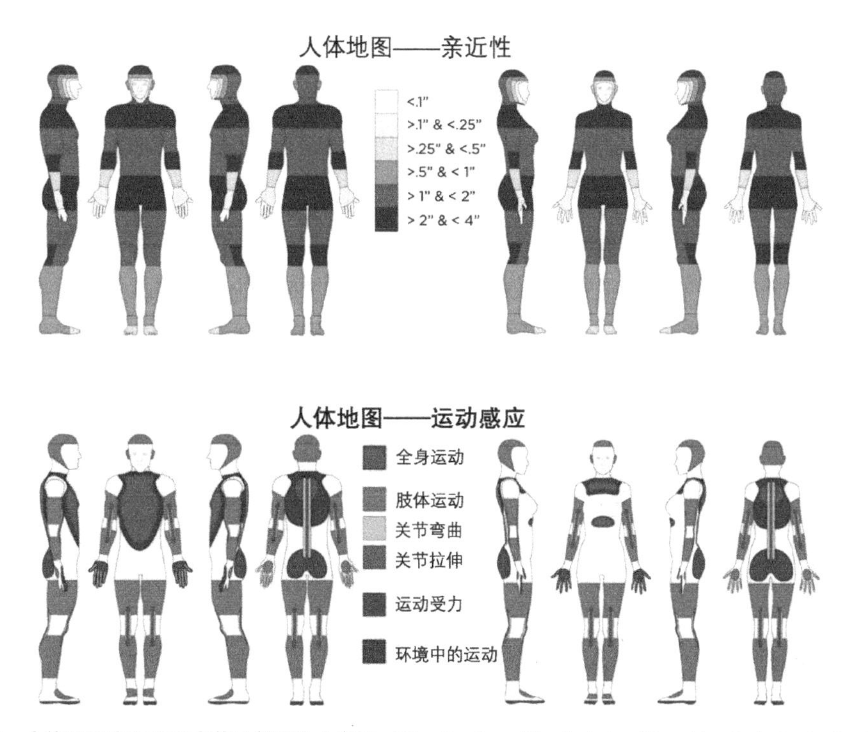

图 6-9　人体贴图应用于可穿戴设备研发（来源：Clint Zeagler，*The Assistive Wearable*：*Inclusive by Design*）

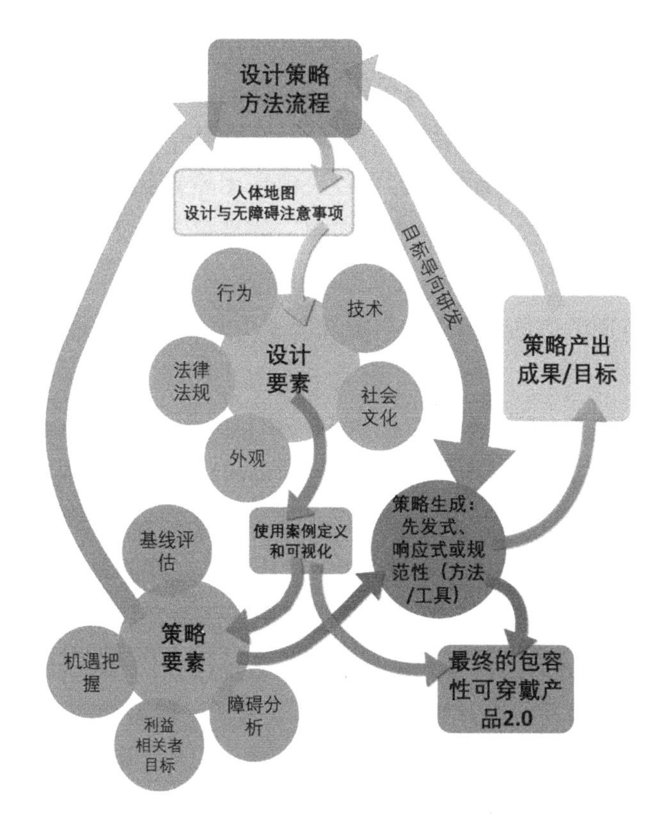

图 6-10　人体贴图结合无障碍形成可穿戴设备辅具设计框架（来源：贾巍杨根据 Clint Zeagler 的 *The Assistive Wearable*：*Inclusive by Design* 翻译重绘）

美国匹兹堡大学的“康复工程研究中心”（2014—2019）项目研发涉及认知和职业康复、通信技术评估和培训、远程康复基础设施、残疾人的隐私和安全等方面[32]，经费共474万美元。目的是通过进行先进的工程研究和创新技术的开发，以解决特定的康复问题或消除环境障碍，提高康复法案授权服务的有效性。康复中心还展示和评价这些技术，以促进服务供给体系的变革，促进私营部门设备的生产和分配，并提供培训机会，使个体（包括残疾人）成为康复技术的研究人员和从业人员。主要成果非常丰富，包括：一个帮助用户在安全设置中作出明智选择以保护个人健康数据的移动应用程序（图6-8）；脊柱断裂患者可使用的自我保健应用程序；支持慢性病和残疾人自我管理的移动医疗系统研究；支持将临床数据集成到增强和替代通信服务的移动医疗（mHealth）平台；使用虚拟现实缓解控制老年人的记忆障碍的研究等。

美国佐治亚理工学院的“融合技术康复工程研究中心”（2016—2021）项目经费462万美元，与工业、政府和残疾人利益相关者合作，主要研发支持采用无线连接技术的无障碍解决方案。[33]研究目标是创造和推广包容性无线技术，提高残疾人现在以及在全面参与和包容的未来独立开展活动的能力；研究结果包括在可穿戴设备、应用程序、听觉设备中采用包容性无线产品，还包括出版物、知识翻译、技术转化等。例如其中研究人体贴图应用于可穿戴设备研发工作的效用（图6-9），并结合无障碍需求形成了可穿戴辅具设备设计框架（图6-10）。

由美国NIDILRR资助，马里兰大学帕克分校承担的“包容性信息通信技术中心”（2018—2023）项目[34]用两部分内容来解决信息无障碍获取问题，一是确保现有解决方案是已知的、有效的、可找到、更实惠，并且可在每个计算机或数字技术平台上使用；二是探索新兴的网络无障碍指南或标准的下一代接口技术。

欧盟委员会资助的信息无障碍平台或综合解决方案项目也非常广泛，很多项目由多个国家合作完成。

“欧洲无障碍信息网络”（EUAIN，2004）项目团队由荷兰、法国、英国、比利时、西班牙、波兰、德国、匈牙利等国机构组成，目标是通过创建一个欧洲无障碍信息网络，将内容创作和出版行业的不同参与者整合，以包容性作为信息社会的核心来促进建立无障碍的信息网络。[35]印刷品阅读障碍者的辅助功能可以成为文档管理和出版过程中集成的部分，而不应成为一项专门的附加服务。EUAIN项目对内容创建者进行最广泛的定义，并提供支持工具和专业知识，为他们提供无障碍信息。从技术角度来看，项目可以解决内容创建者和提供商的一系列全流程关键问题：文档结构自动化、遵守新兴标准、工作流支持、数字版权管理和安全分发平台。EUAIN通过解决该领域所有参与者共同关注的关键问题将他们凝聚在一起，项目极具价值并最终得以实现。

西班牙机构 ILUNION TECNOLOGIA Y ACCESIBILIDADSA 承担的“残疾人和所有人易用的开放通用云平台”（2011—2015），汇集前所未有的丰富资源将云端支持的供应与需求相匹配，以构建一个全球公共包容性基础设施（GPII），该基础设施可以在所有人包括残疾人有需要的时候在各种信息应用场景提供无障碍的易用性。[36] Cloud4All 代表了一项全欧洲的努力，将包括利益相关者、行业领导者和新兴技术专家在内多领域的大型国际化团队聚集在一起开展研究，以推进 GPII 的概念、设计、开发和测试，探索这种富有广阔前景的数字化包容性技术方法所需的关键软件和硬件（图 6-11）。示范成果包括计算机操作系统和浏览器、网页和应用程序、手机、信息亭和信息交换机、虚拟辅助技术、数字电视和智能家居。例如，GPII 能够根据用户特征让信息界面自动适配残障需求（图 6-12）。项目还邀请了肢体、感官、认知、语言和学习障碍的广泛用户群体一起参与测试。

由比利时鲁汶大学牵头承担的“赋能包容”（ABLE-TO-INCLUDE，2014—2017，英国、西班牙、爱尔兰、罗马尼亚、英国等多个机构参加）项目旨在改善智障或发育障碍（IDD）人士的生活条件。[37] 项目主要目标用户 IDD 人群是欧洲国家最弱势的社会群体之一，需要高度支持援助。虽然已有许多技术工具侧重考虑一般残疾人的参与，

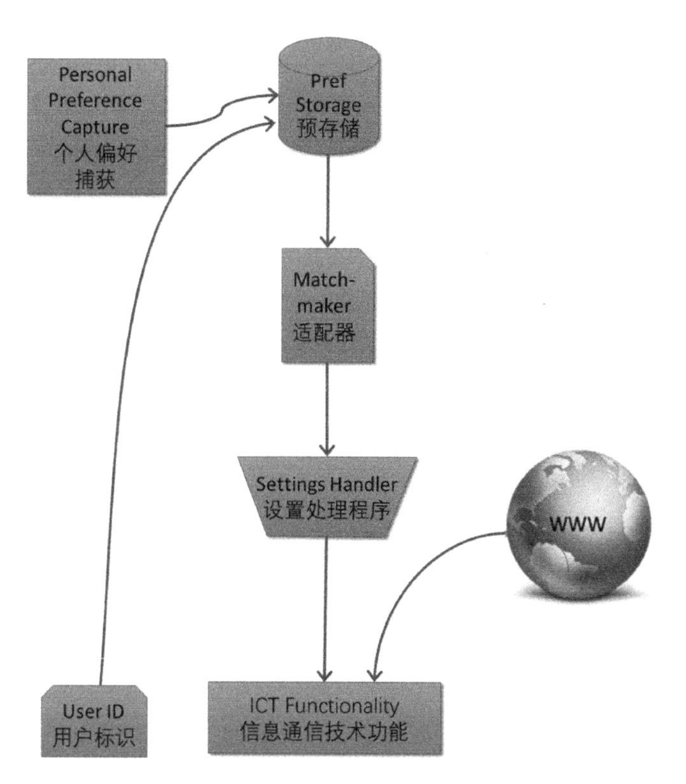

图 6-11　GPII 个性化结构的核心组件（来源：徐培涛、贾巍杨根据 Gregg C. Vanderheiden **的** *Auto-Personalization: Theory, Practice and Cross-Platform Implementation* **翻译重绘）**

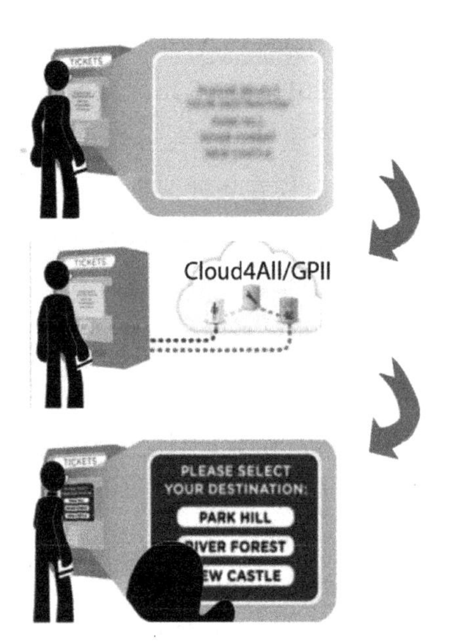

图 6-12 GPII 让信息界面自动适配用户（来源：徐培涛、贾巍杨根据 Gregg C. Vanderheiden 的 *Auto-Personalization*：*Theory*，*Practice and Cross-Platform Implementation* 翻译重绘）

但其中大多数是 IDD 人群无法使用的，这将他们排除在当今的信息社会之外。ABLE-TO INCLUDE 项目生成了一个开源软件开发工具包（SDK），该工具包将促进在软件开发中，为 IDD 人员带来信息无障碍，支持他们使用社交媒体。技术实现是通过引导创建包括软件开发人员在内的开放型创新网络社区来完成。该项目从 2014 年持续到 2017 年，开发了许多程序支持 IDD 人群使用社交媒体。

欧盟委员会资助英国兰卡斯特大学牵头，挪威、比利时、德国、希腊、西班牙等国机构参与的“移动适老”（Mobile Age，2016—2019）项目，以老年人为重点发展移动政务服务。[38] 项目支持老年人获得和使用公共服务，从老年人的角度对服务的可获得性、可移动性和可用性建立一种基于情景的理解，使老年人有效参与开放数据城市服务，并制定评估框架，为建设更安全、健康、无障碍的城市提供数据支持。Mobile Age 开发了一个流程模型，用于共同创建由七个活动流组成的数字公共服务（图 6-13），且涵盖了适老信息无障碍服务众多利益相关方，包括项目推动者、研究探索者、理念策划方、设计师、数据提供方、用户、传播者、服务提供方（图 6-14）。[39]

欧盟委员会资助意大利比萨大学牵头，英国、马耳他、芬兰、匈牙利、荷兰、希腊、塞浦路斯、爱尔兰等国机构参与的“多用户环境实现个性化康复：用于康复的虚拟现实”（PRIME-VR2，2019—2022）项目资金约 400 万欧元（约 2800 万元人民币），旨在通过提供适当刺激和友好竞争的虚拟游戏空间，开发一个最先进的虚拟现实数字环境，用于家庭康复。[40] 该平台将配置用于康复目的的协作虚拟现实游戏环境（图 6-15）；快速获取与上半身相关的详细解剖和生物力学用户数据，重点放在上半身的运动技能（手臂、手和手指的运动）；该控制器可以根据用户情况，通过自适应控制器专为个人需求定制（图 6-16）。

图 6-13　Mobile Age 的共创模型概述（来源：徐培涛、贾巍杨根据 Mobile Age 的 *Policy Briefing*：*Open Data*，*Mobile Technologies and an Aging Society* 翻译重绘）

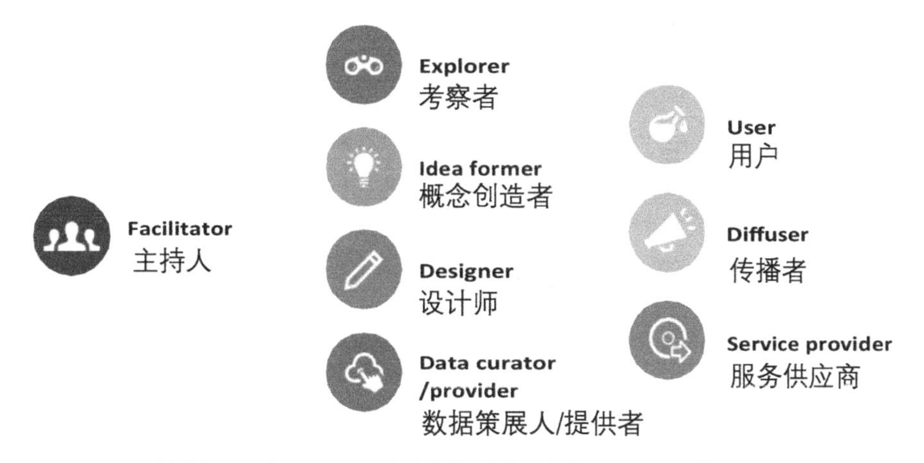

图 6-14　Mobile Age 的共创流程中不同公民角色（来源：徐培涛根据 Mobile Age 的 *Policy Briefing*：*Open Data*，*Mobile Technologies and an Ageing Society* 翻译重绘）

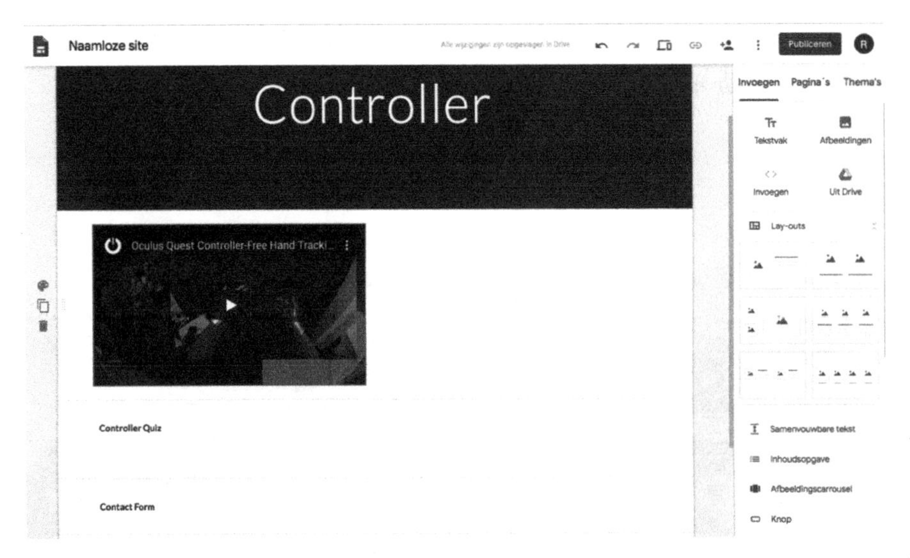

图 6-15 PRIME-VR2 部分培训模块（来源：PRIME-VR2，*Capacity Building Programme and Training*）

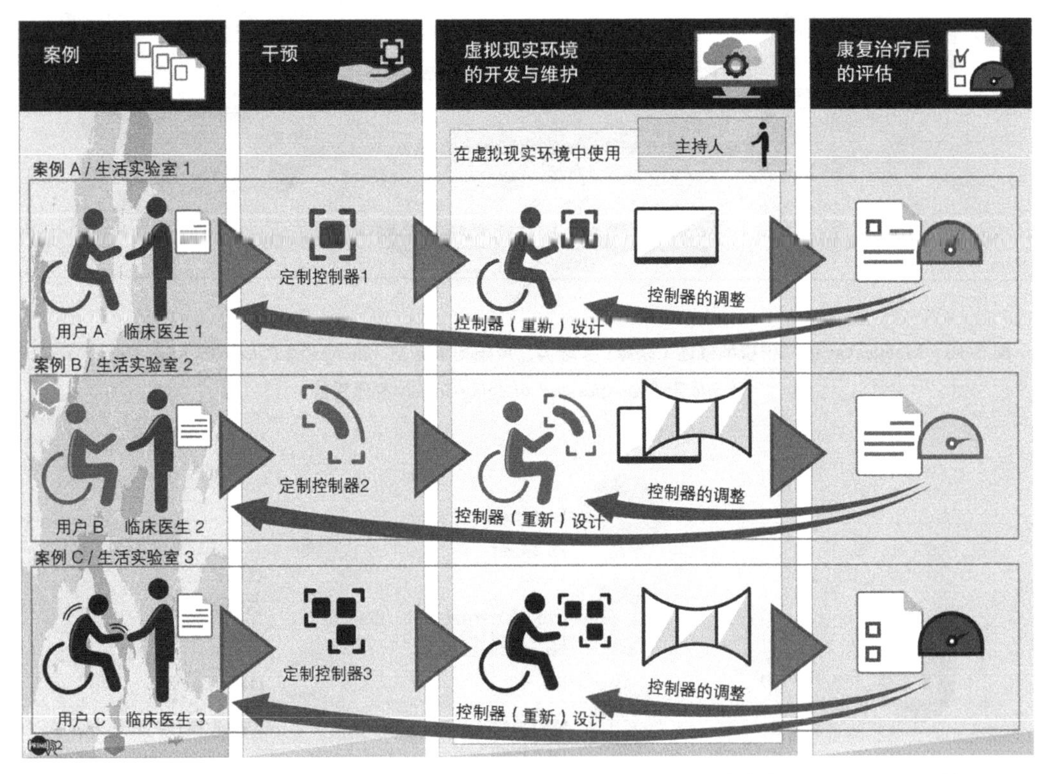

图 6-16 PRIME-VR2 应用虚拟现实通过多用户环境进行个性化恢复（来源：徐培涛根据 PRIME-VR2 的 *Project Presentation* 翻译重绘）

欧盟委员会资助意大利乌尼内图诺国际网络大学，联合希腊、西班牙、比利时、法国多国机构完成的“基于信息通信技术促进移民融合和生活重建指南”（REBUILD，2019—2021）项目，[41] 通过建立一个基于信息通信技术的工具箱来解决移民融合问题，提供移民相关背景信息收集，个人信息匿名化；通过人工智能分析对移民相关问题提供个性化支持，包括就业、培训、健康、福利等；评估移民融入新社会的程度，同时向地方政府提供决策支持工具以提升公共服务能力。研究整合了广泛学科的方法和技术，从应用到社会科学的人种学和心理学，到以用户为中心和参与式设计，还完成了可集成 ICT 组件的技术开发（图 6-17）。

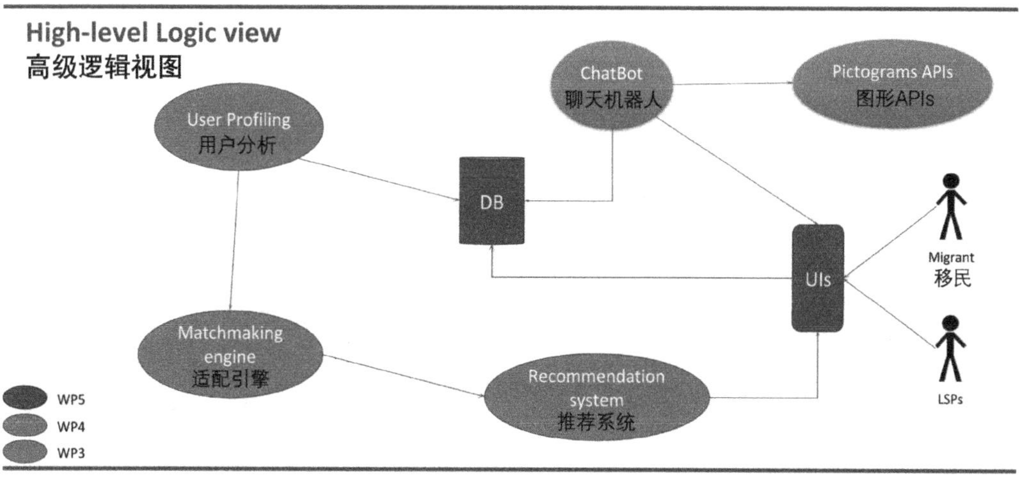

图 6-17　REBUILD 高级逻辑架构（来源：徐培涛根据欧盟 cordis 网站翻译重绘）

加拿大重视基础性研究和应用，健康和生命科学是加拿大重点投入的研究领域之一，该领域涵盖与无障碍相关的通信网络技术和服务、人口健康与老龄化等内容。加拿大残障人理事会（CCD）研究制定无障碍技术方面的法律、政策和计划，参与了信息技术方面的研究，目前已经为各类残障人士提供无障碍电视与电话等方面的产品与服务。由加拿大经济发展、就业和贸易部资助，多伦多大学承担了“╞ GISû 将无障碍纳入新兴信息通信技术”（2009—2014）。[42] 国际公认的多伦多大学自适应技术资源中心（ATRC）是大型国际研究网络╞ GIS 的重要参与者。ATRC 及其合作伙伴将开展研究，开发开放无障碍框架以支持╞ GIS 项目。该框架旨在使各类残疾人士可以访问桌面和移动设备以及互联网应用程序。ATRC 及其安大略合作伙伴将在建立、开发和用户测试框架方面发挥关键作用。在项目研究周期结束后，也一直会有一个开放无障碍小组，将最终用户和开发人员聚集在一起，继续开展信息通信无障碍项目研究。

由 VINNOVA（瑞典）资助的“无障碍物联网”（2018—2021）项目资金共 1200 万瑞典克朗（约合 812 万人民币），基于联合国 2030 年可持续发展议程中可持续城市和社区的目标，旨在为所有人提供安全、包容和无障碍的绿色空间和公共场所，特别面向妇女和儿童、老人和残疾人士。[43] 因此，该研究要创建物联网解决方案，为目标群体增加社会互动、提高生活质量和改善心理健康。预期成果和效益包括：物联网可用性中心将提供可用、可靠且经过验证的物联网产品和服务，以满足公民和决策者的信息需求；产品和服务的重点是提高社会的无障碍包容性；预期效益是有助于增加公民进入社会的机会，特别是关注老年和残障人群。项目的研究方法和实施由四个主要部分组成：通过联网的车辆和设备以及用于捕获步行模式的系统生成数据；分析数据以生成关于运动和可访问性的建议；以开放数据 /API 的形式提供信息，并为公民开发无障碍服务；通过 Good Tech Hack 提供平台来处理项目生成的数据和信息并进行评估和改进，从而为既有和未来的服务进步发展创造条件（图 6-18）。其中一个研究示范案例“无障碍大街”让残障人士可以访问场所信息，通过衡量和评估城市的无障碍性能，市民可以更信任地使用城市提供的设施与服务（图 6-19）。[44]

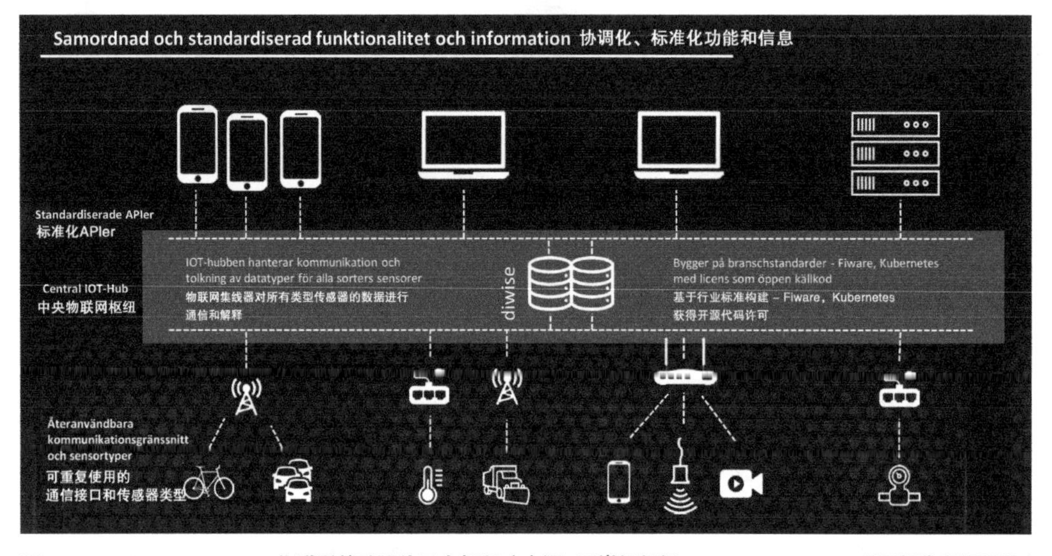

图 6-18　IoT for accessibility 物联网基础设施平台框架（来源：贾巍杨根据 IoT for accessibility 项目报告翻译重绘）

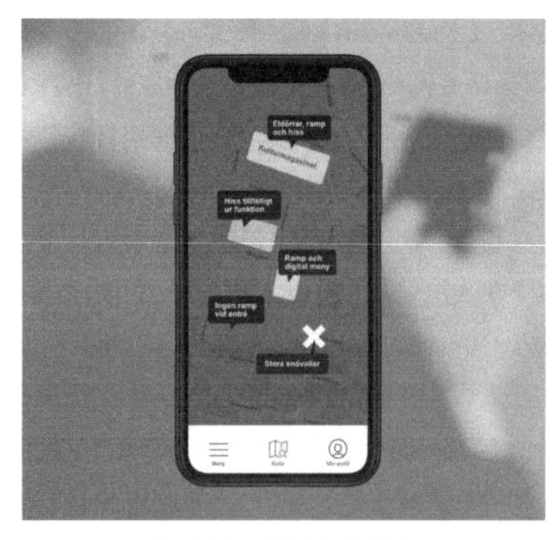

图 6-19　IoT for accessibility 示范案例“无障碍大街”（来源：IoT for accessibility 项目报告）

残疾人的信息安全和信息伦理方面也有不少研究。日本“信息安全的无障碍”（2017—2020）研究严重残疾者输入密码等机密信息时的身份验证手段，采用简单的按下开关或脚踏、呼吸、眼睑等便捷的操作，以及一种允许将非接触式设备用作输入设备的方法。[45]

从美欧的信息平台和综合解决方案无障碍研究来看，已经开展示范性应用或深入到智慧医疗、无线可穿戴设备、虚拟现实、物联网等前沿的系统性信息技术领域，如果得以大范围实施，将对整体的信息无障碍环境带来巨大提升，当然这类项目所需的研发经费也比较高。

6.1.3　智能设备和应用

智能设备和应用的无障碍设计类似网站，但由于设备尺寸和使用环境不同，其设计策略亦有差异。设计的重点内容包括界面设计、自适应和个性化界面等。

苹果手机操作系统具有比较完善的无障碍功能，在“设置”的“辅助功能”中。针对视障人士有“旁白”模式（图 6-20），[46] 手指单击屏幕会语音提示该处的应用名称或是应用内容，打开的操作则变为双击；针对弱视、老年人、色觉障碍等视力障碍群体，拥有观察事物的相机“放大器”和屏幕“缩放”功能，并均可使用色彩滤镜；还有“朗读内容”功能，开启后可以通过手势操作，也可以通过语音命令智能助手 siri 朗读屏幕。针对听障用户，有“LED 闪烁以示提醒”，还可以使用 Airpods 耳机作为助听器。

图 6-20　苹果手机的辅助功能（来源：知乎网）

苹果智能手表推出无障碍功能“AssistiveTouch”（辅助触摸），用户无需触摸显示屏或操作按钮即可控制手表，原理是在机器学习的帮助下，苹果智能手表的陀螺仪、加速计和心率传感器将能够检测到肌肉运动和肌腱活动之间的细微差异，使用户能够通过一系列手势在手表上执行一些操作，如捏手指或握紧拳头。例如，可以快速握紧拳头两次来接电话。苹果智能手表上的 AssistiveTouch 会让残疾用户更容易接听来电、控制屏幕上的运动指针、访问通知中心和控制中心等。[47]

谷歌的安卓系统也具备无障碍功能，如“TalkBack”为视障人士提供语音反馈，类似苹果的旁白模式；也具有内容放大功能。谷歌还推出了一款“Talkback 盲文键盘”，它将手机屏幕分为了 6 个触控区域，每个区域都是一个大按键，使用时通过组合键来输入指定字母，并通过手势进行光标操作（图 6-21）。

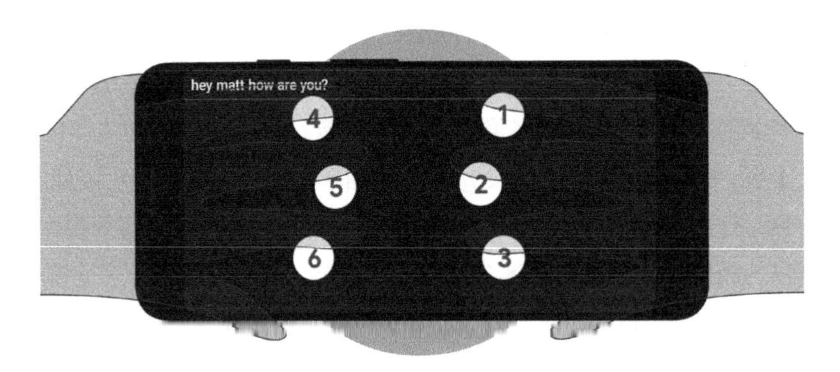

图 6-21　谷歌 Talkback 盲文键盘（来源：https://baijiahao.baidu.com/s?id=1685328388389606070&wfr=spider&for=pc）

由欧盟委员会资助的“MyUI：通过协同用户建模和适应性使无障碍主流化”（2010—2012，330 万欧元）项目由德国弗朗霍夫应用研究基金会联合西班牙、匈牙利、荷兰、英国等国机构完成，促进无障碍和高度个性化的信息技术产品变为主流——这是电子包容性的一个主要问题。该项目解决了目前智能设备领域包容发展的重要障碍，包括开发人员缺乏意识和专业知识、整合无障碍的时间和成本要求以及缺少经过验证的方法和基础设施。[48] 该项目的方法超越了通用设计的概念，通过自适应个性化界面解决特定用户的需求，基于本体的上下文管理基础设施在使用过程中实时收集用户和上下文信息，在多个个人应用程序之间共享收集的信息以提高效率和有效性。用户界面将自适应不断发展的个人用户模型，以满足用户的特殊需求和偏好。MyUI 适配引擎依赖于针对特定用户和上下文特征的基于经验的设计模式（图 6-22），为开发人员提供支持是该项目的一个关键目标。无障碍指南、可重复使用的界面组件和用于说明、培训和监测的虚拟环境将支持无障碍在 ICT 产品中的主流化。界面适配引擎和模拟工具将帮助开发人员测试、评估和改进他们的设计。MyUI 技术将在三个选定的“案例”——交互式电视设备、交互式数字理疗服务和交互式社交服务中实施，以展示它们在工业开发环境中的优势和可行性。最终用户和开发人员将参与项目的所有阶段，从以下三方面确保研究的有效性：实证研究将决定用户模型设计模式和适应机制的设计；迭代开发和研究周期将确保 MyUI 产品能够增加无障碍性，并且可以被行业有效采用；现场测试将在现实环境中验证项目技术方法。

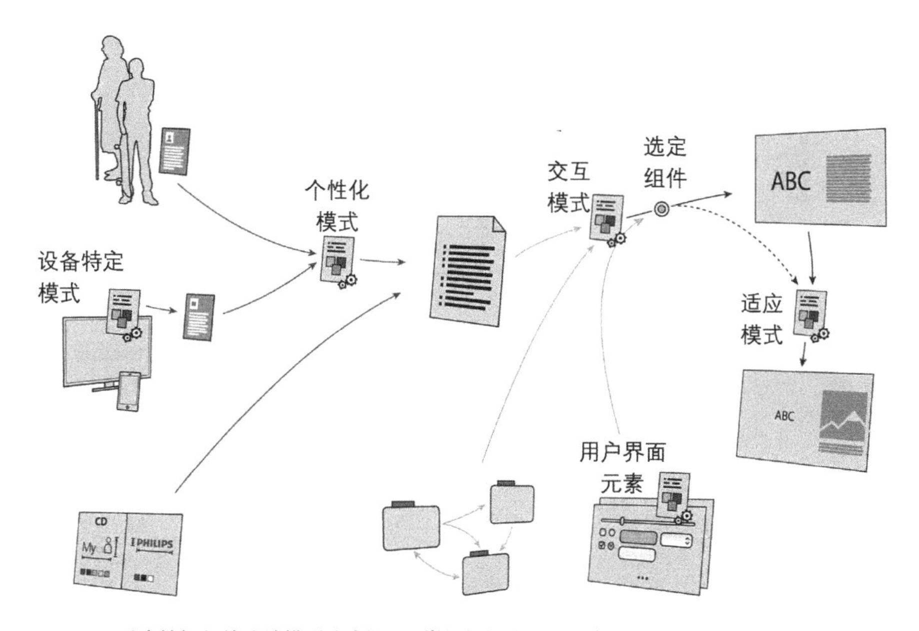

图 6-22　MyUI 适应性框架的设计模型（来源：贾巍杨根据欧盟委员会网站 *MyUI: Mainstreaming Accessibility through Synergistic User Modelling and Adaptability* 翻译重绘）

由欧盟委员会资助希腊国家研发中心主持，保加利亚、瑞士、捷克、德国、西班牙、意大利、葡萄牙参加的“用于新应用程序设计和开发的无障碍评估仿真环境”（ACCESSIBLE，2008—2012，357 万欧元）项目，主要目标是通过在软件设计和开发过程中引入协调的无障碍评估方法，使用更优评价策略和方法来提高软件开发的无障碍性。ACCESSIBLE 将研究和开发一个系统来整理和合并不同的方法工具，检查与 W3C/WAI、ARIA 和其他标准的一致性，以生成开源评估模拟环境，这将使大型机构、中小企业或个人（开发人员、设计人员等）能够生产具有较高无障碍性能和质量的软件产品，并附最佳实践建议。[49] ACCESSIBLE 的难点是整合多种可能的残疾种类，而不是基于某一个体，这一点尤其重要，因为随着年龄的增长，每个人都可能患上多种障碍，尽管每种障碍可能相对较小，但它们的综合影响肯定很大。提出的评估仿真环境将在 ACCESSIBLE 的四个试点中展示：移动应用程序（包括 JavaFX 脚本）、Web 应用程序、Web 服务（主要侧重于信息移动服务）以及描述语言（例如 UML、SDL 等），系列产品见图 6-23。

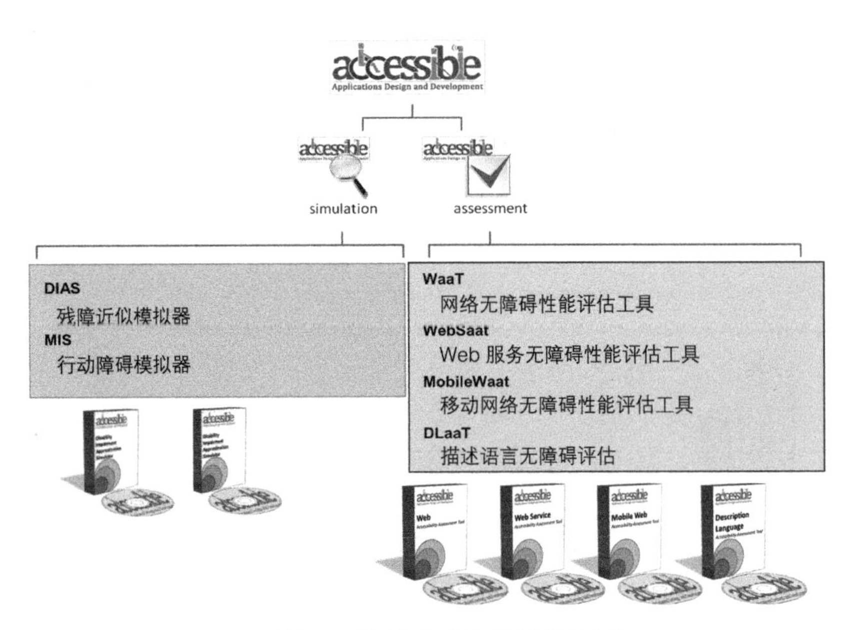

图 6-23 ACCESSIBLE 项目产品系列（来源：贾巍杨根据欧盟委员会网站上的 *Accessibility Assessment Simulation Environment for New Applications Design and Development* 翻译重绘）

欧盟委员会资助奥地利联合塞浦路斯、捷克、西班牙等国机构的“辅助技术快速集成与构建套装”项目（AsTeRICS，2010—2012，339 万欧元），是为解决既有信息技术辅助设备不能适应不同用户自身能力的问题，项目开发了一个灵活的 AT 系统原型，通过结合新兴的传感器技术，如脑机接口、视线跟踪系统等，为用户的特定需求提供更强的适应性。运动能力下降的人将获得一种灵活且适应性强的手部技术，使他们能够在标准桌面上访问人机界面，尤其是移动电话或智能家居设备等嵌入式系统。[50]

欧盟委员会资助西班牙米格尔・埃尔南德斯・德埃尔切大学与意大利、德国、英国等国机构合作的“帮助残疾人进行日常活动的自适应多模式接口”项目（AIDE，2015—2018，341 万欧元）开发了一个模块化和自适应的多模式人机界面（图 6-24），使中度和重度残疾人能够与辅助智能设备互动，开展日常活动，充分参与社会。[51] 它全新的共享控制模式，一方面可以识别和整合用户行为、情感和意图的信息，另一方面可以分析环境和背景信息。

德国研究基金资助的“视障人士会议室的无障碍设施”项目解决的问题包括：捕获什么信息数据，如何捕获和预处理，如何赋予意义，如何呈现，如何操作等，处理这些信息形成概念模型，帮助视障用户平等参与协作。[52]

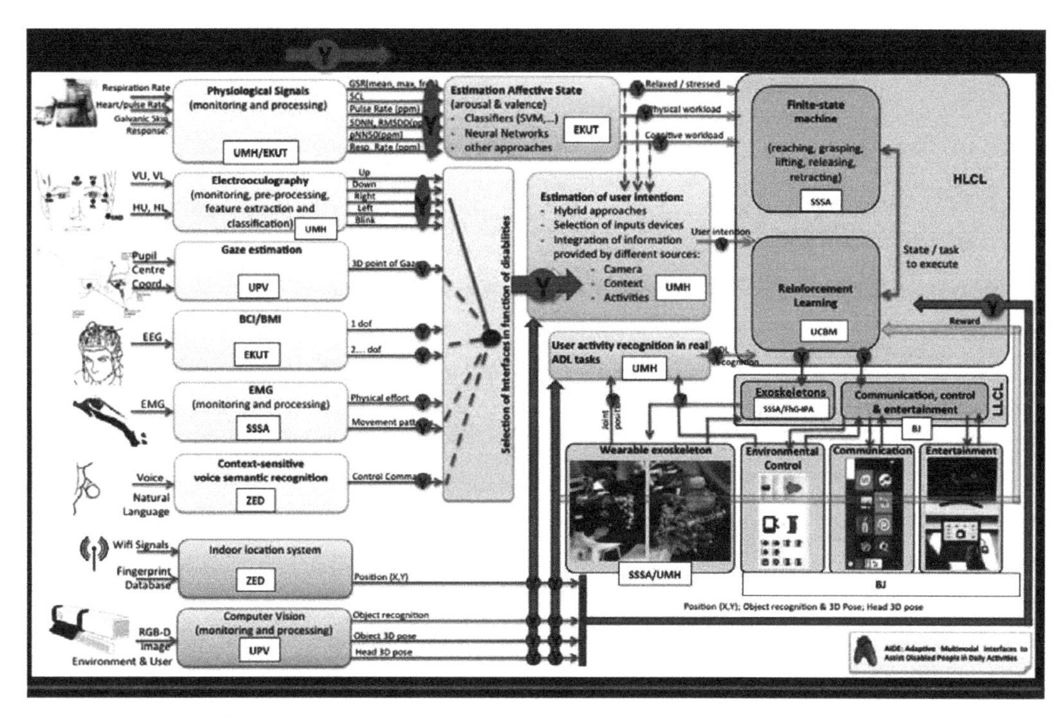

图 6-24　AIDE 系统架构显示其不同组件（来源：欧盟委员会网站，*Report on modular architecture of AIDE multimodal interface*）

6.1.4　智能导航和导盲

智能导航技术主要包括 3 个环节：定位、地图和路径规划，因此无障碍智能导航和导盲的信息无障碍方案主要涉及以下几种技术：无障碍地图、室外定位、室内定位、无障碍路径规划、导航信号、导盲机器人、导盲手杖、其他导盲系统。

无障碍地图目前是有广泛应用前景的研究领域，对残疾人的出行规划极具实用价值，由于涉及的地点数据极多，每个地图兴趣点（POI）全部由专职工作人员考察则成本太高且难以覆盖全面，故目前的技术实现主要是通过将任务分发给志愿者，以自由自愿的形式对 POI 评估、拍照并标记是否符合无障碍需求，也即所谓的"众包"（crowd sourcing）模式。

俄罗斯在索契举办冬季残奥会的推动下，提出了一个全新的无障碍智慧项目"无障碍地图"（图 6-25），这是联合国基金会的一个创新项目，是由全体公民共同参与制作，每位志愿者都可以为创建无障碍的俄罗斯作出贡献。该项目旨在帮助残疾人找到可以进行残奥运动的场所，并为他们提供有关附近无障碍城市基础设施的信息。目前共标注了超过 10000 个无障碍设施，其中首都莫斯科超过 7000 个。同时网站也考虑到信息无障碍的重要性，可一键切换成视障人群使用的大字体、高对比色版本。

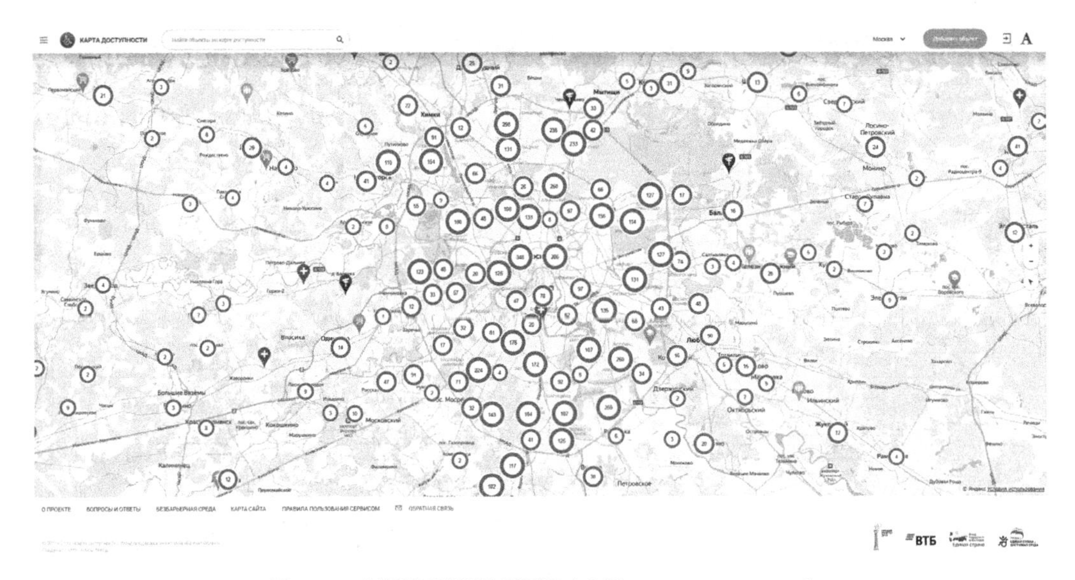

图 6-25　莫斯科无障碍地图页面（来源：kartadostupnosti.ru）

Wheelmap 是由德国非营利组织 Sozialhelden e.V. 开发的开放在线全球地图，用于查找和标记轮椅可及的地址（图 6-26）。任何人都可以找到无障碍公共场所并将其添加到地图上，并根据简单的红绿灯系统对其进行评分（红黄绿分别表示轮椅不能通行、部分无障碍、完全无障碍）。该地图基于 OpenStreetMap，于 2010 年由一个社会企业家团队创建，旨在帮助使用轮椅或轮式助行器的人，推婴儿车的父母也可以从中受益。目前，在地图上可以找到全球近 60 万个无障碍公共场所，每天新增约 300 个。[53] Wheelmap 可在网站上获得，也可作为苹果和安卓的应用程序使用。

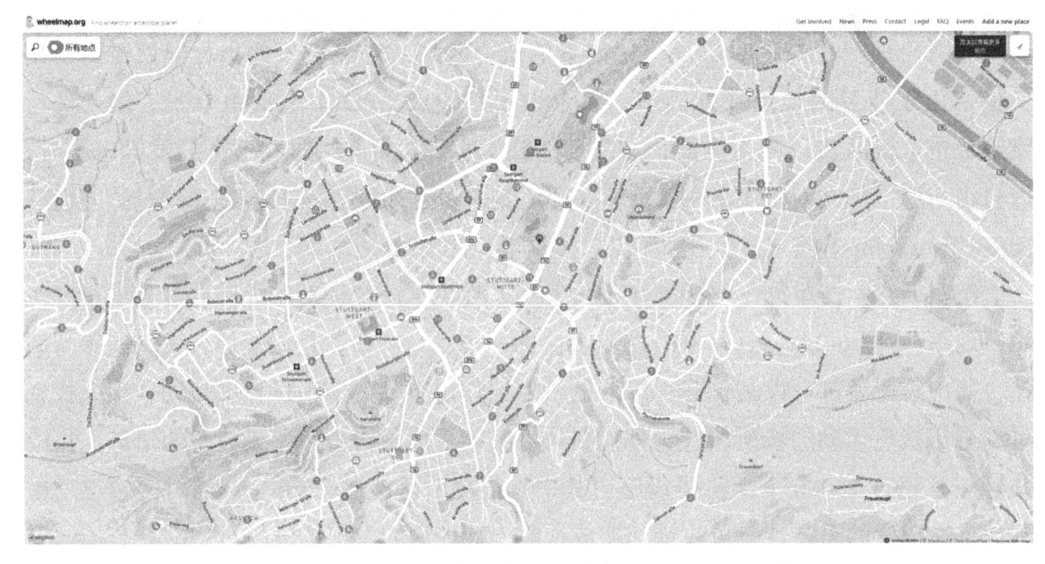

图 6-26　Wheelmap 轮椅地图页面（来源：Wheelmap.org）

欧盟委员会资助德国 EmpIRICA 通信技术研究公司牵头，奥地利、西班牙、英国等国机构参与的“提高欧洲城市区域无障碍性的集体意识平台”项目（Collective Awareness Platforms for Improving Accessibility in European Cities Regions，2014—2016，279 万欧元），其中的无障碍地图也是基于 Wheelmap.org 通过“众包”方式评估 POI 的无障碍性能。项目研究目的是利用在线地图和移动设备的能力，为行动不便的人培养全社会的无障碍意识，并消除这些障碍。[54] 项目开发工具和方法，能够根据无障碍可达性，标记、描述和讨论已建成环境内的位置和路线；以直观和极具吸引力的方式将数据可视化；实现路径规划及导航；推动地方提高认识并制订消除障碍的有效措施。[55] 此外，开发的工具和方法在 Wheelmap（图 6-27）、WheelchairRouting 和 OSM 等现有平台上进行试点测试，而不是建立一个新的平台。该项目将有助于残疾人社区融入社会，提高社区可持续性；有助于市政集中支出，节约公共资源，提高经济可持续性；促进公共交通使用，节约自然资源，提高生态可持续性。

图 6-27　Wheelmap 标记地点是否为无障碍（来源：Amin Mobasheri. Wheelmap：the wheelchair accessibility crowdsourcing platform）

智能导盲（盲人导航）技术研发要考虑的因素很多，如无法使用视觉印刷信息、安全与高效导航的矛盾、潜在用户数量少、盲人获取的环境信息与视力健全人差异很大、非视觉信息转换等。因此，导盲技术的设计和实施还要考虑四个方面内容：感官信息的转换、信息遴选、设备操作（传感器特性）、形式与功能（用户审美）。[55] 导盲辅助技术主要有 3 类：感官替代装置等非植入性技术，利用大脑的环境自然适应能力；植入性技术，借助假体直接刺激视觉系统区域；通用导航辅助，利用某种功能型感官或导盲辅具提供抽象空间信息。[56]

目前导航所需定位技术有 GNSS、A-GPS、5G、RFID、WiFi、蓝牙、红外线、超声波、计算机视觉等，类型众多。室外定位使用的技术主要是 GNSS（全球导航卫星系统），但是盲人（包括部分视力障碍者）遇到的障碍多、尺度小，在室外环境 GNSS 并不能完全满足盲人较高精度定位的需要。另一方面，GNSS 在室内信号弱，健全人使用的室内定位也必须考虑其他技术手段。至今室内定位还是一个比较热门的研究领域，使用的技术种类多样，而且各自有优势与不足，因此室内定位常常综合使用多种技术，对有较高精度需求的盲人更是如此。

美国 NIDILRR 资助史密斯·凯特韦尔眼科研究所的“解决盲人现存和新发障碍的远程标识研发”项目（1996—1999），在世界上较早开发了盲人远程可读的红外语音信号（R）标识系统，作为定向和导航辅助手段，可用于安全使用光控人行横道、识别和发布公交车停靠点、识别迎面而来的公交车编号和目的地、定位和访问自动售票机等。[57] 项目对盲人出行使用远程红外语音信号中转站导航开展了实验研究，并特地选择了地下空间（图 6-28）和交叉路口（图 6-29）。NIDILRR 资助的两期“视障人士无障碍环境信息应用”项目适合盲人导航，一期开发了用于 iPhone 定位的蓝牙信标应用[58]，二期开发了一个可扩展的无障碍环境信息应用程序，具备无缝的室外到室内导航和一个用于视觉障碍者的统一信标数据库。美国交通部资助的“在信息时代建立场所感：无障碍、接驳和出行”使用全球定位系统（GPS）、文本转语音（TTS）和手机技术来研究和开发无障碍行人信号系统。

红外、超声波、激光等传感器技术以及蓝牙、网络技术能够通知盲人障碍物的位置和距离，但这些信息仍不够充分。从 20 世纪 90 年代后期开始，随着计算机图像处理技术愈发成熟，导盲系统能从环境中获取诸如道路信息等丰富而全面的数据，并通过有效手段将多维度环境信息向视障用户展示出来。21 世纪以来，随着计算机视觉技术和语音识别等技术的飞速发展，系统能够协助视障者判断路径方向和障碍物位置，获取更全面的环境信息，进行有效避障引导，并能实现人机双向交互。[59]

葡萄牙科技基金会项目“SmartVision：盲人的主动视觉”（SmartVision：active vision for the blind，2008—2011）以及“Blavigator：为盲人提供廉价且可靠的导航设备”（Blavigator：a cheap and reliable navigation aid for the blind，2011—2013）在导盲系统方

面开展了多项研究。这两个连续项目研发了一个处理和提供地理信息的平台，包括无障碍功能，这个地理信息系统（GIS）称为 SmartVision。[60] GIS 平台与 SmartVision 系统原型的其他模块协同，为盲人用户提供信息，为其导航，并提示附近的兴趣点或障碍物（图 6-30）。项目还研究了将建筑室内地理信息系统与计算机视觉定位相结合的系统，帮助盲人在室内环境导航。[61] 此外，项目也研究使用 Microsoft Kinect 传感器代替计算机立体视觉获取用户面前场景的深度数据，然后使用神经网络处理这些信息从场景中提取相关特征，从而能够检测沿途可能存在的障碍物。[62]

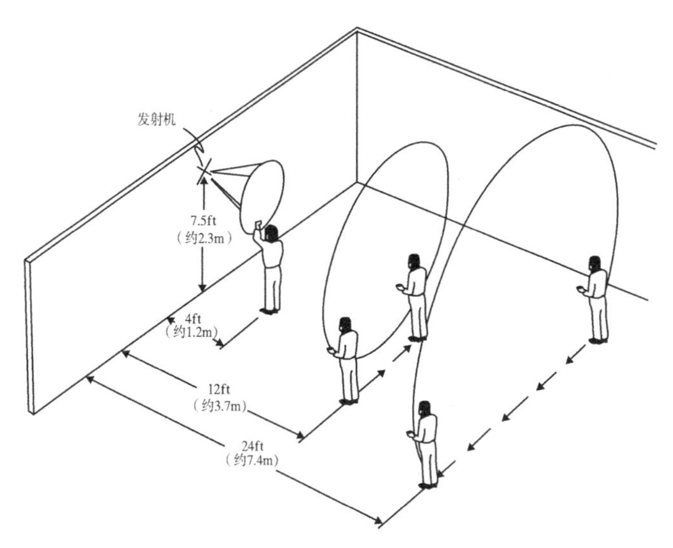

图 6-28　远程红外语音信号中转站地下导航研究（来源：徐培涛根据 W. Crandall **的** *Remote Infrared Signage Evaluation for Transit Stations and Intersections* **翻译重绘）**

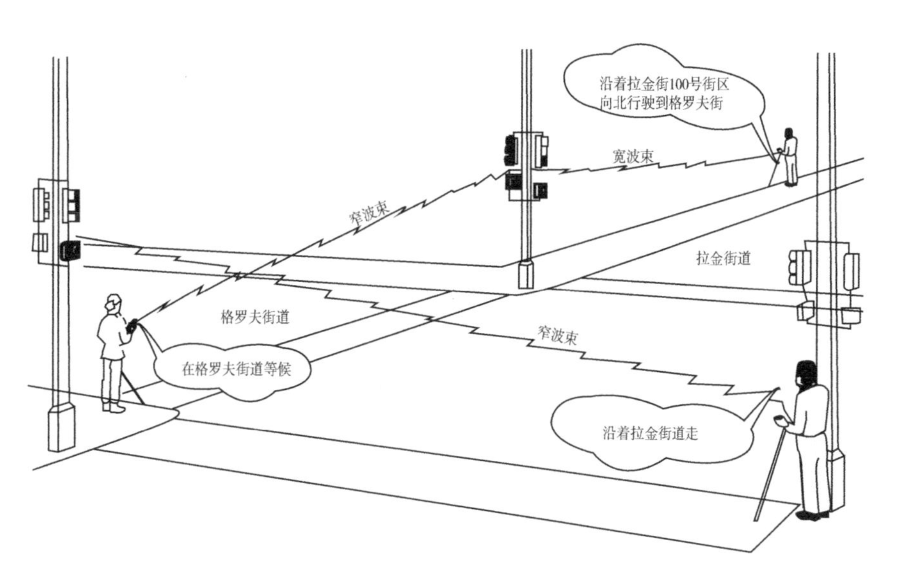

图 6-29　远程红外语音信号中转站交叉路口导航研究（来源：徐培涛根据 W. Crandall **的** *Remote Infrared Signage Evaluation for Transit Stations and Intersections* **翻译重绘）**

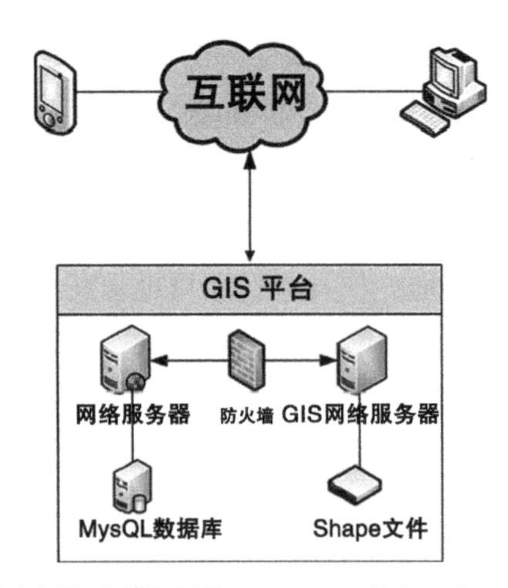

图 6-30 SmartVision 架构示意（来源：贾巍杨根据 H. Fernandes 的 *Providing Accessibility to Blind People Using GIS* 翻译重绘）

阿尔及利亚安纳巴大学提出了一种具有合成语音输出的微控制器的盲人导航辅助设备。该系统由两个振动器、两个安装在用户肩膀上的超声波传感器和另一个集成在手杖中的传感器组成。它能够向盲人提供城市步行路线信息，并提供用户前方行进路径 6m 内悬垂障碍物距离的实时信息。系统通过声纳传感器感知周围环境，并向用户发送范围内最近障碍物位置的振动触觉反馈；超声波手杖用于探测地面上的障碍物。[63]

马来西亚沙巴大学开发了一种辅助导盲设备,系统由一个单板处理系统（SBPS）、一个安装有视觉传感器的头饰和一对立体声耳机组成。视觉传感器捕捉环境信息，使用模糊聚类算法实时处理，并映射到特殊结构的立体声声学图案上，再传输到立体声耳机。[64]

随着智能设备芯片计算能力日益提升，环境信息处理或定位获取技术采用计算机视觉计算软件方式的研究越来越多，这可能是未来导盲技术的重要研究方向。

6.1.5 媒体信息传播

媒体信息传播无障碍研究主要领域为：电话、电视、广播、智能字幕、听力障碍辅助应用，以及多种无障碍需求的媒体信息传播技术。

传统语音电话的主要困难群体是听力障碍和语言障碍人士，目前主要解决方案是语音和文本的实时相互转换技术；此外，视障用户也需要触摸和语音反馈。欧盟委员会资助的“响应所有需要帮助的公民”项目（REsponding to All Citizens Needing Help，简称 REACH112，2009—2012，880 万欧元）研发了一种适用于所有人的传统语音电话的无障碍替代方案。[65] REACH112 提供交流模式，让所有人在所有情况下都能找到一种交流方式，可以是由“完全会话”概念描述的实时文本对话、手语、唇读、语音或所有这些模式的任意组合。该服务能使所有人受益，能够指导改善所有人尤其是残疾人之间的沟通以及所有紧急服务的无障碍性和呼叫处理。

电视媒体在无障碍技术方面主要是满足老年人、弱视、色觉障碍人群的观看需求，以及听障群体的字幕或手语可视化信息需求。欧盟委员会资助德国弗朗霍夫应用研究基金会联合西班牙、法国、葡萄牙、英国等多国机构的“残疾人和老年人的温馨用户界面”（Gentle User Interfaces for Disabled and Elderly Citizens，2010—2013，478 万欧元）项目，开发了一个自适应、多模式的电视界面工具箱，旨在满足残疾和老年用户在家庭中的无障碍需求，利用机顶盒作为计算机平台之外的处理和连接平台。[66] 项目通过用户研究，调查用户界面的最佳组合及其在选定的应用程序中的适用性，界面仿真环境用户模型考虑了感知模型、认知模型、行为模型（图 6-31），界面控制技术采用了指点设备、集群屏幕对象扫描技术、眼动追踪交互、手势等 [67]，以满足所有人的无障碍需求。

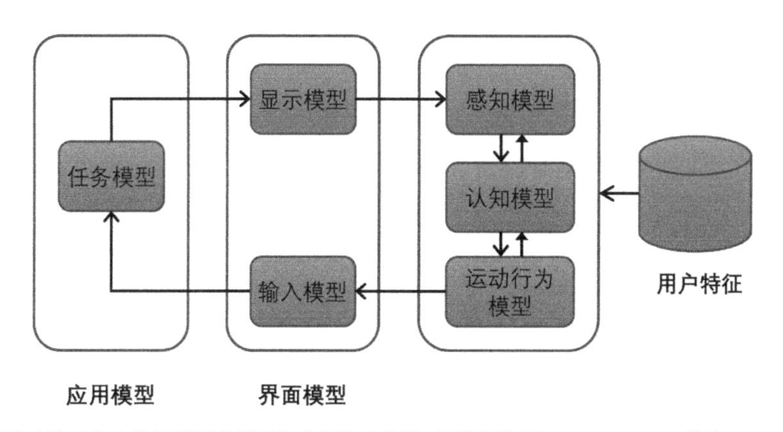

图 6-31　“残疾人和老年人的温馨用户界面”主架构（来源：贾巍杨根据 Pradipta Biswas 等的 *Designing Inclusive Interfaces through User Modeling and Simulation* 翻译重绘）

字幕主要服务对象是听障群体以及不同语言的用户。加拿大自然科学与工程研究委员会资助的“卡尔顿无障碍媒体”（Carleton Accessibility Media Project，CAMP）是一个软件项目，始于 2011 年，成果为无障碍字幕系统原型。项目包括对现有代码库的改进以及用户想要实现的新特性，实现功能有：使用外部服务器进行登录身份验证，寻找用于视频播放的最佳播放器，开发数据库以收集用户统计信息，需求收集等。[68]

西班牙 Fusio D'arts Technology Sl 公司的“听障智能空间”（Deaf Smart Space，2017—2019）项目团队开发信息通信技术硬件、服务和智能手机应用程序，使听力缺陷患者能够更无缝地与环境互动，并计划将创新产品“聋哑智能家居”和“聋哑智能空间”推向市场，分别为私人家庭和公共建筑提供无障碍设施和服务。[69]

也有很多无障碍媒体传播研究项目最初就把目标定位为复合多功能、多障碍类型。欧盟委员会资助西班牙巴塞罗那自治大学以及瑞士、德、法等国机构的“全容多功能广播宽带”项目（Hybrid Broadcast Broadband for All，缩写为 HBB4ALL，2013—2016，470 万欧元），提供了一个混合接入平台，包括互联网电视和双屏幕解决方案，整合字幕、音频、手语等信息，能够为残障人士提供经济高效且方便的接入服务，使所有人随时随地都能够在任何设备上访问媒体。[70] 项目为老年人和各类残疾人士提供字幕、音频描述（图 6-32）、语音增强（图 6-33）和手语翻译（图 6-34）等。

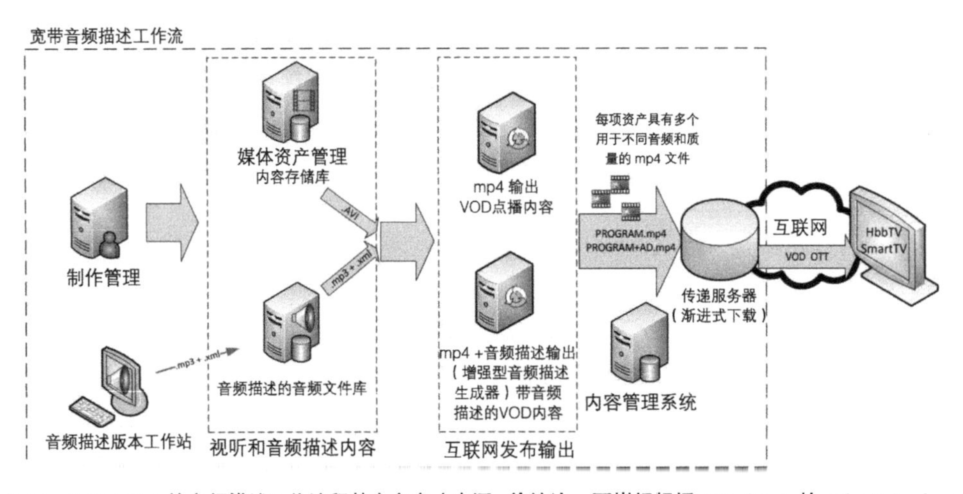

图 6-32　HBB4ALL 的音频描述工作流程基本方案（来源：徐培涛、贾巍杨根据 HBB4ALL 的 *Pilot-B Evaluations and Recommendations* 翻译重绘）

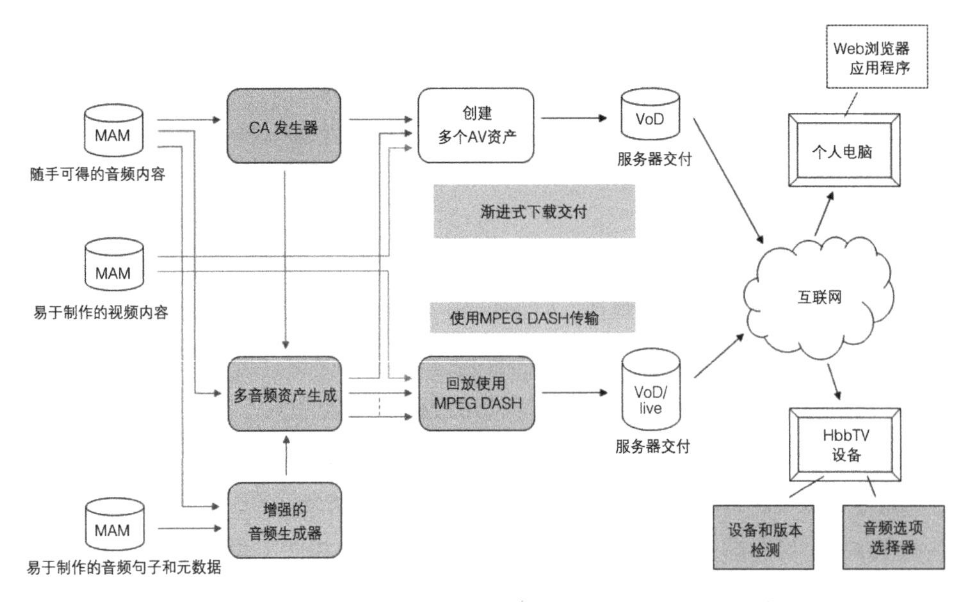

图 6-33　HBB4ALL 的“可替换音频制作与发行”组件系统架构（来源：徐培涛、贾巍杨根据 HBB4ALL 的 *Common Technical Components* II 翻译重绘）

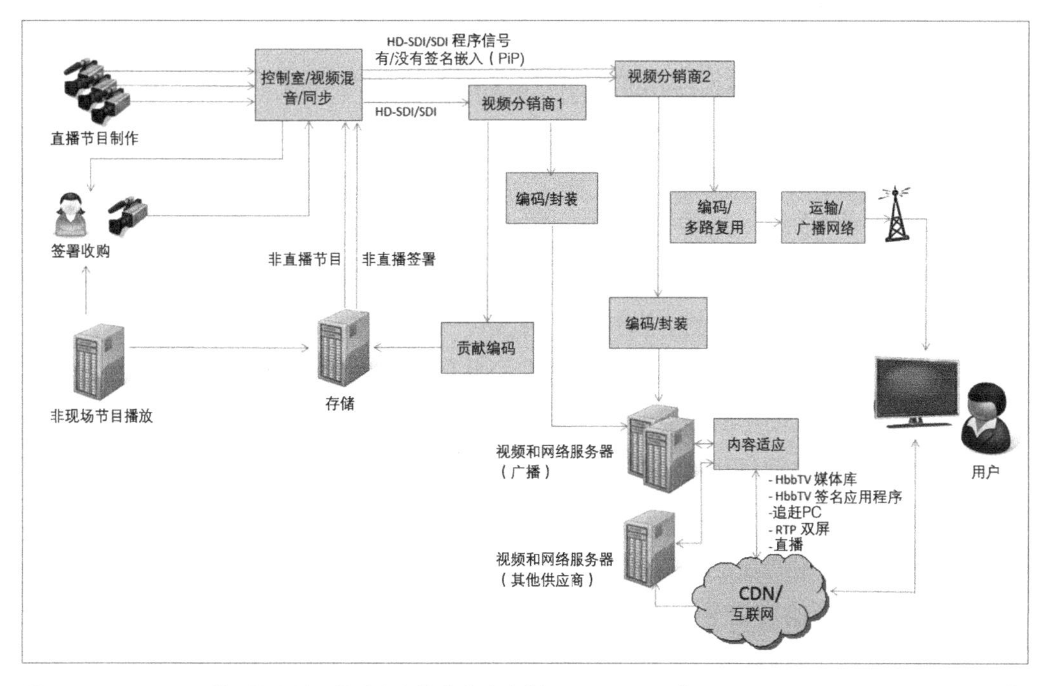

图 6-34 HBB4ALL 的手语翻译工作流程和技术方法（来源：HBB4ALL《Pilot-D Solution Integration and Trials》，徐培涛、贾巍杨翻译重绘）

法国国家研究机构的“协作情境媒体”项目（Collaborative Situated Media，2013—2017）创建了整合多感官模式的无障碍开放平台，向公众提供新型公共服务、艺术项目、活动和交流平台，包括在增强现实空间中创建地图或路线、向用户社区传播实时信息、社交空间内的媒体共享等。[71] 平台也促进了围绕这些新媒体的网络社区发展。

平昌冬奥会和冬残奥会有五大目标，分别是“文化奥运”“和平奥运”“环保奥运”“经济奥运”和“信息奥运”。信息通信技术是平昌冬残奥会力推的重头戏，主要包括五大方面内容：5G 移动通信、人工智能、物联网、超高清电视直播和虚拟现实（VR）。[72] 5G 通信技术在平昌冬奥会的应用引人关注，应用主要涵盖了赛事直播、增强现实、虚拟现实、自动驾驶等领域。[73] 基于 5G 技术的数据传输能力，平昌冬残奥会首次对开闭幕式和部分赛事应用 4K 超高清分辨率进行直播，大大提升了奥运赛事传播的画面质量。依赖 5G 通信技术，观众还首次尝试了同步视角、全景视角和时间切片等观赛方式，感受丰富而逼真的视觉体验。同时借助虚拟现实技术、观众戴上 VR 眼镜就能作为运动员参加冬奥赛事，身临其境在虚拟赛场上飞雪踏冰。

6.2 我国信息无障碍领域科技创新的进展

6.2.1 我国信息无障碍发展概况

作为信息无障碍工作的倡议国和发起国之一，2006年我国政府对《中华人民共和国残疾人保障法》进行了修订，其中对信息无障碍服务作出了明确规定，要求各级人民政府和有关部门采取措施，为残疾人获取公共信息提供便利，还提出国家和社会要研制开发适合残疾人使用的信息交流技术和产品。[74] 同年，为了支持政府的社会福利政策的实施，工业和信息化部（原信息产业部）将信息无障碍标准研究列入了“阳光绿色网络工程”，发布了信息无障碍标准体系规划，随后组织推动一系列相关标准相继诞生，为我国信息无障碍建设提供技术支撑。

2012年我国开始实施《无障碍环境建设条例》，其中第一章规定了无障碍环境建设包括信息交流无障碍的发展原则，是与国家的经济社会发展水平相适应的，遵循实用、易行、广泛受益的原则。[75]

2019年，《哈尔滨市信息无障碍专项规划设计导则》发布，将国家无障碍环境建设条例的原则要求，转化为实际操作的技术方案。

2020年9月11日，工信部联合中国残联发布《关于推进信息无障碍的指导意见》，提出的目标包括：到2025年底，建立起较为完善的信息无障碍产品服务体系和标准体系。建成信息无障碍评价体系，信息无障碍成为城市信息化建设的重要组成部分，信息技术服务全社会的水平显著提升。提出的主要任务包括：加强信息无障碍法规制度建设；加快推广便利普惠的电信服务；扩大信息无障碍终端产品供给；加快推动互联网无障碍化普及；提升信息技术无障碍服务水平；完善信息无障碍规范与标准体系建设；营造良好信息无障碍发展环境。[76]

2020年第15届中国信息无障碍论坛暨全国无障碍环境建设成果展示应用推广活动上，浙江省残联、杭州市残联、浙江大学共同发布了以“城市有爱 生活无障”为主题的《信息无障碍发展杭州宣言》。宣言提出五点倡议：关注无障碍群体，聚焦以人为本；完善无障碍环境，提升生活品质；推进无障碍立法，强化标准实施；深化无障碍治理，强化数字应用；培育无障碍文化，践行社会责任。

2021年《中华人民共和国国民经济和社会发展第十四个五年规划和2035年远景目标纲要》第十六章“加快数字社会建设步伐”提出“加快信息无障碍建设，帮助老年人、残疾人等共享数字生活”。[77]

目前我国信息行业主管部门已经发布了一系列信息无障碍标准，成为《无障碍环境建设条例》的重要技术支撑，主要标准见表6-2。2020年，第一个由中国主导编制的信息无障碍国际标准《服务于视障者的信息服务系统》F.922 在 ITU-T 发布，这表明中国在信息无障碍领域已经从后来的学习者，步入分享自身优秀成果和技术经验的标准制定者。[5]

我国主要信息无障碍标准　　**表 6-2**

标准名称	标准编号	发布组织
无线通信设备与助听器的兼容性要求和测试方法	YD/T 1643—2007	工信部
信息无障碍 - 身体机能差异人群 - 网站设计无障碍技术要求	YD/T 1761—2008	工信部
信息无障碍 - 身体机能差异人群 - 网站设计无障碍评级测试方法	YD/T 1822—2008	工信部
信息终端设备声压输出限值要求和测量方法	YD/T 1884—2009	工信部
移动通信手持机有线耳机接口技术要求和测试方法	YD/T 1885—2009	工信部
手柄电话助听器耦合技术要求和测量方法	YD/T 1889—2009	工信部
信息无障碍用于身体机能差异人群的通信终端设备设计导则	YD/T 2065—2009	工信部
信息终端设备信息无障碍辅助技术的要求和评测方法	YD/T 1890—2009	工信部
信息无障碍呼叫中心服务系统技术要求	YD/T 2097—2010	工信部
信息无障碍语音上网技术要求	YD/T 2098—2010	工信部
信息无障碍公众场所内听力障碍人群辅助系统技术要求	YD/T 2099—2010	工信部
信息无障碍术语、符号和命令	YD/T 2313—2011	工信部
使用低比特率视频通信的手语和唇读实时会话应用配置	GB/T 28513—2012	国家质量监督检验检疫总局、中国国家标准化管理委员会
网站设计无障碍技术要求	YD/T 1761—2012	工信部
网站设计无障碍评级测试方法	YD/T 1822—2012	工信部
无线通信设备与助听器的兼容性要求和测试方法	YD/T 1643—2015	工信部
信息无障碍视障者互联网信息服务辅助系统技术要求	YD/T 3076—2016	工信部
移动通信终端无障碍技术要求	YD/T 3329—2018	工信部
读屏软件技术要求	GB/T 36353—2018	国家市场监督管理总局、中国国家标准化管理委员会
视障者多媒体信息处理技术要求	YD/T 3534—2019	工信部
信息技术互联网内容无障碍可访问性技术要求与测试方法	GB/T 37668—2019	国家市场监督管理总局、中国国家标准化管理委员会
移动通信终端无障碍测试方法	YD/T 3694—2020	工信部
Web 信息无障碍通用设计规范	T/ISC 0007—2021	中国互联网协会
互联网网站适老化通用设计规范	——	工信部
移动互联网应用（APP）适老化通用设计规范	——	工信部

来源：作者整理。

在信息无障碍学术研究成果方面，对截止到 2022 年的中文“信息无障碍”主题论文进行计量分析，通过对知网数据库检索，期刊论文共 890 篇，其中较高质量期刊库共 147 条，节点类型选择主题和关键词（图 6-35）。统计结果显示，全部相关期刊文献数据中，相关主题研究主要围绕着信息无障碍、无障碍、信息无障碍服务、图书馆、无障碍建设、公共图书馆、无障碍环境建设、无障碍设计、政府网站、老年人、残障人士等展开，相关学科主要包括信息经济与邮政经济、计算机软件及计算机应用、图书情报与数字图书馆等。

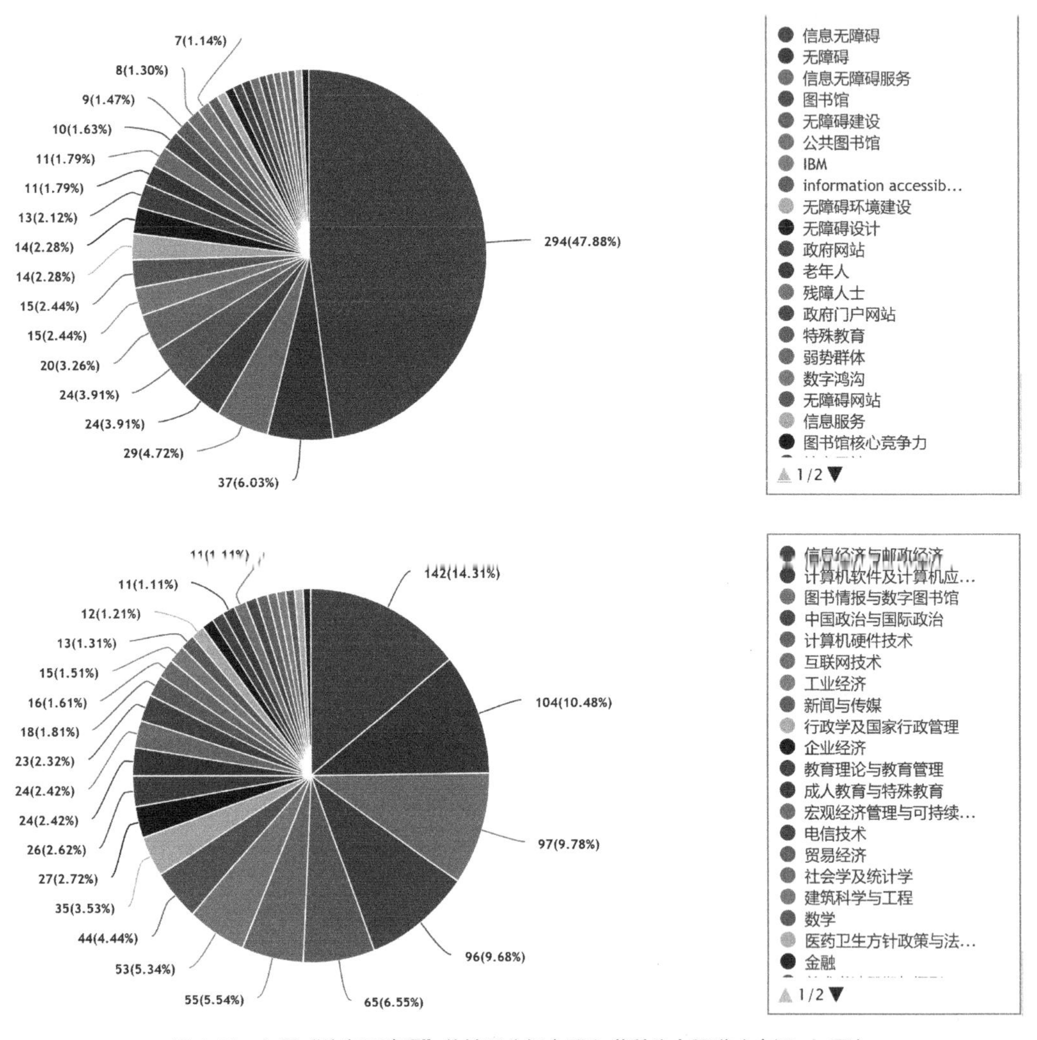

图 6-35　知网“信息无障碍”关键词分析主题和学科分布图谱（来源：知网）

通过文献计量分析，结合文献内容分析，得出以下结论：1）我国信息无障碍研究中文发文数量仍较少（对比图 6-1 英文论文数据）；2）从研究主题看，多集中于信息无障碍本身和图书馆，但与当前人民生活关系密切的互联网移动设备、智能设备涉及较少，尤其是关键技术性研究较少；3）从学科分布的角度来看，我国信息无障碍领域学科分布相对单一，主要集中于信息经济、计算机软件、图书情报学科，跨学科、跨领域合作研究有待加强；4）从我国信息无障碍的学术研究情况来看，主要集中于三个方面：一是对于国外信息无障碍建设的研究；二是对国内外信息无障碍实例研究，主要表现在图书馆、政府网站建设等方面；三是从影响因素、技术的角度，对信息无障碍展开了研究。

6.2.2　网站、信息平台和综合解决方案

6.2.2.1　网站无障碍设计

在网站信息无障碍标准研发方面，2006 年原信息产业部把信息无障碍工作纳入了“阳光绿色工程”，向中国通信标准化协会（CCSA）下达了系统化制定信息无障碍标准的任务。中国信息通信研究院研究制定了信息无障碍标准体系框架，规划了四类需要制定的标准，即基础类、服务类、技术和产品类、评测类标准。[5]

2008 年 3 月，工信部发布了国内第一个互联网网站信息无障碍标准《信息无障碍　身体机能差异人群网站设计无障碍技术要求》YD/T 1761—2008。基于该技术标准，中国残疾人联合会建成了国内首个标准化的信息无障碍示范网站。2008 年科技部、工信部、中国残联等主管部门还联合组织开展了“北京 2008 奥运会、残奥会信息无障碍网站行动”，这是我国第一个网站无障碍标准化推广行动[5]，向全社会广泛传播了信息无障碍的概念，北京奥运会官网也依据该标准完成了无障碍化改造升级，让广大残障朋友也能在网上参与奥运赛事。2010 年上海世博会举办前夕，中国残联和上海残联推动上海市四家政府网站按照标准开展了无障碍建设和改造工作。该标准也随着技术发展修订，2012 年颁布了新版，即《网站设计无障碍技术要求》YD/T 1761—2012。

2021 年，中国互联网协会发布团体标准《Web 信息无障碍通用设计规范》（2018 年立项）。该规范在 W3C 的 WCAG 2. 0 规范和行业标准《网站设计无障碍技术要求》基础上，增加了信息智能化规范和移动化方面的内容，丰富了当前国际国内标准内容，为建设多终端、多渠道的信息无障碍服务提供了务实指导。

2021 年，工信部发布《互联网网站适老化通用设计规范》和《移动互联网应用（APP）适老化通用设计规范》，部署进一步抓好网站和应用的适老化及无障碍改造专项行动实施工作，帮助老年人、残疾人等群体平等便捷地获取、使用互联网应用信息。[78] 相关互联网网站、移动互联网应用参照两项标准完成改造后，可申请互联网应用适老化及无障碍水平评测，该评测体系由用户满意度评价、技术评价和自我评价三部分构成。通过评测后，将被授予信息无障碍标识。

在针对视障用户的网站信息获取方面，国家自然科学基金“面向视障用户的网络信息智能化处理关键技术研究”（2009—2011）项目，瞄准视障人士网络信息无障碍领域问题，集中于网站的浏览、导航；基于协作推荐系统原理和视障用户认知行为分析，

探讨针对视力障碍群体的浏览路径推荐问题，为今后的网络信息无障碍研究提供新的思路。[79]

6.2.2.2 信息平台和综合解决方案

我国的无障碍信息平台包括各行业信息平台以及电子政务平台。

在行业信息平台方面，涌现出“手服宝”盲人按摩行业互联网+平台项目、“小艾帮帮”远程协助平台等。“手服宝”采取线上与线下相结合的方式，通过手机APP、微信小程序、微信公众号、web服务和PC端软件服务，为按摩行业提供人工智能门店管理、线上引流、客户在线职业技能教育、物料采购等多方面服务，是全面解决盲人按摩行业融入现代互联网的综合解决方案。“小艾帮帮”连接志愿者与视障人士进行单向的视频通话，来进行人工远程辅助，志愿者通过视频内容，观察视障者所处环境和需要识别的内容，通过语言表达帮助视障人士。

电子政务、政府网站建设无障碍服务方面我国也取得了长足进步。2019年开通国家政务服务平台，到运行一周年，联通了32个地区和46个国务院部门，平台实名注册人数和访问人数分别超过1亿和8亿人，总浏览量达到50亿人次，为地方部门平台提供数据80亿余次。[80]北京市70家政府网站全部实现语音朗读、智能引导等无障碍浏览服务，“北京通”App和微信、百度、支付宝4个移动端政务服务应用小程序提供了人脸识别登录、语音输入查询等无障碍服务。[80]同时考虑弱势群体的不便，还开发授权办理、亲友代办功能，可由亲友或代理人通过身份校验后协助完成人脸识别，实现异地居住的老人异地领取社保。通过后台数据对比等方式，实现社会保险待遇资格自动化认证认领。

在信息无障碍综合解决方案方面，有不少研究项目为我国信息无障碍发展制定了综合性的服务模式、服务体系、保障体系。

“十一五”国家科技支撑计划重点项目《中国残疾人信息无障碍关键技术支撑体系及示范应用》(2008—2010)，是我国第一个大型信息无障碍综合解决方案研究项目，共设置六个研究课题，由浙江大学牵头完成。该项目建成了同时面向政府、残联和公众的残疾人信息无障碍服务支撑平台，开展了一系列残疾人业务应用、信息无障碍产品和服务的示范，并应用于残疾人赛事、远程教育、远程康复、就业服务和社区服务[81]，是我国新世纪以来具有代表性的重大信息无障碍研究成果。

国家社科基金重点项目“新型城镇化进程中的信息化问题研究”(项目编号：14ATQ006)、教育部人文社科青年基金项目“新型城镇化进程中公共信息一体化服务模式研究”(项目编号：16YJC870007)的研究成果集中于“信息无障碍”的三方面内容：1)服务标准。信息无障碍服务标准建设主要从设施管理和技术保障两方面入手。其中，技术标准包括网站图文色彩等各要素设计以及网页布局的无障碍功能实现，管理标准包括政府管理部门分工、无障碍服务组织架构、人员编制、社会力量准入等。2）资源内容。加大视障人群可用信息资源的建设力度，扩充盲文图书文献的出版能力。3）服务技术。为达到可感知、可操作、可理解和可获得[82]的信息无障碍服务目标，应基于各类残障群体的差异化需求采取适用的服务技术。

北京市哲学社会科学规划项目《新媒介背景下北京市公共信息服务设计研究》提出：在智慧城市建设的大背景下，从无障碍设计的概念与发展变化出发，探索无障碍设计与通用设计、信息传达、人机交互、用户体验等多元化的设计方法的结合。提出“综合智能化服务体系”的智能化无障碍理念，通过梳理城市生活服务的内容，从设计的视角研究和阐述数字化时代下残障者的生活。主要内容包括：1）智能交通与无障碍出行：无人驾驶技术、车载信息系统、购票系统、小型新能源交通工具、读取残障者 ID 信息等。2）智能城市公共设施与无障碍服务：城市街道、公园 WIFI 网络，特殊人群 GPS 定位服务；大型公共场所无线网络和室内定位系统；城市街道建筑各种设施电子化；政府与社会服务智能化，系统界面友好。3）智能社区与无障碍交流。

国家社科基金项目“新型网络环境下信息无障碍建设的影响因素及保障体系研究”（2013—2018）通过实地调研，分析信息无障碍的影响因子，从个性特征、生理条件、社会关怀、网络稳定性等方面构建残障人士信息无障碍的实现路径，为信息无障碍水平的评价提供理论基础和实证参考，从而促进信息无障碍环境建设，帮助残障人士更好地实现自我价值和社会价值。[83]

6.2.3　智能设备和应用

2013 年 11 月 11 日，由阿里巴巴集团、腾讯、百度、微软（中国）、深圳市信息无障碍研究会共同发起成立了“信息无障碍产品联盟”，致力于推动中国互联网信息无障碍。我国互联网领先企业均参与了信息无障碍，腾讯的微信、手机 qq、浏览器，阿里巴巴的淘宝、支付宝，百度的阅读、地图、手机软件均做出了无障碍方案。设备制造企业华为、OPPO、小米的智能终端产品也各自提出了无障碍解决方案。2018 年，腾讯公司荣获联合国教科文组织“数字技术增强残疾人权能奖”[84]，中国企业在信息无障碍领域的成就获得国际认可。

2018 年 10 月，工信部颁布行业标准《移动通信终端无障碍技术要求》YD/T 3329—2018，中国泰尔实验室依据标准规定进行了检测认证工作，著名的华为公司成为第一家获得移动通信终端产品无障碍检测合格证书的企业。[5]

2020 年国务院办公厅印发《关于切实解决老年人运用智能技术困难实施方案的通知》[85]，明确提出推进互联网应用适老化改造，让老年人更好地共享信息技术发展成果为社会带来的便利。

6.2.4 智能导航和导盲

在视力障碍场景识别和导盲方向我国近年来研发出一些基础性研究成果。

在导航空间数据建模方向，香港中文大学深圳研究院的“面向户外导盲的城市空间建模及关键算法研究”（2012—2014）以“功能单元—通道”为核心思想，研究适用于户外导盲的城市空间数据建模和空间数据向数据模型的转化方法，研究全局导盲路径规划算法，研究盲人状态信息与局部通道的实时融合方法等，从宏观和微观角度解决户外导盲问题。[86] 华北电力大学的“基于四叉树直方图的空间关系描述理论与机器人问路导航方法研究”（2014—2016）提出细节空间关系及动态空间关系自然语言描述方法，提出交互式机器人问路导航方法，并在机器人 NAO 平台上构建基于动态空间关系描述的机器人问路导航系统，为机器与人在空间关系概念上实现无障碍沟通提供了保障。[87]

在空间图像识别方向，天津工业大学承担的国家自然科学基金“基于结构光投影的视障者 3D 视觉信息辅助方法研究”（2015—2017），将结构光投影 3D 测量与大脑相关传递函数 3D 声像重建技术相结合，发展一种通过视障者听觉功能获取目标物体 3D 空间信息新方法。[88] 该校的另一个国家自然科学基金“用于视障者视觉辅助的物体 3D 空间信息视觉—听觉转换理论”（2014—2017）为了帮助视障者了解感兴趣物体的空间信息，首次提出研究物体空间位置、3D 形状等空间信息的视觉—听觉转换理论。[89]

在市场上的通用无障碍导航地图和导盲综合方案领域，我国也有自主创新性的成果。

由天津市残联组织项目实施，天津市测绘院进行数据采集和技术开发的“融畅”无障碍导航系统，是国内最早的室内外无障碍设施导航软件之一。该应用采集了天津全市域 15 种公共场所的 12 类近 10 万个无障碍设施数据信息，涵盖了无障碍卫生间、无障碍坡道、缘石坡道等室外无障碍设施和大型商超、三甲医院、交通建筑等室内的无障碍设施。借助智能导航技术，实现当前位置或任意位置到目的地的导航；通过室内地图、室内导航路径，以文字、图片、语音等多种提示信息，协助残障人士搜寻室内无障碍设施。[90] 该应用还内置了无障碍出行黄页功能（图 6-36）。

浙江嘉兴天眼公司提出了导盲综合方案，构建人、车、路协同，精准、个性化的视障人士公交助乘系统，站台、车辆、智能手机通过蓝牙技术互相感知，手机导盲软件通过云服务平台获取公交基础信息以及实时运营信息。系统包括：1）无障碍电子地图，根据地理环境绘制电子地图，包括道路信息、景点位置等，提供相关信息，方便残障人士和健全人士获取地区详情介绍；2）室内语音导航系统，以融合定位导航为核心，结合了磁电光声等多种信息源进行学习和定位，具体包括传感器定位算法、地磁定位算法、iBeacon 定位算法、WIFI 定位算法、小蜂窝定位算法、GPS 定位算法等，以及机器学习算法和数据融合算法；3）公交导盲系统，由智能手机助乘软件、公交助乘系统云服务平台、前端智能硬件设备（车载导盲终端、车外喇叭、辅助定位标签）三部分组成；4）无障碍信息终端，主要提供公告信息、功能区说明、导航指引等功能（图 6-37）。

图 6-36　“融畅”无障碍导航系统（来源：融畅 APP）

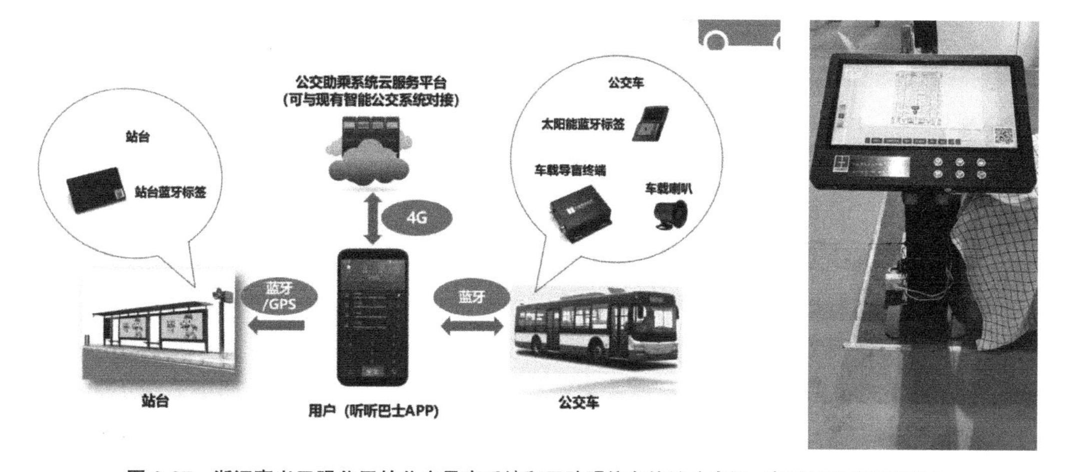

图 6-37　浙江嘉兴天眼公司的公交导盲系统和无障碍信息终端（来源：嘉兴天眼公司提供）

6.2.5 媒体信息传播

在无障碍媒体信息传播领域，面向听障群体，我国在智能字幕和听力障碍应用方向均取得了一定成果。

在听力障碍辅助标准方面，2007 年发布的《无线通信设备与助听器的兼容性要求和测试方法》、2010 年发布的《公众场所内听力障碍人群辅助系统技术要求》等服务类标准，在我国举办的重大国际活动中，以及北京、上海、广州等地的无障碍场馆示范建设中得以实施应用。

在听力障碍智能字幕方面，有硬件为主和软件两个方向的研发路径。在硬件方面，北京甲骨今声科技有限公司联合阿里巴巴达摩院语音实验室研制了“今声优盒”实时字幕机顶盒，见图 6-38，这是一款主要为包括老年人、听力残疾人等听力障碍群体提供实时逐字字幕服务的 AI 智能产品，可随时连接听障群体需要字幕的新闻、网课、会议发言等内容，可广泛用于特殊学校、听障人士参加的会议、博物馆导览、信息无障碍窗口服务等场景。在软件方面，2021 年华为在 EMUI 11 系统中推出 AI 字幕功能，可以将麦克风声音或者手机中的媒体声音，通过 AI 方式自动转换成文字并呈现在屏幕上，供听障用户阅读，实现了听障人士与其他人士的正常交流，以及正常观看没有原字幕的视频材料。

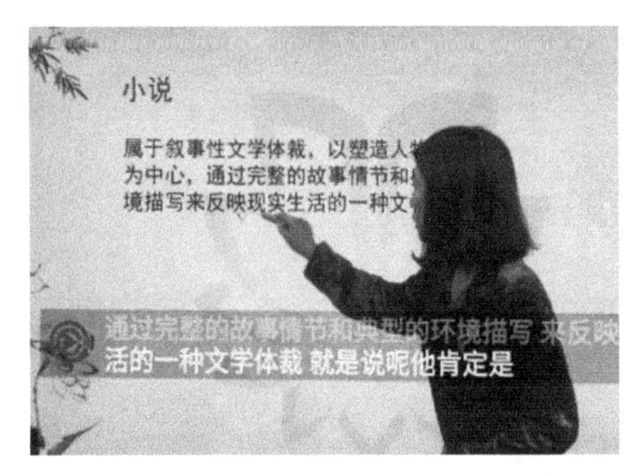

图 6-38 “今声优盒”实时字幕机顶盒外观和字幕效果（来源：北京甲骨今声科技有限公司网站）

面向视障群体的媒体传播研究，我国在读屏软件方面也取得了一些进展。1999 年，视障开发者王永德推出了国内第一款微软读屏软件“永德读屏软件”。盲文出版社研发了“阳光读屏软件”，2002 年发布第一版，将电脑屏幕上的信息以语音或盲文的形式反馈给使用者。2009 年保益公司发布了诺基亚手机读屏软件，2012 年发布了安卓读屏软件。2019 年华为推出 EMUI 10.0 系统，与第三方机构合作研发屏幕朗读功能，并从整体满意度、反应速度、支持语音库、对软件支持情况 / 朗读能力、操作跟手度 / 操作手势便捷度等各个维度进行了全新的优化。

针对视障群体媒体信息获取在研的科研项目，有国家自然科学基金“面向视障用户的多通道媒体智能计算技术研究”“视障辅助多媒体信号处理理论与应用”等。在实践上更是取得了重要成就——中国盲文图书馆的建成。2011 年 6 月 28 日中国盲文图书馆在北京建成开馆，自新馆开馆以来，努力打造集图书馆、文化馆、博物馆、社会终生教育于一体的一站式综合性公益文化资讯服务机构，加快推进覆盖全国城乡盲人的公共文化服务体系建设，努力为全国盲人提供公益性、便利性、综合性文化资讯服务。中国盲文图书馆新馆着力强化多种形态的资源建设，各类盲人读物、盲人文化作品和相关文献数量实现倍增。图书馆面积 2.8 万 m^2，共有 4 个书库，计划藏书 25 万册，磁带光盘 66 万张，能够满足大量视障群体的阅读需求（图 6-39）。图书馆的视障文化资讯服务中心设有文献典藏区、盲人阅览区、展览展示区、教育培训区等，在展览展示区建立了视障文化体验馆、触觉博物馆和盲人文化艺术展室（图 6-39）。[91]

中国盲文图书馆

盲文图书馆的盲文点显器和读屏软件

盲文图书馆的有声读物阅听区

盲文图书馆的触觉博物馆

图 6-39　中国盲文图书馆（来源：新华网）

6.3 重大标志性成果

目前我国已有的信息无障碍领域重大成果还很稀缺，当前已完成重大成果有“十一五”国家科技支撑计划重点项目《中国残疾人信息无障碍关键技术支撑体系及示范应用》（2008—2010），以及2022北京冬奥场馆无障碍建设中的信息无障碍成就。

6.3.1 中国残疾人信息无障碍关键技术支撑体系及示范应用

该项目覆盖的信息无障碍应用领域较广，总投资1.5个亿，涉及全国30多家科研单位和高校。2009年1月，由科技部与中国残联在杭州浙江大学共同举行了“中国残疾人信息无障碍建设联合行动计划”启动仪式[92]，并于浙江大学成立中国残疾人信息和无障碍技术研究中心。项目按照“统一目标，分类实施，资源共享，相互促进”的原则，共设置六个课题，从六个方面进行支撑平台、关键技术和示范应用方向的课题研究（图6-40）。[81]

课题一“残疾人信息无障碍核心服务支撑平台”，研发了国内首个综合性残疾人信息平台。平台以应用服务器和安全保证体系为基础支撑，包括面向各政府部门的残疾人相关业务横向服务信息交换平台、残疾人信息资源管理平台、面向残联的残疾人公共服务信息平台，后者的对外信息服务系统面向公众开放。此外，还对信息无障碍服务标准规范体系、信息无障碍总体发展规划进行了研究。[93]

课题二“残疾人信息无障碍服务关键技术及信息资源支撑”，四大技术成果内容包括面向信息无障碍的自适应信息获取技术研究及系统、残疾人个性化服务流程定制技术研究及系统、残疾人信息资源集成与管理技术研究及系统、残疾人业务信息资源分析与知识挖掘，示范项目包括基于自适应信息获取与个性服务技术的网络社区示范系统，信息资源集成、管理、分析与挖掘技术集成示范。[93]

课题三“残疾人信息无障碍数字化交互关键技术及产品”，面向视力障碍和听力障碍用户，基于感官补偿理念研究服务器端语音推送技术、交互式智能语音技术、手语表达理解与转换技术、公共场所听力补偿关键技术，并开发相应的信息无障碍交互系统，为残疾人信息无障碍平台及服务示范提供技术和产品支撑。[93]

课题四“残疾人信息无障碍综合业务应用服务示范”，利用信息无障碍关键技术，依托前述服务支撑平台，实现中国残联与地方残疾人服务部门之间互联互通，并为残疾人的远程教育服务、就业指导服务、远程康复服务提供示范。

课题五“残疾人重大赛事与活动信息无障碍技术服务示范”，通过建设信息无障碍网站、形成多项残疾人辅助产品和软件系统，在2008年北京残奥会等重大赛事与活动中应用，形成信息无障碍服务示范，培育了我国信息无障碍产业发展潜力。[93]

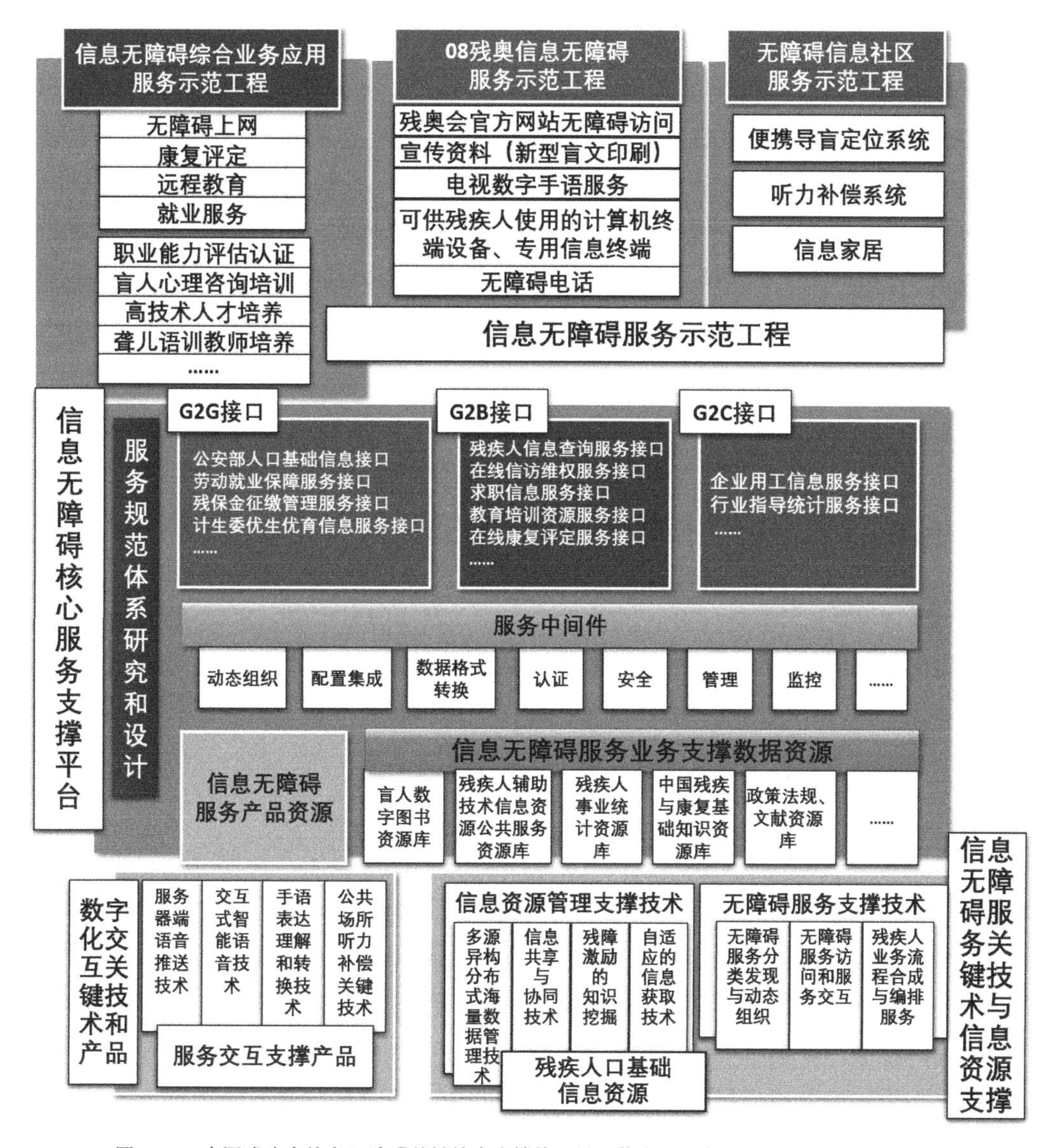

图 6-40　中国残疾人信息无障碍关键技术支撑体系及示范应用示意图（来源：网易公益网站）

课题六“残疾人信息无障碍社区服务示范”，示范成果主要包括无障碍信息家居产品、公共场所听力补偿辅助系统、视障适用的便携导航定位服务、基于前述支撑平台和信息资源的日常服务等。[93]

6.3.2　北京冬奥场馆无障碍建设中的信息无障碍成就

随着无障碍环境建设越来越广泛地推进，信息无障碍工作的范围不仅仅涉及信息领域自身技术、硬件设备 / 设施、软件服务的无障碍化，还呈现出与其他领域的无障碍工作交织融合的态势。2017—2020 年推进实施的国家重点研发计划“科技冬奥”专项工作中，住建部与工信部、中国残联等部门紧密合作，将信息无障碍理念引入了交通枢纽场馆、比赛场馆、运动员村等建筑的无障碍建设和改造工作中，对北京大兴国际机场、首都机场、国家越野滑雪中心、国家跳台滑雪中心、国家体育馆、国家速滑馆、国家游泳中心、冬奥村等场所的建筑专用设备进行了信息无障碍改造，对设备的盲文触摸、语音播报、文字提示、低位操控等功能进行了创新的设计开发和批量生产，保障了视障者、听障者、肢残者等特殊用户能平等使用。冬奥场馆的建设方，在建筑与信息的交叉领域开展了无障碍建设的创新探索，并取得了显著成就。借助冬奥会这一契机，这些成就不仅向世界彰显了我国政府维护残疾人平等权益的决心和能力，而且为未来推广公共建筑的信息无障碍优化提供了示范模板，为我国更广泛更全面地推进无障碍环境建设提供了技术支撑。

6.4 与世界先进水平的差距及存在的短板

我国信息无障碍建设水平仍比较落后，相对于发达国家来说，还存在一定的差距，表现在相关法律法规标准不完善、设备软件不易用、区域发展不平衡等问题。

1. 理论体系和科学技术研究支撑体系有待完善。我国信息无障碍建设研究成果有一定产出和积累，为我国信息无障碍建设提供了参考和一定理论基础，但尚未形成完整的理论体系架构。

2. 信息无障碍技术标准体系有待进一步完善，标准的落地实施环节有待加强。我国的信息无障碍规范，尚未覆盖残障人士的完整应用场景，相关研究有待扩展。我国信息无障碍技术标准的落地实施力度不足，需要在无障碍环境建设过程中加强宣传推广和评测监督力度，以便切实落实标准要求，满足残疾人的现实需求。

3. 国内智能设备和应用的无障碍和适老化水平与国际相比还有一定差距。以人们生活中常用的智能手机为例，目前无障碍适配化水平最高的仍然是美国苹果手机，国内众多品牌的国产手机软硬件无障碍设计水平都还有很大提升空间。

6.5 未来发展方向

信息无障碍产品不仅为残障人群提供信息障碍问题解决方案，而且给全社会所有成员带来了信息交流的便利。随着一个个问题逐步解决和应用场景不断拓展，新兴智能化技术在信息无障碍领域将发挥愈来愈重要的作用。

6.5.1 网站、信息平台和服务无障碍综合解决方案

我国信息技术产业的规模和水平在世界上均处于领先地位，因此在信息无障碍领

域也应谋划布局，在以下科研方向发力：

1. 建设一批信息无障碍综合研究基地或平台。拓展中国盲文图书馆（中国视障文化资讯服务中心）的综合信息无障碍研究基地作用，在已有辅助技术研究所、信息无障碍中心等部门基础上，加大投入和资助，充分发挥其在信息无障碍研究领域的作用。促使中国信息通信研究院等机构建成综合信息无障碍研究平台，为我国信息无障碍建设和科研持续贡献成果，为相关研究组织、社会公众提供学术交流、文化传播等优质服务。

2. 基于人工智能、大数据的综合信息无障碍解决方案。信息技术发展进入新时期，人工智能、大数据等最新科技也为各行各业提供了强大的计算能力和高效决策依据，在信息无障碍领域也有着广泛的应用前景。我国在相关领域拥有较好的技术发展基础，应及早布局基于人工智能大数据的信息无障碍综合解决方案，在国际信息无障碍方向谋得领先位置，占据一席之地。

3. 信息无障碍隐私伦理问题解决方案。基于区块链等新兴数据安全和隐私保护技术，开展信息无障碍隐私和伦理的研究和顶层设计，以人为本、针对残障人群看重的内容，明确信息无障碍的隐私和伦理保护机制，加快相关原则落地。

6.5.2　智能设备和应用

我国在智能设备和移动应用领域取得了世界瞩目的成就，但在信息无障碍方面依然存在诸多问题有待突破，包括：

1. 基于通用智能产品的包容性设计。范围包括个人用户的智能产品终端，也包括公共信息服务设备。无论用户存在任何生理不适，无论用户有着何种特殊需求，都能够用适合自己的方式获取和使用信息。

2. 精准语音识别的智能产品和应用。用精确和惠民的方式，为有听力障碍的用户生成字幕，为视力障碍用户提供方便的语音控制操作方式，同时也可以为老年用户乃至所有用户提供便捷服务。

3. 无障碍实时翻译功能。能够帮助全体用户包括残障人士在全球旅行时超越语言障碍，包括手语和盲文的语言障碍，达到顺畅交流的目的。

6.5.3　智能导航和精准导盲

在无障碍智能导航领域有关视力障碍群体的研究方向比较重要，包括：

1. 广义无障碍导航地图及应用。在流行的已有导航地图软件当中扩展适合多类别残障类型的无障碍导航、导盲服务，达到全社会通用包容的交通信息平台功能。

2. 基于人工智能的目标识别技术。利用多种机器学习模型对室内外交通环境障碍物识别进行训练，智能化地分析交通环境障碍；能帮助视力障碍者辨识人脸、图像、植物等环境对象信息；智能家居系统，让视障者、肢体障碍者能够用语音操控家电产品和智能设备。

3. 精确定位的室内外导盲和导航技术。在此领域，可优选或综合应用导盲头盔、导盲眼镜、导盲手杖、导盲手机、导盲机器人、电子导盲犬等设备，可优选并综合运用卫星、基站、WIFI、RFID、UWB 等定位技术，达到能够为盲人和视障人群进行安全室内导航的精度。

参考文献

[1] 中华人民共和国国务院新闻办公室 . 工业和信息化部中国残疾人联合会关于推进信息无障碍的指导意见 [EB/OL]. [2021-11-20]. 中华人民共和国国务院新闻办公室网站 .

[2] United Nations. Article 9 – Accessibility [EB/OL]. [2021-11-20]. 联合国网站 .

[3] European Commission. Accessibility of ICT Products and Services [EB/OL]. [2021-11-20]. 欧盟委员会网站 .

[4] World Summit on the Information Society. Tunis Commitment [EB/OL]. [2021-11-20]. 国际电联网站 .

[5] 中国信息通信研究院 . 中国信息无障碍发展白皮书（2019 年）[R/OL] [2021-11-20]. 道客巴巴网站 .

[6] 国际电联 . 信息通信技术的无障碍获取 [EB/OL]. [2021-11-20]. 国际电联网站 .

[7] ITU. Accessibility[EB/OL]. [2021-11-20]. 国际电联网站 .

[8] Charles D. Goldman. Architectural Barriers：A Prespective on Progress[J]. Western New England Law Review，1983，465-493.

[9] 曾思瑜 . 从无障碍设计到通用设计 [J]. 设计学报（台湾），2003，8（2）: 57-76.

[10] U.S. Access Board. About the ICT Accessibility 508 Standards and 255 Guidelines[EB/OL]. [2021-11-20]. 美国无障碍委员会网站 .

[11] Wikimedia. Web Accessibility Directive [EB/OL]. [2021-11-20]. 维基百科 .

[12] Wikimedia. European Accessibility Act [EB/OL]. [2021-11-20]. 维基百科 .

[13] ウェブアクセシビリティ推進協会 . 過去のお知らせ [EB/OL]. [2021-11-20]. wac.or.jp 网站 .

[14] G3ict，World Enabled. Guide to Implementing Priority ICT Accessibility Standards：Critical Technical Specifications to Support Digital Inclusion [R/OL]. [2021-11-20]. buyict4all.org 网站 .

[15] Wikimedia. World Wide Web Consortium[EB/OL]. [2022-03-20]. 维基百科 .

[16] Microsoft. Inclusive Design[EB/OL]. [2021-11-20]. 微软网站 .

[17] Web 内容无障碍指南（WACG）2.1 [EB/OL]. [2021-11-20]. w3.org 网站 .

[18] W3C. Web Content Accessibility Guidelines（WCAG）2.2 [EB/OL]. [2021-06-20]. w3.org 网站 .

[19] W3C. Web Content Accessibility Guidelines（WCAG）2.2 [EB/OL]. [2021-06-20]. w3.org 网站 .

[20] section508.gov. Overview of Testing Methods for 508 Conformance [EB/OL]. [2021-11-20]. section508.gov 网站 .

[21] National Security Agency. NSA Accessibility[EB/OL]. [2021-11-20]. nsa.gov 网站 .

[22] Kaken. 色覚バリアフリー実現を目的とする人にやさしい色表示技術の開発 [EB/OL]. [2021-11-20]. kaken.nii.ac.jp 网站 .

[23] Kaken. ユーザの色覚特性に応じたウェブの色表示適応システム [EB/OL]. [2021-11-20].kaken.nii.ac.jp 网站 .

[24] CORDIS. European Internet Accessibility Observatory [EB/OL]. [2021-11-20]. cordis.europa.eu 网站 .

[25] Bertini P，Gjøsæter T. European Internet Accessibility Observatory：Let's Make Accessibility Measurements，Accessible to Everyone! Accessible Presentation of Measurements from a Web Accessibility Observatory[R/OL]. International Design for All Conference，2006.

[26] CORDIS. Web Accessibility Initiative：Aging Education and Harmonisation[EB/OL]. [2021-11-20]. cordis.europa.eu 网站 .

[27] CORDIS. Web Accessibility Initiative（WAI）- Cooperation Framework for Guidance on Advanced Technologies，Evaluation Methodologies，and Research Agenda Setting to Support E-accessibility [EB/OL]. [2021-11-20]. cordis.europa.eu 网站 .

[28] Ackermann P，Vlachogiannis E，Velasco C A . Developing Advanced Accessibility Conformance Tools for the Ubiquitous Web[J]. Procedia Computer Science，2015，67：452-457.

[29] CORDIS. Advanced Decision Support Tools for Scalable Web Accessibility Assessments [EB/OL]. [2021-11-20]. cordis.europa.eu 网站 .

[30] CORDIS. Web Accessibility Directive Decision Support Environment [EB/OL]. [2021-11-20].cordis.europa.eu 网站 .

[31] NSF. II-New：Secure and Efficient Cloud Infrastructure and Accessibility Services [EB/OL]. [2021-11-20]. 美国国家科学基金网 .

[32] NARIC. Rehabilitation Engineering Research Center（RERC）：From Cloud to Smartphone - accessible and Empowering ICT [EB/OL]. [2021-06-14]. naric.com 网站 .

[33] NARIC. Rehabilitation Engineering Research Center for Wireless Inclusive Technologies [EB/OL]. [2021-06-18]. naric.com 网站 .

[34] NARIC. Inclusive Information and Communications Technology RERC. [EB/OL]. [2021-07-26]. naric.com 网站 .

[35] CORDIS. European Accessible Information Network[EB/OL]. [2021-11-20]. cordis.europa.eu 网站 .

[36] CORDIS. Cloud Platforms Lead to Open and Universal Access for People with Disabilities and for All [EB/OL]. [2021-11-20]. cordis.europa.eu 网站 .

[37] CORDIS. An Accessibility Layer for the Inclusion in the Information Society of People with Intellectual Disabilities [EB/OL]. [2021-11-20]. cordis.europa.eu 网站 .

[38] CORDIS. Mobile Age [EB/OL]. [2021-06-14]. cordis.europa.eu 网站 .

[39] CORDIS. Mobile Age [EB/OL]. [2021-06-14]. cordis.europa.eu 网站 .

[40] CORDIS. Personalised Recovery through a Multi-user Environment：Virtual Reality for Rehabilitation [EB/OL]. [2021-06-14]. cordis.europa.eu 网站 .

[41] CORDIS. Rebuild - ICT-enabled Integration Facilitator and Life Rebuilding Guidance [EB/OL]. [2021-06-14]. cordis.europa.eu 网站 .

[42] Dimensions. Project ⊨ GIS û Integrating Accessibility into Emerging ICT [EB/OL]. [2021-06-14]. app.dimension.ai 网站 .

[43] Swedish Reaearch Council. IoT for Accessibility [EB/OL]. [2021-06-14]. vr.se 网站 .

[44] bron.IoT för Tillgänglighet[EB/OL]. [2022-03-20]. broninnovation.se 网站 .

[45] KAKEN. 情報セキュリティの情報バリアフリー化 [EB/OL]. [2021-06-14]. kaken.nii.ac.jp 网站 .

[46] ZEALER. iPhone 的无障碍功能是否最适合视障人士？ [EB/OL].（2019-12-02）[2021-07-19]. 知乎网 .

[47] 刘芳佐 . 苹果推出新无障碍功能：包括 Apple Watch 的 AssistiveTouch [EB/OL].（2021-05-20）[2021-07-19]. 中关村在线 .

[48] CORDIS. MyUI：Mainstreaming Accessibility through Synergistic User Modelling and Adaptability [EB/OL]. [2021-06-14]. cordis.europa.eu 网站 .

[49] CORDIS. Accessibility Assessment Simulation Environment for New Applications Design and Development [EB/OL]. [2021-06-14]. cordis.europa.eu 网站 .

[50] CORDIS. REBUILD - Assistive Technology Rapid Integration & Construction Set [EB/OL]. [2021-06-14]. cordis.europa.eu 网站 .

[51] CORDIS. Adaptive Multimodal Interfaces to Assist Disabled People in Daily Activities [EB/OL]. [2021-06-14]. cordis.europa.eu 网站 .

[52] DFG. Accessibility for Meeting Rooms for Visually Impaired People [EB/OL]. [2021-08-14]. gepris.dfg.de 网站 .

[53] wikipedia.org. Wheelmap.org [EB/OL]. [2021-12-15]. 维基百科 .

[54] CORDIS. Collective Awareness Platforms for Improving Accessibility in European Cities Regions[EB/OL]. [2021-06-14]. cordis.europa.eu 网站 .

[55] Giudice N A，Legge G E. Blind Navigation and the Role of Technology[J]. The Engineering Handbook of Smart Technology for Aging，Disability，and Independence，2008，8：479-500.

[56] Schinazi V R，Thrash T，Chebat D R. Spatial Navigation by Congenitally Blind Individuals[J]. Wiley Interdisciplinary Reviews：Cognitive Science，2016，7（1）：37-58.

[57] NIDILRR. Remote Signage Development to Address Current and Emerging Access Problems for Blind Individuals [EB/OL]. [2021-07-26]. naric.com 网站 .

[58] NIDILRR. Accessible Environmental Information Application for Individuals with Visual Impairments [EB/OL]. [2021-09-26]. naric.com 网站 .

[59] 王冠生，郑江华，瓦哈甫•哈力克，张洋，姚聚慧 . 盲人导航 / 路径诱导辅具研究与应用综述 [J]. 计算机应用与软件，2012，29（12）：147-151.

[60] Fernandes H，Conceio N，Paredes H，et al. Providing Accessibility to Blind People Using GIS[J]. Universal Access in the Information Society，2012，11（4）：399-407.

[61] Serrão M，Shahrabadi S，Moreno M，et al. Computer Vision and GIS for the Navigation of Blind Persons in Buildings[J]. Universal Access in the Information Society，2015，14（1）：67-80.

[62]　Filipe V，Fernandes F，Fernandes H，et al. Blind Navigation Support System Based on Microsoft Kinect[J]. Procedia Computer Science，2012，14：94-101.

[63]　Bousbia-Salah M，Bettayeb M，Larbi A. A Navigation Aid for Blind People[J]. Journal of Intelligent & Robotic Systems，2011，64（3）：387-400.

[64]　Sainarayanan G，Nagarajan R，Yaacob S. Fuzzy Image Processing Scheme for Autonomous Navigation of Human Blind[J]. Applied Soft Computing，2007，7（1）：257-264.

[65]　CORDIS. Responding to All Citizens Needing Help [EB/OL]. [2021-06-14]. cordis.europa.eu 网站 .

[66]　CORDIS. Gentle User Interfaces for Disabled and Elderly Citizens [EB/OL]. [2021-06-14]. cordis.europa.eu 网站 .

[67]　Biswas P，Langdon P，Duarte C，et al. Multimodal Adaptation through Simulation for Digital TV Interface[C]. Proceedings of the 9th European Conference on Interactive TV and Video. 2011：231-234.

[68]　Natural Sciences and Engineering Research Council of Canada. Carleton Accessibility Media Project（CAMP）[EB/OL]. [2021-06-14]. nserc-crsng.gc.ca 网站 .

[69]　CORDIS. Deaf Smart Space [EB/OL]. [2021-06-14]. cordis.europa.eu 网站 .

[70]　CORDIS. Hybrid Broadcast Broadband for All [EB/OL]. [2021-06-14]. cordis.europa.eu 网站 .

[71]　anr. Médias Collaboratifs Situés – COSIMA [EB/OL]. [2021-06-14]. anr.fr 网站 .

[72]　张建中 . 科技驱动：平昌冬奥会新闻报道的创新实践 [J]. 传媒，2018（17）：59-62.

[73]　胡珉琦 . 为了冬奥会，科技也是拼了 [N]. 中国科学报，2018-03-02.

[74]　中国政府网 . 中华人民共和国残疾人保障法 [EB/OL]. [2021-06-14]. 中国政府网 .

[75]　中央政府门户网站 . 无障碍环境建设条例 [EB/OL]. [2021-06-14]. 中央政府门户网站 .

[76]　国务院新闻办公室 . 工业和信息化部中国残疾人联合会关于推进信息无障碍的指导意见 [EB/OL]. [2021-06-14]. 国务院新闻办公室网站 .

[77]　中国政府网 . 中华人民共和国国民经济和社会发展第十四个五年规划和 2035 年远景目标纲要 [EB/OL]. [2021-09-19]. 中国政府网 .

[78]　工业和信息化部办公厅 . 工业和信息化部办公厅关于进一步抓好互联网应用适老化及无障碍改造专项行动实施工作的通知 [EB/OL]. [2021-08-26]. 工信部网站 .

[79]　基金信息服务 . 面向视障用户的网络信息智能化处理关键技术研究 [EB/OL]. [2021-08-26]. sowise.cn 网站 .

[80]　李季 . 中国数字政府建设报告（2021）[M]. 北京：社会科学文献出版社，2021.

[81]　高志民 . 残疾人信息无障碍建设联合行动启动 [N]. 人民政协报，2009-02-17.

[82]　经渊，郑建明 . 协同理念下的城镇信息无障碍服务模式研究 [J]. 图书馆杂志，2017，36（5）：16-23，40.

[83]　赵英 . 针对残障人士的信息无障碍影响因素研究 [J]. 四川大学学报（哲学社会科学版），2018（5）：84-93.

[84]　王勇 .2018 年中国信息无障碍十大进展发布 [N]. 公益时报，2019-01-08.

[85]　国务院办公厅 . 国务院办公厅印发关于切实解决老年人运用智能技术困难实施方案的通知 [EB/OL]. [2021-08-26]. 中央政府网站 .

[86] NSFC. 面向户外导盲的城市空间建模及关键算法研究 [EB /OL] [2021-11-20]. 国家自然科学基金大数据知识管理门户 .

[87] NSFC. 基于四叉树直方图的空间关系描述理论与机器人问路导航方法研究 [EB /OL] [2021-11-20]. 国家自然科学基金大数据知识管理门户 .

[88] NSFC. 基于结构光投影的视障者 3D 视觉信息辅助方法研究 [EB /OL] [2021-11-20]. 国家自然科学基金大数据知识管理门户 .

[89] NSFC. 用于视障者视觉辅助的物体 3D 空间信息视觉 - 听觉转换理论 [EB /OL] [2021-11-20]. 国家自然科学基金大数据知识管理门户 .

[90] 天津市残联推出融畅无障碍导向标识系统 [EB/OL]. [2021-10-26]. 天津市残疾人福利基金会公众号 .

[91] 许天祥 . 公共图书馆为视障群体服务的思考 [J]. 图书馆研究与工作，2011（4）: 59-60.

[92] 中央政府门户网站 . 科技部与残联启动残疾人信息无障碍建设行动计划 [EB/OL]. [2021-10-26]. 中央政府网站 .

[93] 中国残联 . 中国残疾人信息无障碍关键技术支撑体系及示范应用 [EB/OL]. [2021-10-26]. 中国残联网站 .

第7章 无障碍科技创新的政策建议

2021年10月，为进一步推进无障碍环境建设，依据《中华人民共和国国民经济和社会发展第十四个五年规划和2035年远景目标纲要》和《国务院关于印发“十四五”残疾人保障和发展规划的通知》，中国残疾人联合会、住房和城乡建设部、中央网信办、教育部、工业和信息化部、公安部、民政部、交通运输部、文化和旅游部、国家卫生健康委、国家广播电视总局、中国民用航空局、中国国家铁路集团有限公司联合制定了《无障碍环境建设“十四五”实施方案》，为我国今后的无障碍环境和服务体系科技创新也指明了发展方向。

世界的科技发展已进入了信息技术和相关产业主导的新时期，以人工智能、物联网、区块链、大数据、移动通信等为代表的新一代信息技术革命已经应用并影响到人们的生活，不但产生了新的生活需求，并且成为几乎所有学科发展的基础工具和重要支撑。同时，生态低碳、新材料、共享经济、可持续发展等先进技术和战略思想引发了产业变革，加速推动各产业向绿色化、高效化、服务化、普惠化发展。在无障碍环境和服务领域，科技创新和产业发展也离不开智能化、绿色化、高效化、服务化、普惠化等大方向。

7.1 坚持无障碍领域科技创新的公众需求和问题导向

中国特色社会主义已经进入新时代，我国社会主要矛盾已经转化为人民日益增长的美好生活需要和不平衡不充分的发展之间的矛盾，其中包括人口众多的残障人群、生活不便人群的需求和无障碍环境服务之间的矛盾，它制约着我国建成更高水平的发达国家。因此，必须以满足残障人士为主的各类有需要人群的需求、解决与之相关的各种行业问题为导向，保证无障碍环境和服务体系科学研究不会偏离正确方向。科技管理部门和科研工作者应深入残障群体，深入行业实际应用场景，切实了解残障群体真实需求，获取第一手的需求资料与科研信息。

国家和各部委的重要顶层战略规划文件已经为无障碍领域的科研指明了宏观重点突破方向，如《中华人民共和国国民经济和社会发展第十四个五年规划和2035年远景目标纲要》《“十四五”残疾人保障和发展规划》《无障碍环境建设“十四五”实施方案》《“十四五”国家老龄事业发展和养老服务体系规划》等。科技管理部门和科研工作者理应在国家宏观系统科技创新布局的指导下，避免平行、分散、跟随式科研造成资源浪费。要找准我国无障碍各个细分领域的短板，特别是“卡脖子”、受制于人的核心技术，集中优势科技资源刻苦攻关，提升我国无障碍环境和服务领域的研发能力，创造出一批为人民群众提供优质安全服务的科技成果。

7.2　拓展无障碍领域科技创新的目标对象和应用范围

无障碍环境和服务是为残疾人所做，这种陈腐的观念早已过时。现阶段，我国应以广义无障碍、通用无障碍理念为指导，将无障碍环境与服务体系科研的内涵向更全面、深入的层次推进，在无障碍科研中融合人性化关怀，充分呈现出社会发展的包容性特征。

首先，应扩大无障碍环境服务对象范围，实现获益群体由个别向全龄、全民的延伸。这里面也包含两个层面的内涵，一是要考量并满足全体人民的需求，为全部有需要的人群服务；二是无障碍科技创新成果要普惠化，让所有民众都能够以较低成本、方便地获取。

其次，进一步深化无障碍环境建设与服务的具体内容，兼顾无障碍物质环境空间和人文环境空间的优化。无障碍环境不仅仅是物质层面的问题，它也包括心理、意识、文化、社会治理、政策机制层面的丰富内涵。

再次，还应关注各项无障碍服务与设施间的协同性设计，促成无障碍服务体系的系统化构建；同时，依托新兴智慧信息技术，搭建便于公众参与、建设和监管的城市服务平台。

7.3　加强无障碍领域科技创新的管理组织和机构支撑

我国城市无障碍环境和服务科技创新有赖于强有力的科研管理部门和具有发展潜力的科研承担机构。可以学习美国建立“国家残疾自立与康复研究院”（NIDILRR）模式的科研管理部门，在自然科学、工程技术和人文社科领域全方位、多门类地支持促进无障碍环境和康复领域的相关科研事业，并为相关科研事业开展提出方向指南和建议。

此外，还应激励培育有一定研究基础的高等院校、科研院所、企事业单位成立无障碍环境和服务领域的专门研究机构，整合聚集无障碍各相关学科的优势科研力量，培养一批专门人才，优化科研单位和人才的科技创新环境，共同实现我国无障碍科研事业的跨越式进步。

7.4　提升无障碍领域科技创新的信息应用和智慧水平

智慧城市、大数据、人工智能、云计算、区块链、物联网等新兴智能技术是解决无障碍设计难题，推动城市无障碍服务向更大限度贴近社会群体需求发展的重要力量。

当前，我国应充分利用网络覆盖范围大、应用群体广的优势，加大智慧化无障碍服务平台和产品的研发与应用力度。同时利用新兴信息技术有效保护用户隐私，保障残障人士尊严，完善科技伦理治理。

通过无障碍智慧城市等信息化平台的构建，有效整合建筑、规划、交通、产品、服装、信息等各个领域的无障碍环境和服务，为公众呈现出清晰透明的人性化宜居城市规划建设成果，并鼓励公众积极参与监督反馈，提升城市无障碍环境的整体建设效率和科学性。

7.5 重视无障碍领域科技创新的产业合作和市场前景

无障碍环境和服务的研究成果投入实践应用，需要高等院校、科研机构与企业单位产学研一体、密切合作，优化科研成果市场转化激励和评价政策机制，将成果转化为市场化的商业产品和服务。更要推动企业成为科技创新决策、研发、投入、组织和成果转化的主体，培养一批核心技术能力突出，集成创新能力强的创新型领军企业。

无障碍设计和服务的本质也是为了满足用户和消费者的需求，最新的包容性设计、广义无障碍等思潮都格外重视设计的流程管理和市场化运作，故而科研工作者在启动科技创新尤其是从事应用性的科研工作时，应重视未来成果的商业价值和市场产业前景，重视适用人群的用户体验和心理满足感。

7.6 促进无障碍领域科技创新的国际交流和学科互动

科学技术创新必须面向世界，具有全球视野。无障碍环境和服务体系，如今也是联合国 2030 可持续发展议程的全球性议题。我国在科技领域应进一步扩大开放，坚持“引进来”和“走出去”相结合，全方位加强国际合作，积极融入全球创新网络。在无障碍领域积极参与国际标准、技术规范的制定，充分利用“一带一路”等国际倡议，发挥我国在康复国际等全球无障碍组织的影响力，提高参与全球治理的能力。

无障碍环境和服务科研体系包罗万象，其科技创新工作往往超出个人和个体机构独立完成的能力。无障碍环境和服务体系科研需要建设科技创新的团队合作机制，加强不同学科的交叉合作和部门间的信息沟通协调，例如通过残联等民间团体和跨行业的协会组织整合科研力量，为“科技强国”战略贡献集体智慧、提供有力支撑。